北京劳动保障职业学院国家骨干校建设资助项目

电梯技术与管理

周瑞军　张　梅　编著

机械工业出版社

电梯是机电合一的综合大型工业产品，它的种类繁多、结构复杂、形式各异，且更新发展很快，但其原理基本相同，为便于系统学习和掌握，本书从电梯的发展、基础知识、原理、系统功能和组成等加以编写，且附加了大量实物照片和绘图说明。特别是对近年来出现的取代传统的新技术、新结构和新电梯部件加以介绍，与时俱进，更贴近实际，并将电梯安全管理和有关法规标准体系知识纳入本书，以求达到系统学习、全面掌握的目的。

本书可作为大专院校电梯专业教材，也适用于从事电梯技术和管理的人员学习参考。

图书在版编目（CIP）数据

电梯技术与管理/周瑞军，张梅编著. —北京：机械工业出版社，2015.10
（2025.1 重印）
ISBN 978 - 7 - 111 - 51725 - 2

Ⅰ. ①电… Ⅱ. ①周… ②张… Ⅲ. ①电梯 - 技术管理 Ⅳ. ①TU857

中国版本图书馆 CIP 数据核字（2015）第 237540 号

机械工业出版社（北京市百万庄大街22号 邮政编码100037）
策划编辑：罗 莉 责任编辑：罗 莉 版式设计：赵颖喆
责任校对：陈 越 封面设计：陈 沛 责任印制：邓 博
北京盛通数码印刷有限公司印刷
2025 年 1 月第 1 版第 7 次印刷
184mm×260mm · 17.5 印张 · 432 千字
标准书号：ISBN 978 - 7 - 111 - 51725 - 2
定价：49.80 元

前　言

随着我国经济持续的高速发展，电梯作为垂直交通设备，已与人们的生活、工作息息相关。我国作为电梯制造和在用量大国，虽然造就了一支日益壮大的电梯设计、制造、安装、维修和管理队伍，但总体技术水平有待提高，高技能人才缺乏。因此，人才的培养对确保电梯符合安全技术规范和安全使用至关重要。

电梯是机电合一的综合大型工业产品，它的种类繁多、结构复杂、形式各异，且更新发展很快，但其原理基本相同，为便于系统学习和掌握，本书从电梯的发展、基础知识、原理、系统功能和组成等加以编写，且附加了大量实物照片和绘图说明。特别是对近年来出现的取代传统的新技术、新结构和新电梯部件加以介绍，与时俱进，更贴近实际，并将电梯安全管理和有关法规标准体系知识纳入本书，以求达到系统学习的目的。

北京劳动职业保障学院，是北京较早开设电梯专业的大专院校，为社会培养了大量电梯专业的技术人员。本书作为大专院校电梯专业教材的同时，也适用于从事电梯技术和管理的人员学习参考。

由于水平所限，书中难免有谬误和疏漏之处，望同行读者指正，在此表示衷心感谢！

编　者
2015 年 5 月

目 录

第一章

电梯发展史

　　电梯是伴随高层建筑的发展而发展的。在现代化城市中电梯已成为人们生活和工作中不可或缺的垂直交通运输设备，当前，电梯的制造水平、生产数量和使用数量已成为一个城市、一个国家现代化的标志之一。

一、世界电梯发展史

　　追溯电梯这种升降设备的历史，据有关资料记载，可从人类的古代农业、建筑业和水利业中找到它们的起源。公元前1700多年古代中国出现的桔槔（一种用于汲水的升降机械），公元前1100多年古代中国出现的辘轳（一种用于提水或升降重物的升降机械），公元前236年古代希腊的阿基米德绞车（用于举重物的升降机械）等都是人力驱动，由卷筒、支架、绳索、杠杆、取物装置等组成的最原始形态的升降机械。

（一）在驱动上

　　1765年英国人瓦特发明了蒸汽机，人类开始使用机械动力来代替完成繁重的体力劳动。1835年在英国出现了蒸汽机驱动的升降机，它通过皮带传动和蜗轮蜗杆减速装置驱动，主要用于垂直运送货物。1845年，英国人汤姆逊制成了世界上第一台液压升降机，当时由于其功能不完善，难于保证安全，故较少用于载人。

　　1852年，美国纽约的机械工程师奥的斯在一次展览会上，向公众展示他的发明，即世界上第一台以蒸汽机为动力、配有安全装置的载人升降机。从此宣告了电梯的诞生。也打消了人们长期以来对升降机安全性的质疑。随后成立了奥的斯公司。

　　1857年，奥的斯公司在纽约安装了世界上第一台客运升降机，为不断升高的高楼大厦提供了重要的垂直运输工具。

　　1889年，美国奥的斯公司制造的，由直流电动机通过蜗轮蜗杆减速机带动卷筒卷绕绳索悬挂和升降轿厢的电动升降机，是世界上第一台真正意义上的电梯，它构成了现代电梯的基本构造型式，这一设计思想为现代化的电梯奠定了基础，至今仍被广泛使用。从那时开始，电梯进入了人们的生活和生产领域，给生产工作和生活带来极大的方便。当时的电梯（强制式）是鼓轮式的，如图1-1a和b所示，鼓轮式电梯的主机类似现在的卷扬机，钢丝绳的一端吊挂轿厢，另一端固定在绳鼓上（卷筒），靠钢丝绳被卷绕或释放而使轿厢升降。这种电梯的特点是，电梯在运行时，钢丝绳不会出现打滑现象，但由于鼓轮不可能做得太大，因而限制了钢丝绳的长度，进而限制了电梯的行程高度，满足不了高层建筑的需要。当时的客梯最大提升高度不超过48m，而货梯的行程很少超过12m。同时，由于电梯所有的重量全部由钢丝绳承担，同样受到鼓轮的限制，且与电梯的行程大小相互制约，因此，钢丝绳的直径大小和根数均受到限制，使得起重量受到限制。再有，鼓轮式电梯在使用上也有安全隐患，当电梯运行到上端站或下端站而上或下行程控制元件失效时，钢丝绳会继续被绳鼓卷绕使得轿厢超越端站极限位置冲向楼板，发生安全事故，由于以上这些缺点，使得鼓轮式电梯在发展上受到限制。

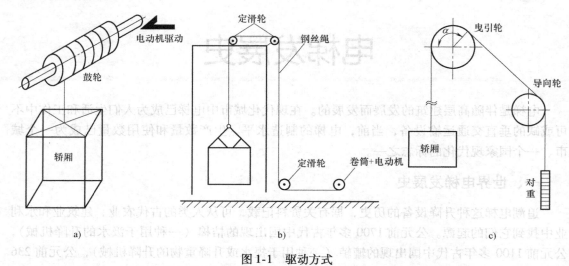

图 1-1　驱动方式
a）鼓轮式　b）强制式　c）曳引式

1903 年，奥的斯公司采用曳引驱动方式，如图 1-1c 所示，代替鼓轮式驱动，提高了电梯传动系统的通用性，同时也成功制造出有齿轮减速曳引式高速电梯。曳引电梯公认为是现代电梯，曳引式电梯以曳引轮取代了鼓轮，钢丝绳悬挂在曳引轮上，一端与轿厢连接，另一端与对重连接，曳引轮传动时，靠钢丝绳与绳轮间的摩擦力带动轿厢运行。其特点是轿厢与对重作相反运动，一升一降，钢丝绳不需要缠绕，长度不受限制，根数也不受限制，这样使电梯的提升高度和载重量得到提高。曳引式电梯靠摩擦力传动，当电梯失控冲顶时，只要对重被底坑中的缓冲器阻挡，钢丝绳与曳引轮绳槽间就会发生打滑而避免发生撞击楼板的重大事故。由于曳引式电梯具有这些优点，因此得到发展并一直沿用至今。

电梯所用电动机最早全是直流的，1900 年发明了交流感应电动机，并被用于电梯驱动，出现了交流电梯，进一步简化了传动机构。最初的交流电动机是单速的，电梯运行性能很不理想。随着发展到交流双速、多速电动机的问世，电梯的速度和舒适性得到了较大的改善，基本满足了电梯运行的基本要求；并且交流电梯由于造价低而得到迅速发展。但在调速性能方面却难以满足更高的要求。

1900 年，第一台梯级式（梯阶水平，踏板由硬木制成，有活动扶手和梳齿板）自动扶梯由奥的斯公司试制成功，并在巴黎世界博览会上展出。当时扶梯的梯级板是平的（无凹槽），踏板面由硬木制成，有活动扶手和梳齿板。1902 年，瑞士的迅达公司研制成功了世界上第一台按钮式自动电梯，采用全自动的控制方式，提高了电梯的输送能力和安全性。

（二）在控制和速度上

奥的斯公司在1892年开始使用按钮操纵代替轿厢内拉动绳索的操纵方式；1915年制造出微调节自动平层的电梯；1924年安装了第一台信号控制电梯，使操纵大大简化；1928年开发并安装了集选控制电梯；1933年制造了6m/s的超高速电梯，安装在纽约的帝国大厦；1946年在电梯上使用群控方式并在1949年用于纽约联合国大厦；特别值得一提的是奥的斯公司在1967年为美国纽约世界贸易中心大厦安装了208台垂直电梯和49台自动扶梯，每天要完成13万人次的运输量，令人难忘的是2001年9月11日该大楼因恐怖袭击而倒塌。

1955年，出现了小型计算机（真空管）控制的电梯。

1962年，美国出现了8m/s的超高速电梯。

1976年，日本富士达公司开发了10m/s的直流无齿轮曳引电梯。

1977年，日本三菱电机公司开发了晶闸管控制的无齿轮曳引电梯。

1979年，奥的斯公司开发了第一台基于微型计算机的控制系统电梯，使电梯控制进入了一个崭新的发展时期。

1982年，法国、德国和日本三国共同研制出直线电动机电梯，并于1989年在日本安装试用成功。这种电梯在结构上基本融直线电动机与电梯对重为一体，并装以盘式制动器，电力拖动方面采用微型计算机进行变频变压调速系统。

1983年，日本三菱电机公司开发了世界上第一台变频变压调速电动机，并于1990年将此调速系统用于液压电梯驱动。

1993年三菱电机公司在日本横滨地区Landmark大厦安装了12.5m/s速度的超高速乘客电梯，是当时世界上速度最快的乘客电梯。

1996年奥的斯公司引入Odyssey™集垂直运输与水平运输的复合运输系统的概念。该系统采用直线电动机驱动，在一个井道内设置多台轿厢。轿厢在计算机导航系统控制下，可以在轨道网络内交换各自的运行路线。

1996年，芬兰通力公司发布了最新设计的永磁同步无机房曳引驱动电梯。

1996年，日本三菱电机公司开发了采用永磁同步无齿轮曳引机和双盘式制动系统的双层轿厢高速电梯，安装在上海Mori大厦。

1997年，迅达电梯公司展示了Mobile无机房电梯，该电梯无须曳引绳和承载井道，自驱动轿厢在自支撑的铝制导轨上垂直运行。

2004年竣工的台北国际金融中心大厦安装了日本东芝电梯公司速度为16.8m/s的超高速电梯。该电梯提升高度为388m。

2014年，上海中心大厦安装的三菱18m/s的电梯，成为世界上运行最快的电梯。

为了满足现代高层建筑的不断升高，电梯的运行速度和载重量等效率也必须随之提高。正在广州安装的世界上最高电梯额定速度已经达到20m/s，2016年将竣工。但从人的生理上对加速度的适应能力、气压变化的承受能力和实际使用电梯停层的考虑，一般将电梯的额定速度限制在10m/s以下。

二、我国电梯发展史

根据有关资料，电梯服务中国已有100多年历史。100多年来，中国电梯行业的发展经历了以下几个阶段。

第一阶段：对进口电梯的销售、安装、维保使用阶段（1900～1949年）。

1900年，美国奥的斯电梯公司通过代理商Tullock & Co. 获得在中国的第1份电梯合同——为上海提供2部电梯。从此，世界电梯历史上展开了中国的一页。

1907年，奥的斯公司在上海的汇中饭店（今和平饭店南楼，英文名Peace Palace Hotel）安装了2部电梯。这2部电梯被认为是我国最早使用的电梯。1935年，位于上海南京路、西藏路交口9层高的大新公司（今上海第一百货商店）安装了2部奥的斯公司的轮带式单人自动扶梯。这2部自动扶梯安装在铺面商场至2层和2层至3层之间，面对南京路大门。这两部自动扶梯被认为是我国最早使用的自动扶梯。

截至1949年，上海各大楼共安装进口电梯约1100部，其中美国生产的最多，为500多部；其次是瑞士生产的100多部，还有英国、日本、意大利、法国、德国、丹麦等国生产的。其中丹麦生产的1部交流双速电梯额定载重量8t，为上海解放前的最大额定载重量的电梯。

第二阶段：独立自主，艰苦研制、生产和使用阶段（1950～1979年），这一阶段我国共生产、安装电梯约1万台。

新中国成立后，在上海、天津、沈阳等地相继建起了电梯制造厂，1952年，上海交通大学设置起重运输机械制造专业，还专门开设了电梯课程。1954年，上海交通大学起重运输机械制造专业开始招收研究生，电梯技术是研究方向之一。我国的电梯工业开始了快速发展。独立自主制造交流客梯、货梯，直流快速、高速梯等。

1951年冬，党中央提出要在北京天安门安装一部我国自主制造的电梯，将任务交给了天津（私营）从庆生电机厂。4个多月后，第一部由我国工程技术人员自行设计制造的电梯诞生了。该电梯载重量为1000kg，速度为0.70m/s，交流单速、手动控制。从此，我们用自己生产的电梯装备了人民大会堂、北京饭店、北京火车站、北京有关部委办公大楼和国家宾馆；独立自主制造安装交流客梯、货梯，直流快速、高速电梯约1万台。

第三阶段：建立三资企业，行业迅速发展阶段（1980年至今）。

随着我国的改革和对外开放，吸取和引进国外先进的电梯技术、先进的电梯制造工艺和设备、先进的科学管理，组建中外合资企业，使我国电梯工业取得了巨大发展。1980年7月4日，中国建筑机械总公司、瑞士迅达股份有限公司、香港怡和迅达（远东）股份有限公司三方合资组建中国迅达电梯有限公司。这是我国自改革开放以来机械行业第一家合资企业。该合资企业包括上海电梯厂和北京电梯厂。1982年4月，天津市电梯厂、天津直流电机厂、天津蜗轮减速机厂组建成立天津市电梯公司。9月30日，该公司电梯试验塔竣工，塔高114.7m，其中试验井道5个。这是我国最早建立的电梯试验塔。1984年12月1日，天津市电梯公司、中国国际信托投资公司与美国奥的斯电梯公司合资组建的天津奥的斯电梯有限公司正式成立。此后，中国电梯行业掀起了引进外资的热潮，全球主要的电梯知名企业都在中国建立了独资或合资企业，这些外资品牌的进入为行业带来了国际化的技术标准、管理理念和经营模式，使得国产电梯快速步入了国际化行列。目前，我国现有电梯整机生产企业近600家。

这一阶段，电梯在技术研制、科学教育、行业管理和政府监察上也有了长足的发展。随着我国经济快速发展、城市化进程加快以及人民群众生活水平的提高，电梯使用数量迅猛增长。据有关部门统计，截至 2014 年底，全国电梯总数量近 36 0 万台，从增长情况看，全国电梯数量由 2002 年的 35 万台快速增长为 2014 年底的 360 万台左右，仅 2014 年，全国新增电梯 60 万台左右。目前，我国已成为全球最大的电梯生产基地和电梯市场。我国电梯产量已经占全世界产量的 70%，安装和保有量已经位居世界第一，并且仍以每年超过 20% 的速度快速增长。因此，我国在今后相当长的时间内还将是全球最大的电梯市场，中国电梯技术水平已与世界同步。

三、国内外电梯技术特点

目前世界电梯市场上的电梯技术特点，都是以乘客电梯技术为主的。而乘客电梯技术以高速电梯技术的掌握来控制电梯高端的市场份额。目前世界上速度最快的电梯为 28.5m/s，相当于时速 102km；国产电梯目前成熟技术的最高速度为 7.0m/s，相当于时速 25km。

1. 世界上研究时间最长的电梯技术 世界上对电梯技术研究时间最长的是高层建筑火灾人员疏散电梯技术。该技术研究开始于 1970 年，目前已经研究了 45 年，但欧美和日本的研究者都没有实质性的突破。

2. 世界上发展最快的技术 全球电梯技术发展最快的是微型计算机控制的 VVVF 变频技术，20 世纪 90 年代首次应用后，目前几乎所有的垂直升降电梯都采用了微型计算机控制的 VVVF 变频技术。

3. 最幻想的电梯技术 全球最幻想的电梯技术就是从地球到空间站的电梯以及地球到月球的电梯技术。目前此项技术已在实验室试制成功，有待于应用。

4. 未来五年最可能在中国全面推广的电梯 在中国最可能推广的电梯技术，是电梯节能储能加不间断电源技术，该电梯符合国务院《国家能源发展战略行动计划（2014 - 2020 年）》，推广后，电梯节能将为该计划贡献一座三峡电站发电量的节能（电梯全面推广节能，五年后年节能将达到 1500 亿度）。该技术的另外一个特点就是附带的电梯不间断电源功能，在停电后继续正常使用一小时以上。该技术由苏州云能电气有限公司的多项专利组成，并已经开始配套在苏沪的一些电梯企业。

5. 未来十年世界上最可能应用的中国电梯技术 在未来十年全球最可能进行应用的中国电梯技术是"高层建筑火灾人员疏散电梯系统"技术。世界上建筑越来越高，迪拜最高建筑哈利法塔达到 828m；目前中国上海的上海中心大厦已经高达 632m；全球最高十大建筑中，中国已经占据了七座。并且由于该技术全球研发了四十多年，欧美和日本都没有实质性的突破，而中国的电梯企业已经成功地研发并测试成功。其成功地解决了电梯井道烟囱效应以及电梯层门耐火技术、电梯召唤耐火技术、井道监控技术、传感技术等。该技术目前已经有四个电梯企业实施试验。类似 2010 年 11 月 15 日上海胶州路火灾 58 人死亡的高层建筑火灾将可以通过电梯疏散。

四、中国电梯未来发展前景

中国电梯行业发展经历了起步、仿制、跟随和自主创造多个阶段，目前是在跟随和自主创造并进的阶段。

我国的电梯发展仿制与跟随主要的两个标志是 VVVF 电梯和第四代无机房电梯，目前所有的垂直电梯基本上都是 VVVF 电梯，而除了通力产品外的其他无机房电梯都是第四代无机房电梯。这两种技术一种是国外 VVVF 电梯技术的仿制与跟随，而第四代无机房电梯是中国的企业经研发后全面地进行了跟随。

下一阶段的中国电梯发展将进入到一个新的阶段，就是跟随世界电梯同行的发展，并进行电梯中国创造。已经超越国外电梯的技术目前主要是高层建筑火灾人员疏散电梯系统以及电梯节能储能附带电梯不间断电源功能的电梯技术。这是两种超过了美国、欧洲和日本的先进电梯技术，也将改写世界电梯发展史。并将在今后 5～10 年全面地在世界电梯中使用。目前高层建筑火灾人员疏散电梯系统已经被美国奥的斯等世界电梯知名企业所青睐。

电梯在未来会改变的不仅仅是速度，部件的进步将是首要趋势，比如从五方通话及无线对讲改变成为视频对讲；从简单监控改变为多方位电梯视频全监控；从电梯停电应急平层改变为可以停电后电梯正常运行的电梯不间断电源；从能源反馈装置改变为储能再利用装置；从火灾不能乘坐电梯改变为火灾乘电梯疏散逃生等。

五、电梯之最

（一）世界上最早的电梯

1854 年，在纽约水晶宫举行的世界博览会上，美国人伊莱沙·格雷夫斯·奥的斯第一次向世人展示了他的发明——历史上第一部安全升降梯。如图 1-2 所示，为了展示他的电梯，奥的斯当着围观的人群在半空中砍断了电梯缆绳，所有观众吓得都蒙住了眼睛，不过他站立的平台并没有自由落体摔下来，而是在瞬间就戛然停住，这是因为奥的斯发明的安全装置起了作用。从那以后，升降梯在世界范围内得到了广泛应用。

1900 年，美国奥的斯电梯公司通过代理商 Tullock & Co. 获得在中国的第 1 份电梯合同——为上海提供 2 台电梯。从此，世界电梯历史上展开了中国的一页。

图 1-2　安全试验

（二）中国最早电梯

利顺德饭店始建于 1863 年，1924 年扩建时在原本三层楼的基础上增加了副楼，安装了奥的斯电梯的第一代产品，如图 1-3 所示，最高能升至 4 层，使用时需要一名电梯操作手，梯箱内还能容纳 2~3 个人，运行速度平稳，噪声很小。至 2015 年已有 91 岁。

由于 1985 年后建设了博物馆，这部古老的电梯一般不对外开放，在正常使用的 61 年间，电梯的运行距离已能绕地球一圈。

中国电梯协会颁发证书，认定它为中国现存并仍在正常运行的最古老电梯。

此电梯还是一部"明星梯"，周总理、十世班禅、梅兰芳等均乘坐过，《阮玲玉》《玉碎》等影视摄制组纷纷前来采景。

图 1-3　中国最早的电梯

（三）最快的电梯

2014 年 10 月 24 日上午，广州第一高楼，广州周大福金融中心正式举行封顶仪式，该建筑高度为 530m，楼层为 116 层（地上 111 层，地下 5 层），2016 年竣工。2 台速度为 1200m/min（20m/s）的电梯将成为目前世界上最快的电梯。

（四）最大的电梯

全球最大的电梯位于日本大阪，由三菱电机公司制造，在 2010 年 6 月投入使用，如图 1-4 所示。如果按 65kg 的单人体重计算，它可以一次运载 80 名人员同时上下楼，它由 5 台宽 3.4m，长 2.8m，高 2.6m，每台最大载荷 5250kg 的单台电梯组成。这种电梯组在 Umeda Hankyu 大楼内运行，可以一次将 400 人同时运上 41 层大楼。

图 1-4　最大的电梯

（五）最高的观光电梯

在湖南张家界国家森林公园里的百龙观光电梯，是目前世界上最高的全暴露双层、最大载重量、速度最快的户外观光电梯，如图 1-5 所示。该电梯依悬崖而建，垂直高度为 355m，运行高度为 326m，由 156m 山体竖井和171m贴山结构井架组成，3台双层全暴露观光电梯并列分体运行，游客乘此天梯在2min内，不仅可以俯瞰山谷美景，还可一览湖光山色。每小时可运送3000名游客。

图1-5　最高的观光电梯

（六）最长的室外自动扶梯

香港连接半山与中环闹市的行人自动扶梯长达800m，是世界上最长的室外自动扶梯。从荷李活道出发，上可到伊利街、经干德道到达半山区；下可沿阁麟街至中央街市。整条电梯将旧式楼宇与新型高级住宅连在一起。

（七）最高的自动扶梯

日本梅田的天空之城是39层建筑，从3层搭乘快速电梯到达35层，只需花1分钟的时间，再以透明式的自动扶梯一直抵达39层，该自动扶梯是世界上最高的自动扶梯。

（八）最大的中国国际电梯展览会

中国国际电梯展览会汇聚了全球电梯产业的精粹，是世界上最大的电梯展览会。十数年间，累积了丰厚的底蕴与资源，为全球客户的宣传和产品展示提供了一个国际化的平台，于此，企业间加强了交流与合作，并引进新技术、新产品，实现企业利益最大化，铸就了品牌影响力，提供了强有力的平台。中国国际电梯展览会是世界电梯产业互相了解的桥梁，为中国电梯行业的全球战略提供了良好助力，为企业展示自己日新月异的技术提供了珍贵的契机，对于开拓国内外市场具有非凡的促进意义。

第二章

电梯基础知识

第一节　电梯定义与术语

本教材采用国家标准 GB/T 7024—2008《电梯、自动扶梯、自动人行道术语》和 GB 7588.1—2015《电梯制造与安装安全规范　第 1 部分：乘客电梯和载货电梯基本要求》中的定义及术语。

一、电梯定义

GB 7588.1—2015《电梯制造与安装安全规范　第 1 部分：乘客电梯和载货电梯基本要求》中定义：电梯服务于指定的层站，具有用于运送人员或货物的轿厢，轿厢由绳或链条悬挂或由液压缸支撑并在与垂直倾角小于等于 15°的导轨上运行。

二、电梯术语

（一）类型术语

1. 乘客电梯　为运送乘客而设计的电梯。

2. 载货电梯　主要用来运送货物的电梯，并且通常有人员伴随货物。

3. 客货电梯　以运送乘客为主，可同时兼顾运送非集中载荷货物的电梯。

4. 医用电梯（病床电梯）　运送病床（包括病人）及相关医疗设备的电梯。

5. 住宅电梯　服务于住宅楼供公众使用的电梯。

6. 杂物电梯　服务于规定层站固定式提升装置。具有一个轿厢，由于结构型式和尺寸的关系，轿厢内不允许人员进入。

7. 观光电梯　井道和轿厢壁至少有一侧透明，乘客可观看轿厢外景物的电梯。

8. 消防员电梯　首先预定为乘客使用而安装的电梯，其附加的保护、控制和信号使其能在消防服务的直接控制下使用。

9. 船用电梯　船舶上使用的电梯。

10. 防爆电梯　采用适当措施，可以应用于有爆炸危险场所的电梯。

11. **家用电梯**　安装在私人住宅中，仅供单一家庭成员使用的电梯，它也可安装在非单一家庭使用的建筑物内，作为单一家庭进入其住所的工具。

12. **无机房电梯**　不需要建筑物提供封闭的专用机房用于安装电梯驱动主机、控制柜、限速器等设备的电梯。

13. **曳引式电梯**　通过悬挂钢丝绳与驱动主机曳引轮槽的摩擦力驱动的电梯。

14. **强制式电梯（包括卷筒驱动）**　通过卷筒和绳或链轮和链条直接驱动（不依赖摩擦力）的电梯。

（二）一般术语

1. **额定乘客人数**　设计限定的最多允许乘客数量（包括司机在内）。

2. **额定速度**　电梯设计所规定的速度（m/s）。

3. **检修速度**　电梯检修运行时的速度（m/s）。

4. **额定载重量**　电梯设计所规定的轿厢载重量。

5. **提升高度**　从底层端站地坎上表面至顶层端站地坎上表面之间的垂直距离。

6. **机房**　安装一台或多台电梯驱动主机及其附属设备的专用房间。

7. **辅助机房；隔层；滑轮间隔**　因设计需要，在井道顶设置的房间，不同于安装驱动主机，可以作为隔音层，也可以用于安装滑轮、限速器和电气设备等。

8. **层站**　各楼层用于出入轿厢的地点。

9. **基站**　轿厢无投入运行指令时停靠的层站，一般位于乘客进出最多并方便撤离的建筑物大厅或底层端站。

10. **预定层站（待梯层站）**　并联或群控控制的电梯轿厢无运行指令时，指定停靠待命运行的层站。

11. **底层端站**　最低的轿厢停靠站。

12. **顶层端站**　最高的轿厢停靠站。

13. **层间距离**　两个相邻停靠层站层门地坎之间的垂直距离。

14. **井道**　保证轿厢、对重（平衡重）和（或）液压缸柱塞安全运行所需的建筑空间。
注：井道空间通常以底坑、井道壁和井道顶为边界。

15. **单梯井道**　只供一台电梯运行的井道。

16. **多梯井道**　可供两台或两台以上电梯平行运行的井道。

17. **井道壁**　用来隔开井道和其他场所的结构。

18. **井道宽度**　平行于轿厢宽度方向测量的两井道内壁之间的水平距离。

19. **井道深度**　垂直于井道宽度方向测量的井道内壁表面之间的水平距离。

20. **底坑**　底层端站地面以下的井道部分。

21. **底坑深度**　底层端站地坎上平面到井道地面之间的垂直距离。

22. **顶层高度**　顶层端站地坎上平面到井道天花板（不包括任何超过轿厢轮廓线的滑轮）之间的垂直距离。

23. **井道内牛腿（加腋梁）**　位于各层站出入口下方井道内侧，供支撑层门地坎所用的建筑物突出的部分。

24. **开锁区域**　层门地坎平面上、下延伸的一段区域，当轿厢地坎平面在此区域内时，能够打开对应层站的层门。

25. 平层　达到在层站停靠精度的操作。

26. 平层区　轿厢停靠站上方和（或）下方的一段有限区域。在此区域内可以用平层装置来使轿厢运行达到平层要求。

27. 平层准确度　按照控制系统指令轿厢到达目的层站停靠，门完全打开后，轿厢地坎与层门地坎之间的铅垂距离。

28. 平层保持精度　电梯装卸载期间，轿厢地坎与层站地坎之间的铅垂距离。

29. 再平层　电梯停止后，允许在装卸载期间进行校正轿厢停止位置的操作。

30. 轿厢出入口　在轿厢壁上的开口部分，它构成从轿厢到层站之间的正常通道。

31. 轿厢出入口宽度（开门宽度）　层门和轿门完全打开时测量的出入口净宽度。

32. 轿厢出入口高度　层门和轿门完全打开时测量的出入口净高度。

33. 轿厢宽度　平行于设计规定的轿厢主出入口，在离地面以上1m处测量的轿厢两内壁之间的水平距离，装饰、保护板或扶手，都应当包含在该距离之内。

34. 轿厢深度　垂直于设计规定的轿厢主出入口，在离地面以上1m处测量的轿厢两内壁之间的水平距离，装饰、保护板或扶手，都应当包含在该距离之内。

35. 轿厢高度　在轿厢内测得的轿厢地板到轿厢结构顶部之间的垂直距离，照明灯罩和可拆卸的吊顶应包括在上述距离之内。

36. 电梯司机　经过专门训练，有合格操作证的经授权操纵电梯的人员。

37. 液压缓冲器工作行程　液压缓冲器柱塞端面受压后所移动的最大允许垂直距离。

38. 弹簧缓冲器工作行程　弹簧受压后变形的最大允许垂直距离。

39. 轿底间隙　轿厢使缓冲器完全压缩时，从底坑地面到安装在轿厢底下部最低构件的垂直距离（最低构件不包括导靴、滚轮、安全钳和护脚板）。

40. 轿顶间隙　对重使它的缓冲器完全压缩时，从轿厢顶部最高部分至井道顶部最低部分的垂直距离。

41. 对重装置顶部间隙　轿厢使缓冲器完全压缩时，对重装置最高部分至井道顶部最低部分的垂直距离。

42. 电梯曳引型式　曳引机驱动电梯，曳引机在井道上方（或上部）的为上置曳引型式，曳引机在井道侧面的为侧置曳引型式，曳引机在井道下方（或下部）的为下置曳引型式。

43. 电梯曳引绳曳引比　悬吊轿厢的钢丝绳根数与曳引轮轿厢侧下垂的钢丝绳根数之比。

（三）功能术语

1. 火灾应急返回　操纵消防开关或接受相应信号后，电梯将直驶回到设定楼层，进入停梯状态。

2. 消防员服务　操纵消防开关使电梯投入消防员专用状态的功能。该状态下，电梯将直驶回到设定楼层后停梯，其后只允许经授权人员操作电梯。

3. 独立服务（专用服务）　通过专用开关转换状态，电梯将只接受轿内指令，不响应层站召唤（外呼）的服务功能。

4. **轿厢意外移动**　在开锁区域内且开门状态下，轿厢无指令离开层站的移动，不包含装卸操作引起的移动。

5. **开锁区域**　层门地坎平面上、下延伸的一段区域，当轿厢地坎平面在此区域内时，能够打开对应层站的层门。

6. **维护**　在安装完成后及其整个使用寿命范围内，为确保电梯及其部件的安全和预期功能而进行的必要操作。

维护可包括下列操作：①润滑、清洁等；②检查；③救援操作；④设置和调整操作；⑤修理或更换由于磨损或破损的部件，但并不影响电梯的特性。

（四）零部件术语

1. **缓冲器（buffer）**　位于行程端部，用来吸收轿厢动能的一种弹性缓冲安全装置。

2. **液压缓冲器（hydraulic buffer，oil buffer）**　以液体作为介质吸收轿厢或对重产生动能的一种耗能型缓冲器。

3. **弹簧缓冲器（spring buffer）**　以弹簧变形来吸收轿厢或对重动能的一种蓄能型缓冲器。

4. **减振器（vibrating absorber）**　用来减少电梯运行振动和噪声的装置。

5. **轿厢（car，lift car）**　电梯中用以运载乘客或其他载荷的箱形装置。

6. **轿底（轿厢底）（car platform；platform）**　在轿厢底部，支撑载荷的组件。它包括地板、框架等构件。

7. **轿厢壁（轿壁）（car enclosures；car walls）**　由金属板与轿厢底、轿厢顶和轿厢门围成的一个封闭空间的板形构件。

8. **轿顶（轿厢顶）（car roof）**　在轿厢上部、具有一定强度要求的顶盖。

9. **轿厢装饰顶（car celling）**　轿厢内顶部装饰部件。

10. **轿厢扶手（car handrail）**　固定在轿厢内的扶手。

11. **轿顶防护栏杆（car top protection balustrade）**　设置在轿顶上方，对维修人员起防护作用的构件。

12. **轿厢架（轿架）（car frame）**　固定和支撑轿厢的框架。

13. **门机（door operator）**　使轿门和（或）层门开启或关闭的装置。

14. **检修门（access door）**　开设在井道壁上，通向底坑或滑轮间供检修人员使用的门。

15. **手动门（manually operated door）**　用人力开关的轿门或层门。

16. **自动门（power operated door）**　靠动力开关的轿门或层门。

17. **层门（厅门）（landing door；shaft door；hall door）**　设置在层站入口的门。

18. **防火层门（防火门）（fire-proof door）**　能防止或延缓炽热气体或火焰通过的一种层门。

19. **轿门（轿厢门）（car door）**　设置在轿厢入口的门。

20. **门保护装置（door protection device）**

（1）安全触板（safe edges for door）。在轿门关闭过程中，当有乘客或物体通过轿门时，使轿门重新打开的机械式门保护装置。

（2）光幕（saftty curtain for door）。在轿门关闭过程中，当有乘客或物体通过轿门时，

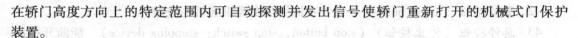

在轿门高度方向上的特定范围内可自动探测并发出信号使轿门重新打开的机械式门保护装置。

21. 水平滑动门 (horizontally sliding door) 沿门导轨和地坎槽水平滑动开启的门。

22. 中分门 (center opening door) 层门或轿门门扇，由门口中间分别向左、右开启的层门或轿门。

23. 旁开门 (two-speed sliding door; two-panel sliding door; two speed door) 层门或轿门门扇，向同一侧开启的层门或轿门。

24. 左开门 (left hand two speed sliding door) 站在层站面对轿厢门扇，向左方向开启的层门或轿门。

25. 右开门 (right hand two speed sliding door) 站在层站面对轿厢门扇，向右方向开启的层门或轿门。

26. 垂直滑动门 (vertically sliding door) 沿门两侧垂直门导轨滑动向上或向下开启的层门或轿门。

27. 垂直中分门 (bi-parting door) 门扇由门口中间分别向上、下开启的层门或轿门。

28. 曳引绳补偿装置 (compensating device for hoist ropes) 用来补偿电梯运行时因曳引绳造成的轿厢和对重不平衡的部件。

29. 补偿链装置 (compensating chain device) 用金属链构成的曳引绳补偿装置。

30. 补偿绳装置 (compensating rope device) 用钢丝绳和张紧轮构成的曳引绳补偿装置。

31. 补偿绳防跳装置 (anti-rebound of compensating rope device) 当补偿绳张紧装置超出限定位置时，能使曳引机停止运转的安全装置。

32. 地坎 (sill) 轿厢或层门入口处的带槽踏板。

33. 轿顶检修装置 (inspection device on top of the car) 设置在轿顶上方，供检修人员检修时使用的装置。

34. 轿顶照明装置 (car top light) 设置在轿顶上方，供检修人员检修时照明的装置。

35. 底坑检修照明装置 (light device of pit inspection) 设置在井道底坑，供检修人员检修时照明的装置。

36. 轿厢位置显示装置 (car position indicator) 设置在轿厢内，显示轿厢运行位置和方向的装置。

37. 层门门套 (landing door jamb) 装饰层门门框的构件。

38. 层门位置显示装置 (landing indicator; hall position indicator) 设置在层门上方或一侧，显示轿厢运行位置的装置。

39. 层门方向显示装置 (landing direction indicator) 设置在层门上方或一侧，显示轿厢运行方向的装置。

40. 控制柜 (control cabinet; controller) 各种电子器件和电气元件安装在一个有防护作用的柜形结构内的电控设备。

41. 操纵盘 (操纵箱) (operation panel; car operation panel) 用开关、按钮操纵轿厢运行的电气装置。

42. 警铃按钮（alarm button）　设置在操纵盘上操纵警铃的按钮。

43. 急停按钮（停止按钮）（stop button；stop switch；stopping device）　能断开控制电路使轿厢停止运行的按钮。

44. 曳引机（traction machine；machine driving；machine）　包括电动机、制动器和曳引轮在内的靠曳引绳和曳引轮槽摩擦力驱动或停止电梯的装置。

45. 有齿轮曳引机（geared machine）　电动机通过减速齿轮箱驱动曳引轮的曳引机。

46. 无齿轮曳引机（gearless machine）　电动机直接驱动曳引轮的曳引机。

47. 曳引轮（driving sheave；traction sheave）　曳引机上的驱动轮。

48. 曳引绳（hoist ropes）　连接轿厢和对重装置，并靠与曳引轮槽的摩擦力驱动轿厢升降的专用钢丝绳。

49. 绳头组合（rope fastening）　曳引绳与轿厢、对重装置或机房承重梁等承载装置连接用的部件。

50. 端站停止开关（terminal stopping device）　当轿厢超越端站后，强迫其停止的保护开关。

51. 平层装置（leveling device）　在平层区域内，使轿厢达到平层准确度要求的装置。

52. 平层感应板（leveling inductor plate）　可使平层装置动作的板。

53. 极限开关（final limit switch）　当轿厢运行超越端站停止开关时，在轿厢或对重装置接触缓冲器之前，强迫电梯停止的安全装置。

54. 超载装置（overload device；overload indicator）　当轿厢超过额定载重量时，能发出警告信号并使轿厢不能运行的安全装置。

55. 称量装置（weighing device）　能检测轿厢内载荷值，并发出信号的装置。

56. 呼梯盒（召唤盒）（calling board；hall buttons）　设置在层站门一侧，召唤轿厢停靠在呼梯层站的装置。

57. 随行电缆（travelling cable；travelling cable）　连接于运行的轿厢底部与井道固定点之间的电缆。

58. 随行电缆架（travelling cable support）　架设随行电缆的部件。

59. 钢丝绳夹板（rope clam）　夹持曳引绳，能使绳距和曳引轮绳槽距一致的部件。

60. 绳头板（rope hitch plate）　架设绳头组合的部件。

61. 导向轮（deflector sheave）　为增大轿厢与对重之间的距离，使曳引绳经曳引轮再导向对重装置或轿厢一侧而设置的绳轮。

62. 复绕轮（secondary sheave；double wrap sheave；sheave traction secondary）　为增大曳引绳对曳引轮的包角，将曳引绳绕出曳引轮后经绳轮再次绕入曳引轮，这种兼有导向作用的绳轮为复绕轮。

63. 反绳轮（diversion sheave）　设置在轿厢架和对重框架上部的动滑轮。根据需要曳引绳绕过反绳轮可以构成不同的曳引比。

64. 导轨（guide rails；guide）　为轿厢、对重及平衡重提供导向的刚性组件。

65. 空心导轨（hollow guide rail）　由钢板经冷轧折弯成空心 T 形的导轨。

66. 导轨支架（rail brackets；rail support）　固定在井道壁或横梁上，支撑和固定导轨用的部件。

67. 导轨连接板（fish plate） 紧固在相邻两根导轨的端部底面，起连接导轨作用的金属板（件）。

68. 导轨润滑装置（rail lubricate device） 设置在轿厢架和对重框架上端两侧，为保持导轨与滑动导靴之间有良好润滑的自动注油装置。

69. 承重梁（machine supporting beams） 敷设在机房楼板上面或下面、井道顶部，承受曳引机自重及其负载和绳头组合负载的钢梁。

70. 底坑隔障（pit protection grid） 设置在底坑，位于轿厢和对重装置之间，对维修人员起防护作用的隔障。

71. 速度监测装置（tachogenerator） 检测轿厢运行速度，将其转变成电信号的装置。

72. 盘车手轮（handwheel；wheel；manual wheel） 靠人力使曳引轮转动的专用手轮。

73. 制动器扳手（brake wrench） 松开曳引机制动器的手动工具。

74. 机房层站指示器（landing indicator of machine room） 设置在机房内，显示轿厢运行所处层站的信号装置。

75. 选层器（floor selector） 一种机械或电气驱动的装置，用于执行或控制下述全部或部分功能；确定运行方向、加速、减速、平层、停止、取消呼梯信号、门操作、位置显示和层门指示灯控制。

76. 钢带传动装置（tape driving device） 通过钢带，将轿厢运行状态传递到选层器的装置。

77. 限速器（overspeed governor；governor） 当电梯的运行速度超过额定速度一定值时，其动作能切断安全回路或进一步导致安全钳或上行超速保护装置起作用，使电梯减速直到停止的自动安全装置。

78. 限速器张紧轮（governor tension pulley） 张紧限速器钢丝绳的绳轮装置。

79. 安全钳（safety gear） 在超速或悬挂装置断裂的情况下，在导轨上制停轿厢、对重或平衡重并保持静止的机械装置。

80. 瞬时式安全钳（instantaneous safety gear） 在导轨上的全部夹紧动作几乎是瞬时完成的安全钳。

81. 渐进式安全钳（progressive safety gear） 作用在导轨上制动减速，并按特定要求将作用在轿厢、对重或平衡重的力限制在容许值范围内的安全钳。

82. 钥匙开关（key switch board） 一种供专职人员使用钥匙才能使电梯投入运行或停止的电气装置。

83. 门锁装置（联锁装置）（door interlock；locks） 轿门与层门关闭后锁紧，同时接通控制回路，轿厢方可运行的机电联锁安全装置。

84. 层门安全开关（landing door safety switch） 当层门未完全关闭时，使轿厢不能运行的安全装置。

85. 滑动导靴（sliding guide shoe） 设置在轿厢架和对重（平衡重）装置上，其靴衬在导轨上滑动，使轿厢和对重（平衡重）装置沿导轨运行的导向装置。

86. 靴衬（guide shoe busher；shoe guide） 滑动导靴中的滑动摩擦零件。

87. 滚轮导靴（roller guide shoe） 设置在轿厢架和对重装置上，其滚轮在导轨上滚动，使轿厢和对重装置沿导轨运行的导向装置。

88. 对重（counter weight） 由曳引绳经曳引轮与轿厢相连接，在曳引电梯运行过程中保持曳引能力的装置。

89. 平衡重（balancing weight） 为节能而设置的平衡全部或部分轿厢重量的部件。

90. 护脚板（toe guard） 从层站地坎或轿厢地坎向下延伸，并具有平滑垂直部分的安全挡板。

91. 挡绳装置（ward off rope device） 防止曳引绳或补偿绳越出绳轮槽的防护部件。

92. 轿厢安全窗（轿厢紧急出口）（top car emergency exit; car emergency opening） 在轿厢顶部向外开启的封闭窗，供安装、检修人员使用或发生事故时援救和撤离乘客的轿厢应急出口。窗上装有当窗扇打开或没有锁紧即可断开安全电路的开关。

93. 轿厢安全门（应急门）（car emergency exit; emergency door） 同一井道内有多台电梯时，在两部电梯相邻轿厢壁上向轿厢内开启的门，供乘客和司机在特殊情况下离开轿厢，而改乘相邻轿厢的安全出口。门上装有当门扇打开或没有锁紧即可断开安全回路的开关。

94. 近门保护装置（proximity protection device） 设置在轿厢出入口处，在门关闭过程中，当出入口附近有乘客或障碍物时，通过电子元件或其他元件发出信号，使门停止关闭，并重新打开的安全装置。

95. 紧急开锁装置（emergency unlocking device） 为应急需要，在层门外借助层门上三角钥匙孔可将层门打开的装置。

96. 紧急电源装置（应急电源装置）（emergency power device） 电梯供电电源出现故障而断电时，供轿厢运行到邻近层站停靠的电源装置。

97. 轿厢上行超速保护装置（device for uncontrolled dscending car protection） 当轿厢上行速度大于额定速度的115%时，作用在如下部件之一，至少能使轿厢减速慢行的装置。

（1）轿厢。

（2）对重。

（3）钢丝绳系统。

（4）曳引轮或曳引轮轴上。

98. 夹绳器（rope clip） 一种轿厢上行超速保护装置。当轿厢上行超速时，通过夹紧机构夹持曳引钢丝绳，使电梯减速的装置。

99. 扁平复合曳引钢带（flat covered steel belt for drive） 由多股钢丝被聚氨酯等弹性体包裹形成的扁平状曳引轿厢用的带子。

100. 永磁同步曳引机（permanent synchro motor） 采用永磁同步电动机的曳引机。

101. 轿门锁（car door lock） 当轿厢在开锁区外时，防止从轿厢内打开轿门的装置。

102. 到站钟（arrive charm） 当轿厢将到达选定楼层时，提醒乘客电梯到站的音响装置。

103. 楼宇自动化接口（build autpmation interfacing） 连接楼宇自动化系统的接口，

可传递电梯运行信号和其他相关信号。

104. 读卡器；卡识别装置（card recder；card discriminate divice）　设置在轿厢内，乘客通过身份卡操作轿厢运行的装置；或设置在层站门一侧，乘客通过身份卡召唤轿厢停靠呼梯层站的装置。

105. 残疾人操纵盘（car operration panel for disabled persons）　特殊设计的轿厢操纵盘，以方便残疾人使用，尤其是轮椅使用人员操作电梯。

106. 副操纵盘（second COD；second car operration）　在电梯轿厢中，轿厢两侧设置有两个操纵盘，或在轿厢侧壁增加一个操纵盘，以便于乘客操作电梯运行。

107. 内置通话装置（对讲系统）（Internal call system；talkback system）　内部通话装置用于轿厢内和机房、电梯管理中心等之间相互通话，在电梯发生故障时，它帮助轿内乘客向外报警，同时便于电梯管理人员及时安抚乘客、减小乘客的恐惧感；在电梯调试或维修时，方便不同位置有关人员之间相互沟通。

（五）控制方式常用术语

1. 手柄开关操纵（轿内开关控制）（car handle control；car switch operation）　电梯司机转动手柄位置（开断/闭合）来操纵电梯运行或停止。

2. 按钮控制（pushbutton control）　电梯运行由轿厢内操纵攀上的选层按钮或层站呼梯按钮来操纵。某层站乘客将呼梯按钮撤下，电梯就起动运行去应答。在电梯运行过程中如果有其他层站呼梯按钮撤下，控制系统只能把新号记存下来，不能去应答，而且也不能把电梯截住，直到电梯完成前次应答运行层站之后方可应答其他层站呼梯信号。

3. 信号控制（signal control；signal operation）　把各层站呼梯信号集合起来，将与电梯运行方向一致的呼梯信号按先后顺序排列好，电梯依次应答接运乘客。电梯运行取决于电梯司机操纵，而电梯在何层站停靠由轿厢操纵盘上的选层按钮信号和层站呼梯信号控制。电梯往复运行一周可以应答所有呼梯信号。

4. 集选控制（collective selection control）　在信号控制的基础上把呼梯信号集合起来进行有选择的应答。电梯为无司机操纵。在电梯运行过程中可以应答同一方向所有层站呼梯信号和按照操纵盘上的选层按钮信号停靠。电梯运行一周后若无呼梯信号就停靠在基站待命。为适应这种控制特点，电梯在各层站停靠时间可以调整，轿门设有安全触板或其他近门保护装置，以及轿厢设有过载保护装置等。

5. 下集选控制（down-collective control）　集选电梯运行下方向的呼梯信号，如果乘客欲从较低的层站到较高的层站去，则需乘电梯到底层基站后再乘电梯到要去的高层站。

6. 并联控制（duplex/triplex control）　共用一套呼梯信号系统，把两台或三台规格相同的电梯并联起来控制。无乘客使用电梯时，经常有一台电梯停靠在基站待命（称为基梯），另一台电梯则停靠在行程中间预先选定的层站（称为自由梯）。当基站有乘客使用电梯并起动后，自由梯即刻起动前往基站充当基梯待命。当有除基站外其他层站呼梯时，自由梯就近现行应答，并在运行过程中应答与其运行方向相同的所有呼梯信号。如果自由梯运行时出现与其运行方向相反的呼梯信号，则在基站待命的电梯就起动前往应答。先完成应答任务的电梯就近返回基站或中间选下的层站待命。

7. 梯群控制（group control for lifts；group automatic operation）　群控在具有多台电

梯、客流量大的高层建筑中，把电梯分为若干组，每组 4～6 台电梯，将几台电梯控制连在一起，分区域进行有程序或无程序综合统一控制，对乘客需要电梯情况进行自动分析后，选派最适宜的电梯及时应答呼梯信号。

第二节　电梯性能要求与参数

一、性能要求

电梯是服务于建筑物中实现垂直运输任务的设备，要保证安全圆满地完成任务，就要求电梯必须具备一些相关的性能要求与特点。这些要求与特点不仅要体现在电梯设计、制造方面，同样也要在电梯安装维护、保养使用中得到保证。

电梯的主要性能要求包括安全性、可靠性、平层准确度和舒适性等。

（一）安全性

安全运行是电梯必须保证的首要指标，是由电梯的使用要求决定的，是在电梯制造、安装调试、维修、保养及使用管理过程中，必须绝对保证的重要指标。为确保安全，对于涉及电梯运行安全的重要部件和系统，在设计制造时留有较大的安全系数，并设置了安全保护系统与装置，使电梯成为安全性最好的设备之一。

（二）可靠性

可靠性反映了电梯技术的先进程度，是与电梯制造、安装维保及使用情况密切相关的一项重要指标。它通过在电梯日常使用中因故障导致电梯停用或维修的发生概率来反映，故障率高说明电梯的可靠性较差。

一台电梯在运行中的可靠性如何，主要受该梯的设计制造质量和安装维护质量两方面影响，同时还与电梯的日常使用管理有极大关系。如果我们使用的是一台制造质量存在问题和瑕疵，具有故障隐患的电梯，那么电梯的整体质量和可靠性是无法提高的；即使我们使用的是一台技术先进、制造精良的电梯，却在安装及维护保养方面存在问题，同样也会导致大量的故障出现，影响到电梯的可靠性。所以，要提高可靠性必须从制造、安装维护和日常使用管理等几个方面着手。

（三）舒适性

舒适性是考核电梯使用性能最为敏感的一项指标，也是电梯多项性能指标的综合反映，多用来评价客梯轿厢。它与电梯的运行及起、制动阶段的运行速度和加速度、运行平稳性、噪声甚至轿厢装饰等都有密切的关系。对于舒适性主要从以下几个方面来考核评价：

（1）当电源保持为额定频率和额定电压、电梯轿厢在 50% 额定载重量时，向下运行至行程中段（除去加速和减速段）时的速度，不得大于额定速度的 105%，且不得小于额定速度的 92%。

（2）客梯起动加速度和制动减速度最大值均不应大于 1.5m/s^2。

（3）客梯额定速度为 $1.0\text{m/s} < v \leqslant 2.0\text{m/s}$ 时，其平均加、减速度不应小于 0.5m/s^2；当客梯额定速度为 $2.0\text{m/s} < v \leqslant 6.0\text{m/s}$ 时，其平均加、减速度不应小于 0.7m/s^2。

（4）客梯的开关门时间应满足 GB/T 10058—2009《电梯技术条件》要求，见表 2-1。

表 2-1　乘客电梯的开关门时间　　　　　　　　　　　　　单位：s

开门方式	开门宽度 B/mm			
	$B \leqslant 800$	$800 < B \leqslant 1000$	$1000 < B \leqslant 1100$	$1100 < B \leqslant 1300$
中分自动门	3.2	4.0	4.3	4.9
旁开自动门	3.7	4.3	4.9	5.9

（5）振动、噪声与电磁干扰。GB/T 10058—2009《电梯技术条件》规定：轿厢运行必须平稳，其具体要求如下：

1）乘客电梯轿厢运行时，垂直方向和水平方向的振动加速度（用时域记录的振动曲线中的单峰值）分别不应大于 25cm/s^2 和 15cm/s^2。

2）电梯的各机构和电气设备在工作时不得有异常振动或撞击声，电梯的噪声值应符合表 2-2 的规定。

表 2-2　乘客电梯的噪声值　　　　　　　　　　　　　单位：dB（A）

额定速度 v	$v \leqslant 2.5\text{m/s}$	$2.0\text{m/s} < v \leqslant 6.0\text{m/s}$
额定速度运行时机房内平均噪声值	≤80	≤85
运行中轿厢内最大噪声值	≤55	≤60
开关门过程中最大噪声值	≤65	

注：无机房电梯的"机房内平均噪声值"是指距离曳引机 1m 处所测得的平均噪声值。

另外，由于接触器、控制系统、大功率电气元件及电动机等引起的高频电磁辐射不应影响附近的家用电器等无线电设备的正常工作，同时电梯控制系统也不应受周围的电磁辐射干扰而发生误动作现象。

（6）节约能源。随着社会的发展，人们逐渐认识到地球上很多能源是不可再生的，同时人类为了获得这些能源付出了破坏环境的严重代价。因此，采用先进技术，发展节能、绿色环保电梯成为我们面临的最大挑战，作为一名电梯工作者必须在这方面做出不懈的努力。

（四）平层准确度

电梯的平层准确度是指轿厢到站停靠后，轿厢地坎上平面与层门地坎上平面之间在垂直方向上的距离，该值的大小与电梯的运行速度、制动距离和制动力矩、拖动方式和轿厢载荷等有直接关系。对平层准确度的检测，应该分别以轿厢空载和额载做上、下运行，停靠在同一层站进行测量，其最大值作为平层误差值，应满足设计要求。

二、电梯参数

1. **额定载重量**　电梯设计和安装所确定的轿厢内最大运送载荷是电梯的主参数，单位为 kg。可理解为制造厂保证正常运行的允许载重量，对制造厂和安装单位，额定载重量是设计、制造和安装的主要依据。对用户则是选用和使用电梯的主要依据，因此，它是电梯的主参数。

2. **额定速度**　电梯设计和安装所确定的轿厢运行最高速度是电梯的主参数，单位为 m/s。可理解为制造厂保证正常运行的速度，对制造厂和安装单位，额定速度也是设计、制造和安装电梯主要性能的依据。对用户则是检测速度特性的主要依据，因此，它也是电梯的主参数。

3. **轿厢尺寸**　指轿厢内部尺寸和外部尺寸，以深×宽×高表示，单位为 mm。内部尺寸由梯种和额定载重量决定，外廓尺寸关系到井道的设计。

4. **开门宽度**　轿门和层门完全开启时的净宽度，单位为 mm。

5. **层/站**　指建筑物中的楼层数和电梯所停靠的层站数。

6. **门的型式**　指电梯门的结构型式。可分为中分式门、旁开式门、直分式门等。

7. **井道尺寸**　井道的宽×深，单位为 mm。

8. **提升高度**　由底层端站楼面至顶层端站楼面之间的垂直距离，单位为 mm。

9. **顶层高度**　由顶层端站楼面至机房楼面下或隔音层楼板下最突出构件之间的垂直距离，单位为 mm。

10. **底坑深度**　由底层端站楼面至井道底面之间的垂直距离，单位为 mm。

11. **井道高度**　由井道底面至机房楼板下或隔音层楼板下最突出构件之间的垂直距离，单位为 mm。

第三节　电梯结构与系统

一、基本结构

电梯是机电合一的综合机电产品，机械部分相当于人的躯体，电气部分相当于人的大脑和神经系统，二者缺一不可。机与电的高度合一，使电梯成为科学技术的综合产品。电梯总体结构如图 2-1 所示。

二、电梯系统

对电梯结构的描述，传统的方法既有将其分解为机械部分和电气部分，也有按机房、井道和底坑三部分来介绍的。但以功能系统给予描述，则更能反映电梯的结构特点。电梯结构系统一般分为八大系统，下面将各系统作简单介绍，后续章节还要系统阐述。

（一）曳引系统

曳引系统的功能是输出与传递动力，使电梯运行。它由曳引机、曳引钢丝绳、导向轮及反绳轮等组成。

曳引机一般分有齿轮曳引机和无齿轮曳引机，有齿轮曳引机由电动机、联轴器、制动器、减速箱、机座、曳引轮等组成，无齿轮曳引机没有减速器和联轴器，其他同有齿轮曳引机一样，曳引机是电梯的动力源。

曳引钢丝绳是电梯的专用钢丝绳，其两端分别连接轿厢和对重（或者两端固定在机房上），依靠钢丝绳与曳引轮绳槽之间的摩擦力来传递动力，驱动轿厢升降。

导向轮（抗绳轮）作用是依据轿厢和对重的间距不同进行导向来满足要求，将曳引绳引向对重或轿厢。当采用复绕型时还可增加曳引能力。导向轮安装在曳引机架或承重梁上。

反绳轮是指设置在轿厢顶部和对重架顶部的动滑轮及设置在机房的定滑轮。根据需要曳引绳绕过反绳轮可构成不同的曳引比。根据曳引比的需要，反绳轮的个数可以是 1 个、2 个或 3 个。

（二）导向系统

导向系统的作用是限制轿厢和对重的活动自由度，使轿厢和对重只能沿着导轨作升降运动。它由导轨、导靴和导轨架等组成。

导轨是在井道中确定轿厢与对重的相互位置，并对其运动起导向作用的组件。根据电梯提升高度的不同，导轨由多个短钢轨用连接板连接而成并固定在导轨架上。

导轨架是支撑导轨的组件，固定在井道壁上。

导靴安装在轿厢和对重架上，与导轨配合，强制轿厢和对重的运动服从于导轨的部件。

（三）门系统

门系统功能是封住轿厢入口和层站入口，人或货物只能按规则出入。它由轿厢门、层门、开关门机构、门锁装置等组成。

轿厢门设在轿厢入口，由门扇、门导轨架（俗称上坎）、地坎、门滑块和门刀等组成。

层门设在层站入口，由门扇、门导轨架、地坎、门滑块、门锁装置、自闭装置及应急开锁装置组成。

开关门机构设在轿厢上，使轿厢门和层门开启或关闭的装置。

门锁装置设置在层门内侧，门关闭后，将门锁紧，同时接通控制电路，使电梯方可运行的机电联锁安全装置。

（四）轿厢

轿厢是电梯的工作部分，用以运送乘客或货物的电梯组件，它由轿厢架和轿厢体组成。轿厢架是轿厢体的承重构架，由上梁、立柱、底梁和斜拉杆等组成。轿厢体是电梯的工作主体，具有与额定载重量或额定载客量相适应的空间。由轿厢底、轿厢壁、轿厢顶及照明、通风装置、轿厢装饰件和轿内操纵盘等组成。

（五）重量平衡系统

重量平衡系统的功能是相对平衡轿厢重量，能使轿厢与对重间的重量差保持在一个限额之内，相对减少曳引机功率，节约能源，保证曳引传动正常。它由对重和重量补偿装置组成。

对重由对重架和对重块组成。对重将平衡轿厢自重和部分的额定载重。

重量补偿装置是补偿高层电梯在一次运行中，由于轿厢侧与对重侧的曳引钢丝绳长度相对变化带来两侧重量的变化，而对其进行的平衡补偿的装置。

（六）电力拖动系统

电力拖动系统的功能是提供动力，对电梯速度进行控制。它由曳引电动机、供电系统、速度反馈装置、调速装置等组成。

曳引电动机是电梯的动力源，根据电梯配置可采用交流电动机、直流电动机或其他类型的电动机。

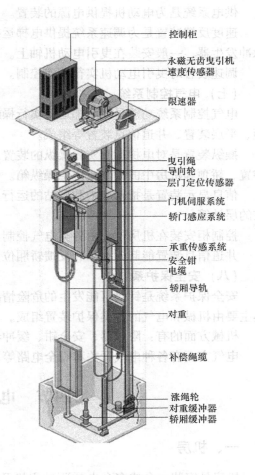

图2-1　总体结构

（图中标注：控制柜、永磁无齿曳引机、速度传感器、限速器、曳引绳、导向轮、层门定位传感器、门机伺服系统、轿门感应系统、承重传感系统、安全钳、电缆、轿厢导轨、对重、补偿绳缆、涨绳轮、对重缓冲器、轿厢缓冲器）

供电系统是为电动机提供电源的装置。

速度反馈装置是为调速系统提供电梯运行速度信号的装置。一般采用测速发电机或速度脉冲发生器，一般安装在曳引电动机轴上。

调速装置对曳引电动机实行调速控制。

（七）电气控制系统

电气控制系统功能是对电梯运行实行操纵和控制。它由操纵装置、信息显示装置、控制柜、平层装置、井道信息装置等组成。

操纵装置是对电梯运行实行操纵的装置。包括轿厢内的操纵盘或手柄开关箱、层站召唤装置、轿顶和机房中的检修或应急操纵箱。

信息显示装置是指轿厢内和层站的运行显示。层站上一般能显示电梯运行方向或轿厢所在的层站等。

控制柜安装在机房中，由各类电气控制元件组成，是电梯实行电气控制的集中组件。

井道信息装置能起到指示和反馈轿厢位置、决定运行方向、发出加减速信号等作用。

（八）安全保护系统

安全保护系统是针对可能发生的危险情况所加装的装置或措施。防止安全事故的发生。其主要由机械和电气的各类保护装置组成。

机械方面的有：限速器、安全钳、缓冲器、门锁、极限开关等。

电气方面有各种电气开关和安全电路等。

第四节　电梯机房与井道

一、机房

机房是安装一台或多台电梯驱动主机及其附属设备的专用房间。该房间应有实体的墙壁、房顶、门和（或）活板门，只有经过授权的人员（维修、检查和营救人员）才能接近。机房按设计需要既有上置式机房（包括小机房），也有下置式机房，还有无机房。

（一）机房结构要求

机房是专用房间，实体墙、顶，向外开启的有锁的门。不得用于电梯以外的其他用途。

（二）机房尺度要求（含防护要求）

（1）应当在任何情况下均能够安全方便地使用通道。采用梯子作为通道时，必须符合以下条件：①通往机房或者机器设备区间的通道不应当高出楼梯所到平面4m；②梯子必须固定在通道上而不能被移动；③梯子高度超过1.50m时，其与水平方向的夹角应当在65°～75°，并不易滑动或者翻转；④靠近梯子顶端应当设置把手。

（2）通道应当设置永久性电气照明。

（3）机房通道门的宽度应当不小于0.60m，高度应当不小于1.80m，并且门不得向房内开启。门应当装有带钥匙的锁，并且可以从机房内不用钥匙打开。门外侧应当标明"机房重地，闲人免进"，或者有其他类似警示标志。

（4）安全空间。

1）在控制屏或控制柜前应有一块净空面积，其深度不小于0.70m，宽度为0.50m或

屏、柜的全宽（两者中的大值），高度不小于2m；

2）对运动部件进行维修和检查以及人工紧急操作的地方应有一块不小于0.50m×0.60m的水平净空面积，其净高度不小于2m；

3）机房地面高度不一并且相差大于0.50m时，应当设置楼梯或者台阶，并且设置护栏。

（5）地面开口

机房地面上的开口应当尽可能小，位于井道上方的开口必须采用圈框，此圈框应当凸出地面至少50mm。若地板上设有检修用的活板门，则门不得向下开启，关闭后，任何位置上均能承受2000N的垂直力而无永久变形。

机房尺寸：一般按照制造厂的图样尺寸，也可参考国家标准GB/T 7025.1～7025.3《电梯主参数及轿厢、井道、机房的型式与尺寸》。

（三）通风和照明

机房内应通风，以防灰尘、潮气对设备的损害。从建筑物其他部分抽出的空气不得排入机房内。

（1）机房应当设置永久性电气照明；在机房内靠近入口（或多个入口）处的适当高度应当设有一个开关，控制机房照明。

（2）机房应当至少设置一个2P+PE型电源插座。

（3）应当在主开关旁设置控制井道照明、轿厢照明和插座电路电源的开关。

二、井道

井道是保证轿厢、对重（平衡重）和（或）液压缸、柱塞安全运行所需的建筑空间。

井道结构承受的载荷：①电梯运行时驱动主机和轿厢、对重施加的载荷；②安全钳动作时通过导轨施加的载荷；③缓冲器动作时施加的载荷。

（一）材料与结构

要求钢筋混凝土整体浇灌结构或钢筋混凝土框架加砖填充结构或钢结构焊接、锚栓安装结构等。

井道封闭：除必要的开口外井道应当完全封闭；当建筑物中不要求井道在火灾情况下具有防止火焰蔓延的功能时，允许采用部分封闭井道，但在人员可正常接近电梯处应当设置无孔的高度足够的围壁，以防止人员遭受电梯运动部件直接危害，或者用手持物体触及井道中的电梯设备。

（二）井道的顶部空间

当对重完全压在缓冲器上，轿厢位于最高位置时，井道顶最低部件（包括安装在井道顶的梁及部件）与下列部件之间的净距离：

（1）在轿厢投影面内，与固定在轿厢顶上设备最高部件（不包括（2）、（3）所述的部件）之间的垂直或倾斜的距离应至少为$0.50+0.035v^2$（m）。

（2）在轿厢投影面内，导靴或滚轮、悬挂钢丝绳端接装置和垂直滑动门的横梁或部件（如果有）的最高部分在水平距离0.40m范围内的垂直距离不应小于$0.10+0.035v^2$（m）。

（3）轿顶护栏最高部分：①在轿厢投影面内且水平距离0.40m范围内和护栏外水平距离0.10m范围内，应至少为$0.30+0.035v^2$（m）；②在轿厢投影面内且超过0.40m的区域任何倾斜方向距离，应至少为$0.50+0.035v^2$（m）。

（4）当轿厢或对重位于最高位置时，其导轨长度应能提供不小于 $0.10 + 0.035v^2$（m）的进一步的制导行程。

（三）底坑

底坑是底层端站地面以下的井道部分。底部应光滑平整，不得渗水或漏水。

（1）安全钳和缓冲器动作时的垂直作用力的近似计算：

瞬时式安全钳：$F \approx 25(P + Q)$

渐进式安全钳：$F \approx 10(P + Q)$

轿厢缓冲器：$F \approx 4g_n(P + Q)$

对重缓冲器：$F \approx 4g_nP_2$

式中　F——各种垂直作用力，单位为 N；

　　　P——轿厢自重加上部分随行电缆和补偿装置质量总和，单位为 kg；

　　　Q——额定载重量，单位为 kg；

　　　P_2——对重的总质量，单位为 kg。

　　　g_n——标准重力加速度，9.8m/s^2。底坑下若有人可以进入的空间，则底坑地板的强度应能承受不小于 5000N/m^2 的负荷。

（2）底坑设施与装置。

1）底坑底部应当平整，不得渗水、漏水。

2）如果没有其他通道，则应当在底坑内设置一个从层门进入底坑的永久性装置（如梯子），该装置不得凸入电梯的运行空间。

3）底坑内应当设置在进入底坑时和底坑地面上均能方便操作的停止装置，停止装置的操作装置为双稳态、红色并标以"停止"字样，并且有防止误操作的保护。

4）底坑内应当设置 2P + PE 型电源插座，以及在进入底坑时能方便操作的井道灯开关。

（3）底坑空间。轿厢完全压在缓冲器上时，底坑空间尺寸应当同时满足以下要求：

1）底坑中有一个不小于 0.50m×0.60m×1.0m 的空间（任一面朝下均可）。

2）底坑底面与轿厢最低部件的自由垂直距离不小于 0.50m，当垂直滑动门的部件、护脚板和相邻井道壁之间，轿厢最低部件和导轨之间的水平距离在 0.15m 之内时，此垂直距离允许减少到 0.10m；当轿厢最低部件和导轨之间的水平距离大于 0.15m 但小于 0.5m 时，此垂直距离可按等比例增加至 0.5m。

3）底坑中固定的最高部件和轿厢最低部件之间的距离不小于 0.30m。

（四）通风与照明

井道应有适当通风。通风孔的面积应不小于井道横截面的 1%。

井道内应有永久性照明，在井道最高和最低点内各装一盏灯，中间每隔 7m 设一盏灯。GB 7588—2003《电梯制造与安装安全规范》规定照明应这样设置：距井道最高和最低点 0.50m 以内各装设一盏灯，再设中间灯。对于采用部分封闭井道，如果井道附近有足够的电气照明，井道内可不设照明。

（五）井道尺寸

井道尺寸按照电梯制造厂的图样决定，或参考 GB/T 7025—2008《电梯主参数及轿厢、井道、机房的型式与尺寸》。

第三章

电梯驱动与分析

第一节 电梯驱动

根据电梯使用要求的不同，电梯的驱动有曳引驱动、液压驱动、卷筒驱动、齿轮齿条驱动、螺杆驱动等方式。

一、曳引驱动

（一）传统曳引驱动

曳引驱动是应用最广泛的一种驱动。在曳引式电梯升降装置中，曳引驱动采用曳引轮作为驱动部件，其驱动原理是：曳引钢丝绳悬挂在曳引轮绳槽中，曳引绳的两端，一端与轿厢连接，另一端与对重连接。曳引轮在曳引电动机驱动下旋转时，利用曳引钢丝绳和曳引轮绳槽之间产生的摩擦力形成曳引驱动力（曳引力），带动电梯的曳引钢丝绳继而驱动轿厢和对重相对升降，达到轿厢运行的目的，如图3-1所示。

曳引驱动在电梯产品中得到极为广泛的应用。其优点如下：

1. **安全可靠** 当轿厢或对重由于某种原因发生冲顶或撞底时，由于在冲顶或撞底之前先冲击底坑中的缓冲器，曳引钢丝绳作用在曳引轮绳槽中的压力消失，曳引力随即消失，此时即使曳引机继续运转，则曳引钢丝绳在曳引轮绳槽中打滑，也不致使轿厢或对重继续向上运行，减少人员伤亡事故和财产损失的发生。

2. **提升高度大** 采用曳引式提升机构，曳引绳的长度几乎不受限制，因此，可以满足高层建筑的需要。

3. **提升载荷大** 采用曳引式提升机构，曳引钢丝绳的根数可以是数根，直径也可以加大，因此，额定载荷可以加大。

4. **结构紧凑** 采用曳引驱动方式，避免了在卷筒驱动方式中曳引钢丝绳在卷筒上缠绕导致卷筒直径过大，因卷筒直径变化导致曳引绳速度变化等问题（尤其在提升高度很大时），而且采用多根钢丝绳保证高的安全系数得以实现，使曳引轮直径减少和整个提升机构更加紧凑。

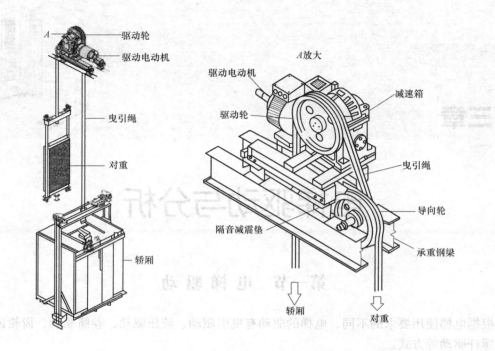

图 3-1 曳引驱动

5. 可以使用高转速电动机 当电梯额定速度一定的情况下，曳引轮直径越小，则曳引轮转速越高。采用曳引式提升机构便于选用结构紧凑、价格便宜的高转速电动机。

（二）钢带曳引驱动

钢带曳引驱动由扁平钢带替代圆形钢丝绳，曳引轮也无需绳槽形状要求，利用曳引钢带和曳引轮之间产生的摩擦力驱动轿厢和对重相对升降，达到轿厢运行的目的。扁平钢带与曳引轮接触面明显加大，因而曳引力足够大，如图 3-2 所示。

图 3-2 钢带曳引驱动

1. 曳引钢带 扁平曳引钢带将绳股重新排布，钢丝表面镀锌防锈，外层包裹聚氨酯，聚氨酯包层既能保护钢丝绳股，又能增加柔韧性，无须润滑，增大摩擦力，在保持钢丝绳强度的前提下增加了曳引能力。其优点如下：

（1）无需润滑，时刻保持井道清洁。

（2）比传统钢丝绳更轻，耗能更小。

（3）柔韧性高，增大与驱动轮接触面积，更节能，更高效。

（4）使用寿命比传统曳引绳长3倍。

2. 钢带曳引机 扁平曳引钢带配合驱动轮与电动机轴杆一体化的设计，凝聚尖端科技，形成钢带曳引机，如图3-3所示，其特点如下：

（1）高效环保。由稀土材料制作而成的曳引机，无须碳刷，电动机效率高，电动机采用密封轴承，无齿轮减速箱，无须润滑，避免井道及机房产生油污。

（2）绿色节能。曳引机具有平滑的轮轴，配合扁平钢带，与传统曳引钢丝绳相比大大增加与驱动轮的接触面和摩擦系数，从而更有效地驱动电梯运行。

（3）节约空间。采用扁平钢带作为曳引媒介，从而大大减小了主机驱动轮直径。驱动轮与电动机轴杆一体化设计、制动器集成于主机，使得主机尺寸大大减小，可以放置在井道顶部，不需要增加顶部空间，更省去了常规电梯的机房，对井道的利用率大大提高，为建筑带来更大的设计自由。

（4）宁静驱动。与传统主机相比省去了减速机构，不仅减少耗能、节约空间，更避免了蜗轮蜗杆传动引起的噪声和振动，给使用者安静温馨的休息空间。

图3-3 钢带曳引机

二、卷筒驱动

（1）早期电梯的驱动，除了液压驱动之外都是卷筒驱动。这种卷筒驱动常用两组悬挂的钢丝绳，每组钢丝绳的一端固定在卷筒上，另一端与轿箱或对重相连。一组钢线绳按顺时针方向绕在卷筒上，而另一组钢丝绳按逆时针方向绕在卷筒上。因此，当一组钢丝绳绕出卷筒时，另一组钢丝绳绕入卷筒。

（2）鼓轮式。鼓轮式电梯的主机类似现在的卷扬机，钢丝绳的一端吊挂轿厢，另一端固定在绳鼓上，靠钢丝绳被卷绕或释放而使轿厢升降。这种电梯在运行时，钢丝绳不会出现打滑现象。

卷筒驱动电梯主要有以下几方面的问题：

1）提升高度低。

2）额定载重低。

3）电梯行程不同，必须配用不同的卷筒。

4）导轨承受的侧向力大。

5）钢丝绳有过绕和反绕的危险。

6）能耗大。

7）安全系数低。

三、其他驱动方式

1. 液压驱动　液压电梯的基本原理是通过液压动力源（泵站）把油压入油缸，使柱塞向上顶出，直接或间接地作用在轿厢上，使轿厢上升。轿厢的下降一般靠轿厢自重压缩柱塞，使油缸内的油返回油箱中。

按轿厢和柱塞的连接方式，液压电梯可分为直顶式和侧顶式两种，如图3-4所示。

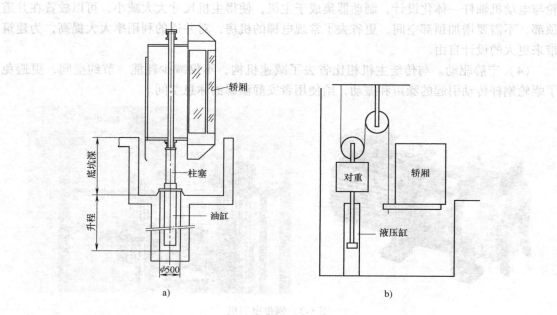

轿厢

底坑深

柱塞

升程

油缸

φ500

a)

对重

轿厢

液压缸

b)

图3-4　驱动方式

a）直顶式　b）侧顶式

2. 螺杆式驱动　螺杆式电梯，将直顶式电梯的柱塞加工成矩形螺纹，再将带有推力轴承的大螺母安装于油缸顶，然后通过电动机经减速机（或皮带）带动螺母旋转，从而使螺杆顶升轿厢上升或下降的电梯。目前，实际很少采用。

3. 齿轮齿条式驱动　这种驱动型式主要用于建筑施工电梯上。

4. 直线电动机驱动　1990年4月第一台使用直线电动机驱动的电梯在日本使用。直线电动机用于电梯是电梯驱动的重大改革，它与传统的驱动方式相比，具有结构简单、占用空间少、节能、可靠性高等特点。

第二节　曳引驱动分析

一、曳引力分析

电梯的曳引力就是曳引绳与曳引轮间的摩擦力，也叫作驱动力，它是通过曳引绳使轿厢和对重运行的动力。电梯运行时，轿厢会经历起动→加速上行（下行）→匀速运行→减速上行（下行）→停车等过程，本身就是一个变化的过程。

曳引力 T 的大小为轿厢侧曳引绳上的载荷力 P_1 与对重侧曳引绳上的载荷力 P_2 之差。显然，载荷力不仅与轿厢的载重量有关，而且还随电梯的运行阶段和运行工况而变化，因此曳引力是一个不断变化的力，图3-5是对轿厢载有额定载荷建立的模型进行具体分析。

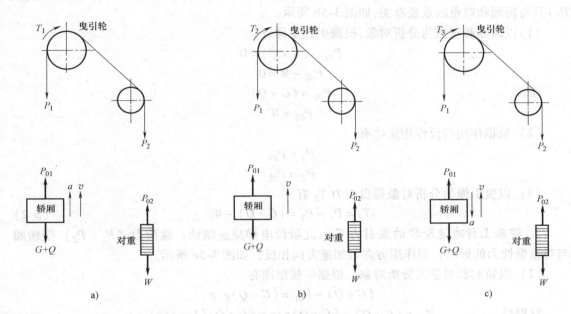

图3-5 曳引力分析

a）上行加速阶段 b）上行稳定运行阶段 c）上行减速阶段

（一）曳引力

1. 轿厢上行加速阶段的曳引力 T_1 此阶段电梯向上加速运行，载荷力（P_1、P_2）受轿厢与对重惯性力的影响，作用方向与加速方向相同，如图3-5a所示。

图中　　G——轿厢自重，单位为 kg；

　　　　Q——额定载重量，单位为 kg；

　　　　W——对重重量，单位为 kg；

　　　　a——电梯加速度，单位为 m/s^2；

　　　　g——重力加速度，单位为 m/s^2。

（1）以轿厢和对重为分析对象，根据图3-5a和牛顿定律有

$\because P_{01} - (G+Q) = (G+Q)a/g$

$\therefore P_{01} = (G+Q) + (G+Q)a/g = (G+Q)(1+a/g)$

$\because W - P_{02} = W \times a/g$

$\therefore P_{02} = W - W \times a/g = W(1-a/g)$

（2）根据作用与反作用定律有

$$P_1 = P_{01}$$

$$P_2 = P_{02}$$

（3）以曳引绳为分析对象。曳引绳受三个力，一个是轿厢侧的载荷力 P_1，第二个是对重的载荷力 P_2，第三个是曳引轮给予曳引绳的摩擦力即曳引力 T_1。由于曳引绳与曳引轮之间没有相对运动即不打滑，所以，根据牛顿定律利用微积分进行计算有

$$T_1 = P_1 - P_2 = (G+Q)(1+a/g) - W(1-a/g) \tag{3-1}$$

2. 轿厢上行稳定运行阶段的曳引力 T_2　此阶段电梯匀速运行，无加速度，载荷力（P_1、P_2）只与轿厢和对重的重量有关，如图 3-5b 所示。

（1）以轿厢和对重为分析对象，根据牛顿定律有

$$P_{01} - (G+Q) = 0$$
$$P_{02} - W = 0$$

所以

$$P_{01} = (G+Q)$$
$$P_{02} = W$$

（2）根据作用与反作用定律有

$$P_1 = P_{01}$$
$$P_2 = P_{02}$$

（3）以曳引绳为分析对象得曳引力 T_2 有

$$T_2 = P_1 - P_2 = (G+Q) - W \tag{3-2}$$

3. 轿厢上行减速阶段的曳引力 T_3　此阶段电梯减速制动，载荷力（P_1、P_2）受轿厢与对重惯性力的影响，但作用方向与加速方向相反，如图 3-5c 所示。

（1）以轿厢和对重为分析对象，根据牛顿定律有

$$(G+Q) - P_{01} = (G+Q)a/g$$

整理后

$$P_{01} = (G+Q) - (G+Q)a/g = (G+Q)(1-a/g)$$
$$P_{02} - W = W \times a/g$$

整理后

$$P_{02} = W \times a/g + W = W(1+a/g)$$

（2）根据作用与反作用定律有

$$P_1 = P_{01}$$
$$P_2 = P_{02}$$

（3）以曳引绳为分析对象得曳引力 T_3 有

$$T_3 = P_1 - P_2 = (G+Q)(1-a/g) - W(1+a/g) \tag{3-3}$$

4. 轿厢下行加速度阶段的曳引力 T_4　受力图和分析方法同上升运行类似，此阶段电梯向下作加速运动，惯性力的作用方向与上行减速阶段相同，因此曳引力 T_4 的计算公式与前面 T_3 是一样的，即

$$T_4 = T_3 = (G+Q)(1-a/g) - W(1+a/g) \tag{3-4}$$

5. 轿厢稳定下行阶段的曳引力 T_5　此阶段与电梯稳定上行阶段相同，电梯做匀速运动，曳引力 T_5 计算与 T_2 相同。即

$$T_5 = T_2 = (G+Q) - W \tag{3-5}$$

6. 电梯下行减速阶段的曳引力 T_6　此阶段电梯惯性力作用方向与上行加速阶段相同，曳引力 T_6 计算公式与 T_1 相同，即

$$T_6 = T_1 = (G+Q)(1+a/g) - W(1-a/g) \tag{3-6}$$

注意：上述计算中，均未考虑曳引绳的重量、电缆重量、导靴与导轨间的摩擦力、轿厢运行空气阻力等因素，只是直观地说明曳引系统的受力特点。

（二）曳引力变化情况分析

按照上述式（3-1）~式（3-6）进行计算，可以发现，随着电梯轿厢载重量大小的不同和电梯运行工况阶段的不同，曳引力不仅有大小变化，而且还会出现负值，当曳引力为负值时，表明力的方向与轿厢运行方向相反，力的作用控制电梯速度。

例如，当轿厢额定载荷上升运行时，以曳引轮为分析对象，轿厢一侧的总重量大于对重一侧的总重量，此时曳引力克服外力使轿厢上升，曳引力的作用方向与运行方向一致，说明曳引力的作用是驱动轿厢运行，此时曳引系统功率流向是：曳引电动机→减速箱→曳引轮→曳引绳→轿厢，这时电梯的曳引系统输出动力。

当轿厢额定载荷下降运行时，由于轿厢一侧的总重量大于对重一侧的总重量，根据力学理论，两个相互接触的物体在它们之间有相对滑动或相对滑动趋势时，总会产生一个与相对滑动方向相反的摩擦力来阻止这种滑动（或趋势）的出现，因此曳引力的作用方向与运行方向相反，曳引力的作用是控制轿厢速度。此时曳引系统的功率流向是：轿厢→曳引绳→曳引轮→减速箱→曳引电动机，这时电梯的曳引系统是在消耗动力，曳引电动机作发电制动运行。

当轿厢以平衡载荷运行时，即轿厢一侧的总重量等于对重一侧的总重量，这是一种理想状态，无论是轿厢上行还是轿厢下行，曳引力为零，相当于曳引机空转。这也是我们追求的一种状态。

由此可见，电梯运行时，有相当多的工况是靠将轿厢的动能消耗掉来制动的。如果此部分能量得以回收，则会是一笔相当大的财富，因此电梯能量回馈技术有着广阔的发展前景。

二、曳引能力分析

（一）曳引系数

电梯之所以能够被曳引机驱动运行，是由于曳引轮通过曳引钢丝绳，将驱动力传递并作用在轿厢上导致的，曳引轮传递动力的能力，称为曳引能力。为了使电梯能够正常运行工作，就要使曳引绳不能出现打滑现象，也就是要确保电梯在任何运行状态中，曳引轮上的曳引力要大于曳引绳两边的拉力 P_1 和 P_2 的差值。但在特殊情况下又要求曳引轮上的曳引力要小于 P_1 和 P_2 的差值。那么，轿厢一端的拉力 P_1 和对重一端的拉力 P_2 之间应满足什么关系呢？

图3-5是曳引驱动的曳引钢丝绳受力简图。设：$P_1 > P_2$，且此时曳引绳在曳引轮上正处于将要打滑，但还没有打滑的临界平衡状态。

根据著名欧拉公式，P_1 和 P_2 之间有如下的关系：

$$\frac{P_1}{P_2} = e^{f\alpha} \tag{3-7}$$

式中　e——自然对数的底；

　　　α——曳引绳在曳引轮上的包角；

　　　f——曳引绳在曳引轮槽中的当量摩擦系数，与曳引轮的绳槽形状和曳引轮的材料有
　　　　　关。对于 V 形槽

$$f = \frac{\mu}{\sin\left(\dfrac{\gamma}{2}\right)} \tag{3-8}$$

半圆槽和带切口半圆槽
$$f = \frac{4\mu\left[1 - \sin\left(\dfrac{\beta}{2}\right)\right]}{\pi - \beta - \sin\beta} \tag{3-9}$$

式中　μ——曳引绳与曳引轮槽的摩擦系数；

　　　　　对于球墨铸铁曳引轮，一般 $\mu = 0.06 \sim 0.1$；

　　　　β——带切口半圆槽的切口角，如图 3-6b 所示，一般为 $90° \sim 110°$。

　　　　γ——V 形槽开口角，如图 3-6c 所示。

式（3-7）中的 $e^{f\alpha}$ 称为曳引系数，曳引系数是一个客观量，它与 f 和 α 有关。$e^{f\alpha}$ 限定了 P_1/P_2 的允许比值，$e^{f\alpha}$ 大，则表明 P_1/P_2 的允许比值大且 $(P_1 - P_2)$ 的差值允许值大，所以一台电梯的曳引系数就代表该电梯的曳引能力或载重能力。曳引系数越大，电梯的载重能力越大；反之，曳引系数越小，电梯的载重能力就越小。或者说，要想提高曳引能力就要从改变 f 或 α 两方面考虑。

式（3-7）是按平衡条件得出的，对于：

（1）用于轿厢装载和紧急制动工况，为了满足不打滑保证有足够曳引力，就必须满足：

$$\frac{P_1}{P_2} \leqslant e^{f\alpha}$$

（2）用于轿厢滞留工况（对重压在缓冲器上，曳引机向上方向旋转），必须打滑，就要满足

$$\frac{P_1}{P_2} \geqslant e^{f\alpha}$$

（3）P_1/P_2 的计算

1）轿厢装载工况。P_1/P_2 的静态比值应按照轿厢装有 125% 额定载荷时，在井道不同位置的最不利情况进行计算。

2）紧急制动工况。P_1/P_2 的动态比值应按照轿厢空载或装有额定载荷时在井道不同位置的最不利情况进行计算。

3）轿厢滞留工况。P_1/P_2 的静态比值应按照轿厢空载或装有额定载荷并考虑轿厢在井道不同位置时的最不利情况进行计算。

（二）曳引条件

根据国标规定：钢丝绳曳引应满足下列三个条件：

（1）轿厢载有 125% 的额定载重量，保持平层状态不打滑；

（2）无论轿厢内是空载还是额定载重量，确保任何紧急制动能使轿厢减速到小于或等于缓冲器的设计速度（包括减行程的缓冲器）；

（3）如果轿厢或对重滞留，则应通过下列方式之一，不能提升空载轿厢或对重至危险位置：

1）钢丝绳在曳引轮上打滑；

2）通过符合规定的电气安全装置使驱动主机停止。

注：如果在行程的极限位置没有挤压的风险，也没有由于轿厢或对重回落引起悬挂装置冲击和轿厢减速度过大的风险，则少量提升轿厢或对重是可接受的。

为满足上述曳引条件，在设计电梯曳引系数时应按以下公式进行：

$$\frac{P_1}{P_2}e_1e_2 \leqslant e^{f\alpha} \tag{3-10}$$

式中　$\dfrac{P_1}{P_2}$——在载有125%额定载荷的轿厢位于最底层站及空载轿厢位于最高层站的情况

下，曳引轮两边曳引钢丝绳中的较大静拉力与较小静拉力之比；

e_1——与加速度、减速度有关的系数，一般称为动力系数或加速度系数

$$e_1 = \frac{g-a}{g+a}$$

式中　g——重力加速度（$g = 9.8\text{m/s}^2$）；

a——轿厢的制停减速度（或起动加速度），m/s^2；

按 GB 7588—2003 的规定，e_1 取值见表 3-1。

表 3-1　e_1 最小取值

电梯额定速度（m/s）	e_1	电梯额定速度（m/s）	e_1
$v \leqslant 0.63$	1.10	$1.00 \leqslant v \leqslant 1.60$	1.20
$0.63 < v \leqslant 1.00$	1.15	$1.60 \leqslant v \leqslant 2.50$	1.25

e_2——由于磨损而发生的绳槽形状改变的有关系数；对于半圆形槽或半圆形下部开切口的槽 $e_2 = 1$；对于为 V 形槽 $e_2 = 1.2$。

对于乘客电梯，由于均装设有超载检测报警系统，所以不会出现超过125%额定载荷的情况，乘客电梯只要空载轿厢在最高停站处上升制动（或下降起动）时满足曳引条件，就完全可以正常工作了。

（三）与曳引力有关方面

曳引力是靠曳引绳与曳引轮绳槽之间的摩擦力产生的，如上所述曳引系数 $e^{f\alpha}$ 代表了电梯的曳引能力或载重能力。也就是曳引能力与曳引绳和绳槽间的当量摩擦系数 f 及曳引绳在曳引轮上的包角 α 有关。具体说与曳引轮绳槽形状、曳引轮材料、曳引绳在曳引轮上的包角、曳引绳润滑、合理的对重重量等有关。

1. 绳槽形状与曳引力的关系　曳引力受曳引轮绳槽的形状、材质、表面状态及润滑情况等的影响非常大，主要是影响当量摩擦系数 f 进而影响曳引力。其中最主要是槽的形状和润滑状态两个因素。

电梯中常见的绳槽形状有半圆形槽、带切口半圆形槽和 V 形槽三种，如图 3-6 所示。

（1）半圆形槽。很显然，这种槽与曳引绳的接触面大，曳引绳在绳槽中变形小，使曳引绳和绳槽的磨损小且均匀，有利于延长使用寿命。但这种槽与曳引绳的当量摩擦系数 f 小，是三种槽形中最小的。虽然半圆形槽的摩擦系数比 V 形槽小很多，但对曳引轮绳槽和曳引绳的磨损最小，所以一般多用于复绕结构中的曳引轮，更多用于导向轮、轿顶反绳轮和对重反绳轮。

（2）V 形槽（楔形槽）。如图 3-6c 所示，这种槽形的两侧对曳引绳产生很大的挤压，曳引绳与绳槽接触面积小且不均匀，接触区域的单位压力（比压）大，曳引绳变形大，而使得曳引绳与绳槽之间具有较高的当量摩擦系数 f，并随着槽的楔角的减小而增大，是三种槽形中最高的。但楔角太小时，容易使钢丝绳在绕入绕出曳引轮时产生卡绳现象，

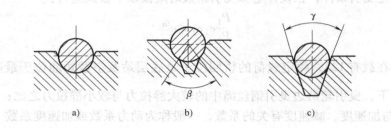

图3-6　绳槽形状

a）半圆形槽　b）带切口半圆形槽　c）V形槽

通常 V 形槽的楔角 γ 为 35°。在这三种槽形中，V 形槽的比压最大，使得曳引绳与绳槽的磨损都较快，且当槽形磨损变大、曳引绳中心下移时，槽形就接近带切口半圆槽，使摩擦力很快下降，基于存在这种缺点，因而限制了应用。一般在杂物梯等轻载、低速电梯上才有使用。

（3）半圆形带切口槽。如图 3-6b 所示，这种槽形由于在半圆形槽的底部切割了一条梯形槽，使曳引绳在沟槽处发生弹性形变，部分楔入沟槽中，使得当量摩擦系数 f 大为增加，一般为半圆形槽的 1.5 ~ 2.5 倍，但小于 V 形槽。

增大槽形切口角（中心角）β，可提高当量摩擦系数 f，但比压也相应增大。切口角一般为 90° ~ 110°，最大不超过 120°，国产曳引机切口角 β 多为 90°。其特点是：在使用中，绳槽必然要磨损，当因磨损使槽形中心点下移时，由于底部开口是梯形的，使得中心角 β 的大小基本不变，因此摩擦力（曳引力）也基本保持不变，有利于电梯安全正常运行。由于这一优点，使这种槽形在电梯上应用最为广泛。

2. 润滑状态与曳引力的关系　曳引钢丝绳在绕入绕出曳引轮绳槽时，绳外表面与绳槽表面会发生直接的接触和摩擦；另外，曳引绳在曳引轮槽中不可避免地存在着相对滑移，如果此时在发生摩擦滑移的表面不作润滑处理，则两者磨损的速度是惊人的。所以对绳槽和绳之间作适当的润滑处理是必要的。

根据研究分析得出，当曳引钢丝绳与绳槽间存在轻微润滑时，其当量摩擦系数 f = 0.09 ~ 0.1，当两者表面充分润滑时，f = 0.06；当两者表面基本是干燥状态时，f = 0.15。显然后两者情况是不可取的，通常采用第一种轻微润滑状态。曳引钢丝绳与曳引轮绳槽之间的润滑，通常是依靠钢丝绳芯部所含的油在运行时被挤出，由内向外润滑钢丝绳各根钢丝，以达到防锈和轻度的内部润滑的目的。旧钢丝绳由于使用日久，芯部含油太少，致使钢丝表面出现锈蚀时，可适当在表面添加轻质油，目的是补充钢丝绳芯部的含油量。加油后钢丝绳表面多余的润滑油应当抹干，以免因表面过度润滑使曳引力降低而导致轿厢打滑失控。

3. 包角与曳引力的关系　增大包角是增加曳引能力的重要途径。包角是指曳引钢丝绳绕过曳引轮槽时圆弧所对应的圆心角弧度，用 α 表示，以弧度为单位。包角越大，摩擦力就越大，即曳引力越大，电梯的安全性能和工作能力得到改善。要想增大包角，就必须合理地选择曳引钢丝绳在曳引轮槽内的缠绕方法。目前根据同一根曳引钢丝绳在曳引轮槽内缠绕的次数可分为单绕和复绕两种。

（1）单绕式。单绕时曳引绳在曳引轮上只绕过一次，其包角 α 小于或等于180°。如图3-7a 所示，其曳引绳挂在曳引轮和导向轮上，一端与轿厢连接，一端与对重连接，曳引绳对曳引轮的最大包角 α 不超过180°（150°~180°）。单绕式（也称直绕式）简单实用，是曳引钢丝绳最常见的缠绕方法。

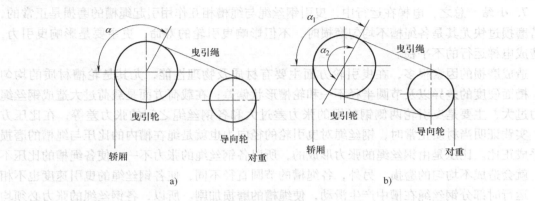

图 3-7　缠绕方式

a）单绕式　b）复绕式

（2）复绕式。复绕式也称全绕式，复绕时曳引钢丝绳在曳引轮上绕过两次，才被引向轿厢和对重，其包角 α = α₁ + α₂。复绕式的特点是曳引钢丝绳对曳引轮的最大包角都在180°以上（300°~360°）。其目的是增加包角提高曳引力。当然采用复绕式会导致电梯曳引机构体积增大，曳引钢丝绳内应力变化复杂，曳引钢丝绳易疲劳、寿命短等。

例如，对于复绕式的电梯如图3-7b 所示，常见于高速电梯上。此时曳引绳在曳引轮上的包角 α = α₁ + α₂，因此，曳引能力系数为 $e^{f(\alpha_1+\alpha_2)}$，其中，α₂ 是复绕角，很显然曳引能力加大了，这就是利用曳引绳在曳引轮上的包角 α 来达到提高曳引能力的目的。

4. 材质与曳引力的关系　研究结果和实际使用均已证明，曳引绳在绳槽中的摩擦系数 μ 与当量摩擦系数 f 成正比，而 μ 又是由绳槽的材质和润滑情况决定的。再有，曳引轮的材质对曳引钢丝绳及绳轮自身的使用寿命均有很大影响。

对曳引轮的基本要求是耐磨、摩擦系数大且硬度适当均匀。为此，传统曳引轮一般用球墨铸铁制造，因为球状的石墨结构能减少曳引钢丝绳的磨损，并使绳槽耐磨。为避免曳引绳与绳槽磨损过快，我国规定曳引轮的硬度为 HB190~220，且在同一轮上的硬度差不大于HB15。为提高曳引绳在绳槽中的摩擦系数，国外已在超高速电梯上使用摩擦系数大、耐磨性好的非金属槽形垫，不但使摩擦系数提高很多，还延长了曳引绳的寿命，减小了接触噪声和振动。

5. 平衡系数与曳引力的关系　曳引驱动的曳引力是由轿厢和对重共同通过曳引绳作用于曳引轮绳槽而产生的。对重是曳引绳与曳引轮绳槽产生摩擦力的必要条件，也是构成曳引驱动不可或缺的条件。

使平衡系数为0.4~0.5，保证合理的对重重量，当轿厢负载从空载至额定载荷之间变化时，反映在曳引轮上的曳引力变化只有50%，减轻了曳引机的负担，减少了能量负担。

6. 轿厢重量与曳引力的关系　电梯轿厢应有合适的自重，当轿厢自重太轻时，一是电梯额定载重量不会高，二是对125%额定载荷的轿厢在底层站时的曳引条件虽然有利，但当空载轿厢在最高层时，若轿厢自重太轻则可能会满足不了曳引条件（P_1太小），而使曳引绳打滑。如果轿厢自重太重，虽然可以增加一些曳引能力，但会增加曳引绳在绳槽内的挤压应力，增加绳槽磨损，是不可取的。这也就是为什么电梯轿厢装潢不能够增加太多重量的原因。

7. 小结　总之，电梯在运行中，曳引钢丝绳与绳槽相互作用引起绳槽的磨损是正常的，但若磨损过快尤其是各绳槽不均匀磨损时，不但影响曳引轮的寿命，更主要是影响曳引力，会造成电梯运行的不平稳。

造成磨损的因素很多，在曳引轮方面主要有材质及物理性能，尤其是轮槽材质的均匀性、槽面硬度的差异以及节圆半径不一和轮槽形状偏差；在载荷方面是载荷过大造成钢丝绳张力过大，主要是曳引轮两侧钢丝绳的张力差过大和各钢丝绳之间的张力差等；在比压方面，实践证明当材质正常时，钢丝绳对曳引轮的径向力也就是绳在槽内的比压与绳槽的磨损几乎成正比。比压是由钢丝绳的张力形成的，所以各钢丝绳的张力不一，使各绳槽的比压不同，就会造成不均匀的磨损。另外，各绳槽的节圆直径不同，使各钢丝绳的曳引速度也不相同，运行时部分钢丝绳在槽中产生滑动，使绳槽的磨损加剧。所以，各钢丝绳的张力必须均匀一致，国标规定各钢丝绳的张力差不应超过5%。再有曳引轮各槽节圆直径的相对误差一般应不大于0.10mm。

从兼顾曳引能力和绳槽比压来看，增加曳引能力的途径一般应从加大包角、增大曳引轮直径和增加曳引绳根数来考虑，另外还要研制摩擦系数大、耐磨性好的复合型材料等。

第三节　曳引传动型式

根据电梯产品的特点、使用要求和建筑物的具体情况，电梯的曳引传动有多种型式。

一、曳引比

电梯的曳引传动是通过曳引绳传动的，因此曳引传动方式就是曳引绳的绕绳方式，主要取决于曳引条件、额定载重量和额定速度等因素。在选择绕绳方式时应考虑有较高的传动效率、合理的能耗和曳引绳的寿命。应尽量避免曳引绳的反向弯曲。

曳引绳的绕法有多种，因此不同的绕法有不同的传动速比，也叫曳引比或倍率。曳引比是指电梯运行时，曳引轮节圆（曳引绳）的线速度与轿厢运行速度的比值。

（一）1:1 曳引比

此种传动方式轿厢顶部和对重顶部均无反绳轮，曳引绳直接拖动轿厢和对重，如图3-8a所示。这种传动方式又称直吊式。其传动特点为

$$曳引比=\frac{v_1}{v_2}=\frac{P_1}{G_1}=\frac{1}{1}$$

所以

$$v_1=v_2$$
$$P_1=G_1$$

式中　v_1——曳引轮节圆（曳引绳）线速度，单位为 m/s；

　　　v_2——轿厢运行速度，单位为 m/s；

P_1——轿厢侧曳引绳载荷力，单位为 kg；

G_1——轿厢侧总重量，单位为 kg。

通过公式可知，当曳引比为 1:1 传动时，曳引绳线速度与轿厢运行速度相等，曳引机承担电梯的全部悬挂重量。由于客梯的载重量不大，但速度要求较高，所以客梯常采用 1:1 曳引比。

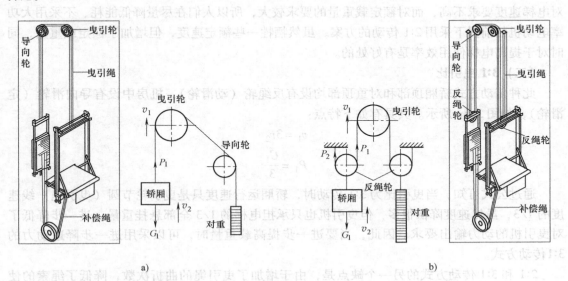

a)

b)

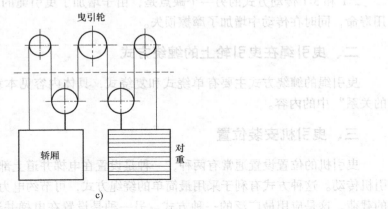

c)

图 3-8　曳引比

a) 1:1 曳引比　b) 2:1 曳引比　c) 3:1 曳引比

(二) 2:1 曳引比

此种传动方式轿厢顶部和对重顶部均设有反绳轮，如图 3-8b 所示。由于反绳轮起到动滑轮的作用，而使这种传动方式具有如下特点：

$$曳引比 = \frac{v_1}{v_2} = \frac{P_1 + P_2}{G_1} = \frac{2}{1}$$

$$v_1 = 2v_2 \text{ 或 } v_2 = \frac{1}{2}v_1$$

$$\because G_1 = P_1 + P_2 \text{ 又} \because P_1 = P_2$$

$$\therefore P_1 = \frac{G_1}{2}$$

通过公式可知，当曳引比为 2:1 传动时，轿厢运行速度只是曳引轮节圆（曳引绳）线速度的一半，虽然速度降低了，但曳引机只承担电梯的二分之一全部悬挂重量，降低了对曳引机的动力输出要求。对于医用电梯，尤其是载重量大、层站不多的货梯，其工作频次较低，对电梯速度要求不高，而对额定载重量的要求较大，所以人们在尽量降低能耗、不采用大功率电动机的前提下采用 2:1 传动的方案，虽然牺牲一些额定速度，但增加了额定载重量，同时对于提高电梯使用效率是有好处的。

（三）3:1 曳引比

此种传动方式轿厢顶部和对重顶部均设有反绳轮（动滑轮），机房中设有导向滑轮（定滑轮），如图 3-8c 所示。其具有如下特点：

$$v_1 = 3v_2$$

$$P_1 = \frac{G_1}{3}$$

通过公式可知，当曳引比为 3:1 传动时，轿厢运行速度只是曳引轮节圆（曳引绳）线速度的 1/3，虽然速度降低很多，但曳引机也只承担电梯的 1/3 全部悬挂重量，进一步降低了对曳引机的动力输出要求。因此，当要进一步提高载重量时，可以采用进一步降速动力的 3:1 传动方式。

2:1 和 3:1 传动方式的另一个缺点是，由于增加了曳引绳的曲折次数，降低了绳索的使用寿命，同时在传动中增加了摩擦损失。

二、曳引绳在曳引轮上的缠绕方式

曳引绳的缠绕方式主要有单绕式和复绕式，具体内容见本章第二节中"包角与曳引力的关系"中的内容。

三、曳引机安装位置

曳引机的位置设置通常有两种，一种是设置在电梯井道上部的专用机房内，称上置式曳引机传动。这种方式有利于采用最简单的绕绳方式，可节约电力损耗，减少作用在建筑物上的载荷，这是应用最广泛的一种方式。另一种是设置在电梯井道底部，称下置式曳引机传动。这种方式由于曳引绳必须要引向井道顶部，绕过一组导向轮后才能牵引轿厢和对重，使得曳引绳缠绕复杂，反复弯曲，对井道结构要求较高、成本高。因此，应尽量避免采用这种方案。

第四节　电梯速度曲线与乘坐生理感受

一、电梯速度曲线

无论是上行还是下行，是单层运行还是多层运行，电梯在每一次运行中其速度变化都重复着同一变化过程。如果将电梯运行的速度变化过程用一条曲线（也称为速度曲线）来表示，我们就能简单地分析其特点。

电梯在做上、下一次运行中，其速度变化曲线如图3-9所示。

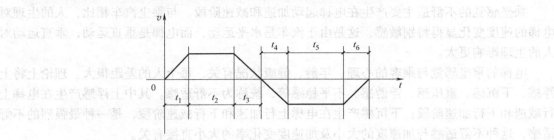

t_1—上行起动加速阶段 　t_2—上行稳定运行阶段 　t_3—上行减速制停阶段

t_4—下行起动加速阶段 　t_5—下行稳定运行阶段 　t_6—下行减速制停阶段

图3-9　速度曲线

从速度变化曲线图中可以总结出，无论是上行还是下行，是单层运行还是多层运行，都经历过三个阶段，即起动加速阶段、稳定运行阶段和减速制停阶段，因此，我们研究电梯速度对乘坐的舒适感时，只研究这三个阶段的影响即可。

二、理想速度曲线

电梯运行的实际速度曲线与乘坐的舒适感有很大关系，通过研究，得出电梯运行的理想速度曲线如图3-10a所示，只要按照理想速度曲线运行，不仅能够使乘客乘坐舒适，还能提高电梯的运行速度。

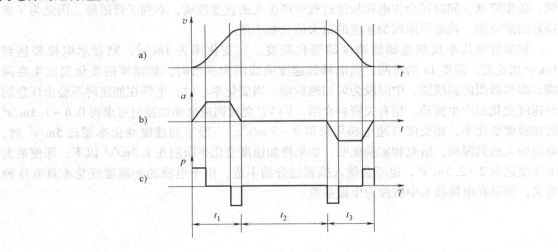

图3-10　理想速度曲线图

从图3-10a中可看出，在理想速度曲线图中，其加速度t_1和减速度t_3两个阶段的始、末端均呈曲线，中间为直线，这种速度能实现图3-10b所示的梯形加速度曲线。理想速度曲线特点之一，对于各种不同的最高速度（额定速度），加速度和减速度的最大值总是保持不变，因为乘坐电梯不舒适感主要在这两个阶段，所以，理想曲线能使乘客乘坐舒适。特点之二，电动机的最大转矩能保持不变。

图 3-10c 中的曲线为加速度变化率，也称为加加速度，其发生在梯形加速度曲线的斜线段，表示加速度的变化快慢程度，斜线的倾斜度越小，变化率就越大。

乘坐感觉的不舒适主要产生在电梯起动加速和减速阶段。与乘坐汽车相比，人的生理对电梯的速度变化显得特别敏感，这是由于汽车是水平运动，而电梯是垂直运动，垂直运动对人的生理影响更大。

电梯的乘坐感觉与乘客的心理、年龄、健康状况有关，每个人的差距很大。理论上将上浮感、下沉感、重压感、浮游感、不平稳感等，统称为不舒适感。其中上浮感产生在电梯上行减速和下行加速阶段；下沉感产生在电梯上行加速和下行减速阶段，是一种最强烈的不舒适感，这种不舒适感与加速度的大小及加速度变化率的大小直接有关。

根据基础知识：

速度公式：$\qquad v = s/t = at$

加速度公式：$\qquad a = v/t$　或　$v = at$

加加速度公式：$\qquad p = a/t$

式中　v——电梯额定速度，单位为 m/s；

　　a——电梯加速度，单位为 m/s^2；

　　p——电梯加速度变化率，单位为 m/s^3；

　　t——电梯速度时间，单位为 s。

从加速度公式中可知，加速度即电梯速度加快的程度。如加速度为 $1m/s^2$，则表示电梯从起动（静止）到 1m/s 运行速度，需要 1s 的加速时间。加速度过大，舒适感不好；加速度过小，舒适感就好，但对于电梯来说，由于额定速度是定值，加速度过小就会加大加速时间，效率降低，同时还会在电梯加速过程中产生大的速度波动，不利于舒适感，因此为了求得好的舒适感，就必须限制加速度的最大值与最小值。

加速度变化率反映电梯加速度的变化程度。如变化率为 $1m/s^3$，则表示电梯要达到 $1m/s^2$ 加速度，需要 1s 的时间。当电梯加速度曲线图为梯形时，加速度的变化仅发生在两端，即梯形图的斜线段，中间段为匀加速运动。当变化率小时，电梯在加速时不会出现急剧的速度变化而产生振动。据有关资料介绍，VVVF 交流调速电梯加速时可求得 $0.8 \sim 1.3m/s^3$ 的加速度变化率，而交流双速电梯可求得 $3 \sim 7m/s^3$，一般当加速度变化率超过 $5m/s^3$ 时，就会使人感到振动。研究和实验证明，如果将加速度变化率限制在 $1.3m/s^3$ 以下，即使最大加速度达到 $2 \sim 2.5m/s^2$，也不会使人感到过分的不适，由于电梯的加速度变化率具有这种意义，所以在电梯技术中被称为生理系数。

第四章

曳引系统

电梯曳引系统的作用是输出动力与传递动力。对于有机房电梯，曳引系统由曳引机、曳引绳、导向轮或反绳轮组成。对于无机房电梯，它由曳引机、曳引绳和滑轮组组成。如图4-1所示。

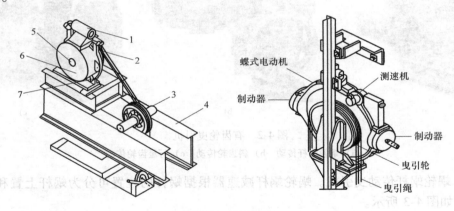

图 4-1　曳引系统
1—制动装置　2—曳引轮和制动轮　3—导向轮　4—承重钢梁　5—编码器　6—永磁同步电动机　7—曳引机底座

第一节　曳　引　机

曳引机是电梯运行的动力来源，在行业中又称为曳引主机或主机，其作用是产生动力，驱动轿厢和对重上下运行。电梯曳引机主要包括传统曳引机和永磁同步曳引机，传统曳引机已广泛应用，永磁同步曳引机是一种新型无齿曳引机，其以体积小、损耗低、节能高效等优点，近年来得到了迅速推广，已发展成为曳引机的主流机型。

一、传统曳引机

（一）按照驱动电动机分类

1. 交流电动机驱动曳引机　交流电动机分为异步电动机和同步电动机两类，电梯上使用的主要是交流异步电动机驱动。根据交流异步电动机调速原理和要求的不同，有单速、双速和调速的电梯。目前，市场上电梯采用交流电动机变压变频调速（VVVF）技术的曳引机占主导地位。

2. 直流电动机驱动曳引机　由于技术的原因，20 世纪 80 年代以前，高速电梯主要是直流电动机驱动曳引机。但由于其结构复杂、体积庞大、耗能高、价格昂贵等已被交流电动机变压变频调速电梯取代。

（二）按照有无减速器分类

按照有无减速器分类，曳引机可分为有齿轮曳引机（有齿轮减速器曳引机）和无齿轮曳引机（无齿轮减速器曳引机）。

1. 有齿轮曳引机　由于有齿轮曳引机由交流电动机、制动器、联轴器、减速器和基座组成，其一般使用在运行速度不超过 2.0m/s 的各种交流双速和交流调速客梯、货梯及杂物梯上。电梯上有齿轮减速器常见的有蜗轮蜗杆传动的、斜齿轮传动的、行星齿轮传动的等，如图 4-2 所示。

a)　　　　　　　　　　b)　　　　　　　　　　c)

图 4-2　有齿轮曳引机

a）蜗轮蜗杆传动　b）斜齿轮传动　c）行星齿轮传动

（1）蜗轮蜗杆传动曳引机。蜗轮蜗杆减速器根据蜗杆的位置可分为蜗杆上置和蜗杆下置两种，如图 4-3 所示。

图 4-3a 是蜗杆下置式曳引机，曳引电动机通过联轴器与蜗杆连接，蜗杆安装位置在蜗轮以下，蜗轮与曳引轮同装在一根轴上。工作时曳引电动机旋转，动力经蜗杆蜗轮减速后驱动与蜗轮相连的曳引轮运转，并通过绕在其上的曳引钢丝绳使电梯工作。蜗杆下置具有蜗轮蜗杆啮合面润滑较好的优点，但对蜗杆两端在减速箱支撑处的密封要求较高，容易出现蜗杆两端漏油的故障。

图 4-3b 是蜗杆上置式曳引机，蜗杆轴位于蜗轮上方，曳引轮位置得以下降，曳引机整体重心降低，减速箱整体密封效果好，但蜗杆与蜗轮的啮合面间的润滑变差，磨损相对严重。

（2）斜齿轮减速器曳引机。图 4-2b 是斜齿轮减速器曳引机，20 世纪 50 年代在日本开始应用于电梯曳引机，一直应用到 90 年代末，逐渐退出市场。斜齿轮传动具有传动效率高的优点，同时齿面磨损寿命基本上是蜗轮蜗杆的 10 倍；但传动平稳性不如蜗轮传动，抗冲击承载能力差。为克服运转冲击和噪声较大的弱点，要求齿轮加工精度较高，齿面必须采用磨齿方式完成；为提高齿面硬度，还必须对齿轮作渗碳淬火处理，导致其成本上升很快。斜

图 4-3 蜗轮蜗杆曳引机

a）下置式　b）上置式

齿轮减速器在曳引机上应用，要求各轮齿有很高的疲劳强度、齿轮精度和配合精度；必须保证总起动次数 2000 万次以上无断齿；在电梯紧急制动、安全钳和缓冲器动作等原因导致的冲击载荷作用时，确保齿轮不会有损伤；在传动比较大情况下，需要采用多级齿轮传动。由于其成本较高，使用条件较严格，其推广使用受到限制。

（3）行星齿轮减速器曳引机。如图 4-2c 所示，行星齿轮减速器曳引机具有结构紧凑、减速比大、传动平稳性和抗冲击能力优于斜齿轮传动、噪声小等优点，在交流拖动占主导地位的中高速电梯上具有广阔的发展前景。它有利于采用体积小、高转速的交流电动机，且有维护要求简单、润滑方便、寿命长的特点，是一种新型的曳引机减速器。由于其具有的上述优点，加之整机体积小、重量轻，此类曳引机目前也得到了较为广泛的应用。

2. 传统无齿轮曳引机

无齿轮曳引机即无减速器的曳引机，它由电动机直接驱动曳引轮，如图 4-4 所示。由于当时电力电子技术和控制技术的发展的问题，传统无齿轮曳引机一般以直流电动机为动力。它具有传动效率高、噪声小、传动平稳等优点。但存在体积大、造价高、耗能高的缺点。一般多用于轿厢运行速度大于 2m/s 的高速电梯上。目前已被淘汰。

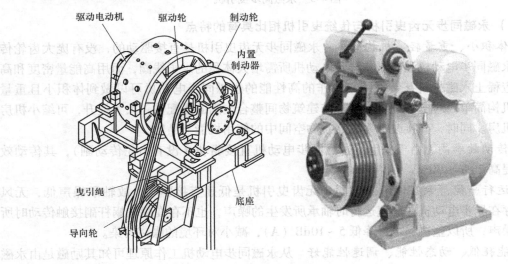

图 4-4　无齿轮曳引机

二、永磁同步无齿轮曳引机

随着稀土永磁同步电动机的开发与应用，以及和变频控制实现了机电一体化，永磁同步电动机在电梯技术上的应用，起于 KONE 电梯公司研发的无机房电梯，使得永磁同步电动机无齿轮曳引技术快速发展，显示了巨大的优越性。目前，广泛应用在电梯技术领域的永磁同步曳引机主要由钕铁硼（Nd-Fe-B）稀土永磁材料制成的，其性能十分优越，是一种技术的进步。

无齿轮永磁同步电梯曳引机，主要由永磁同步电动机、曳引轮及制动系统组成。图 4-5 所示为几种永磁同步电梯曳引机外观图。

图 4-5　永磁同步曳引机

（一）永磁同步无齿曳引机与传统曳引机相比具有的特点

1. **体积小、重量轻、机构简单**　永磁同步无齿曳引机是直接驱动的，没有庞大齿轮传动副，永磁同步电动机没有制作异步电动机所需增大体积的定子线圈，而用高能量密度和高剩磁感应稀土永磁材料（钕铁硼）制作的高性能的永磁同步电动机可以做到体积小且重量轻，使机构简单。对电梯配置安排及与建筑物间整合空间的搭配性，大大提升，可缩小机房或无须机房。同时，间接改善人在建筑物空间中的使用机能与品质。

2. **传动效率高**　由于采用了永磁同步电动机直接驱动（没有齿轮传动副），其传动效率可以提高 20% ~ 30% 。

3. **运行平稳、噪声低**　永磁同步无齿曳引机是低速直接驱动，故轴承噪声低，无风扇。不存在异步电动机在高速运行时轴承所发生的噪声，也不存在蜗轮蜗杆副接触传动时所发生的噪声，所以整机噪声可降低 5 ~ 10dB（A），减小对环境的噪声污染。

4. **能耗低、动态性能、调速性能好**　从永磁同步电动机工作原理可知其励磁是由永磁铁来实现的，不需要定子额外提供励磁电流，与感应电动机相比，不需要从电网汲取无功电流，因而电动机的功率因数可以达到很高（理论上可以达到1）。同时永磁同步电动机的转子无电流通过，不存在转子耗损问题。一般比异步电动机降低45%~60%耗损。又由于没有效率低（机械传动效率仅为70%左右）、高能耗的蜗轮蜗杆传动副，因而能耗进一步降低。

由于永磁同步曳引机采用多极低速大转矩直接驱动，所以驱动系统动态性能和调速性能很好。因为没有激磁绕组，所以没有激磁损耗，故发热小，因而不需要风扇，无风摩擦损耗，效率高；采用磁场定向矢量变换控制，具有和直流电动机一样优良的转矩控制特性，起、制动电流明显低于感应电动机，所需电动机功率和变频器容量都得到减小。另外，永磁同步无齿轮曳引机具有起动电流小、无相位差的特点，使电梯起动、加速和制动过程更加平顺，改善了电梯舒适感。

5. 寿命长、免维护、安全可靠　永磁同步无齿曳引机由于不存在齿廓啮合磨损问题且不需要定期更换润滑油，免维护，因此其使用寿命长，且无齿轮箱的油气，对环境污染少。

于安全性之层面：永磁同步无齿曳引机因结构简化，具有刚性直轴制动的特点，在运行中，当三相绕组短接时，轿厢的动能和势能可以反向拖动电动机进入发电制动状态，并产生足够大的制动力矩阻止轿厢超速，所以能避免轿厢冲顶或撞底事故；当电梯突然断电时，可以松开曳引机制动器，使轿厢缓慢地接近平层，解救乘员。为电梯系统与乘客提供多层安全防护。

6. 缺点　由于没有齿轮减速器的增扭作用，此类曳引机制动器工作时所需要的制动力矩比有齿轮曳引机大许多，所以无齿轮曳引机中体积最大的就是制动器。加之无齿轮曳引机多用于2:1传动结构，所以曳引轮轴轴承的受力要远大于有齿轮曳引机，相应轴的直径也较大。再有，永磁同步电动机所用永磁材料属于不可再生稀有材料，价格较昂贵，且增长较快。

（二）无齿轮永磁同步曳引机结构型式及性能特点

无齿轮永磁同步曳引机的结构型式可以分为径向磁场结构和轴向磁场结构。

径向磁场结构按定子和转子的相对位置不同，又可分为内转子结构和外转子结构，如图4-6所示（定子和转子是电动机的两个主要组成部分，如果转子在定子内部旋转，则称为内转子结构；如果转子在定子外部旋转，则称为外转子结构）。

轴向磁场结构又称盘式（或碟式）结构，不同结构型式的曳引机应用和场合不同，其磁场分布型式也不同。内转子结构承载能力强，适于大载重量、高速电梯，一般多用于高层住宅和办公楼，外转子结构轴向尺寸相对较小，可用于小机房或无机房电梯应用场合，但其载重量受到限制，而盘式结构曳引机轴向尺寸更小，可直接安装于电梯井道中，最适合无机房电梯使用。无论永磁同步曳引机采用何种结构型式，都必须满足与承载能力相应的机械强度和刚度要求，以保证实际使用中的安全可靠性。

三、曳引机工作条件

国家标准GB/T 24478—2009《电梯曳引机》中对曳引机工作条件有明确的规定：

（1）海拔高度不超过1000m，如果海拔高度超过1000m，则应按GB 755—2008有关规定进行修正。

（2）环境空气温度应保持在5~40℃。

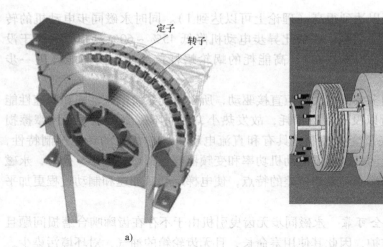
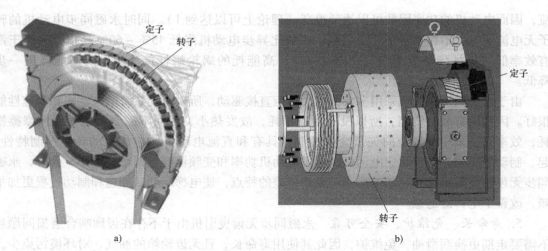

图 4-6　永磁同步曳引机结构
a）内转子结构　b）外转子结构

（3）运行地点的空气相对湿度在最高温度 +40℃ 时不应超过 50%，在较低温度下可有较高的相对湿度，月平均最低湿度不应超过 25%，月平均最大相对湿度不应超过 90%。若可能在设备上产生凝露，则应采取相应措施。

（4）电网供电电压波动与额定值偏差不应超过 ±7%。

（5）环境空气不应含有腐蚀性和易燃性气体。

四、曳引机性能要求

GB/T 24478—2009《电梯曳引机》中对曳引机性能要求有明确的规定。

（一）电动机性能要求

（1）电压、频率维持在额定值，同步电动机的过载转矩不应小于额定值的 1.5 倍，对额定转矩大于 700N·m 或用于电梯额定速度大于 2.5m/s 的曳引机的过载转矩应由曳引机的制造商与用户决定；对于异步电动机，堵转转矩与额定转矩的比值不应小于 2.2，对于多速电动机低速绕组不应小于 1.4；过载持续时间 15s，不能产生影响曳引机正常运行的现象。

（2）定子绕组的绝缘电阻在热状态时或温升实验结束时，不应小于 0.5MΩ，冷态绝缘电阻不应小于 5MΩ。

（3）耐压试验应按表 4-1 进行。

表 4-1　耐压试验

项　　目	试验电压	试验持续时间（s）	泄漏电流（mA）
三项出线端与机壳接地	2 倍电源电压 +1000	60	≤100
温度传感器与机壳接地	500	60	≤100
温度传感器与曳引机三项出线端	500	60	≤100

（4）电动机应有 1.2 倍的额定转速（GB 755—2008 中 9.7 超速的规定）。

（5）电动机的接线、标志、防护、接地应符合 GB 1971—2006 和 GB 14711—2006 有关要求。

（二）制动系统性能要求

见本章第三节制动器中"一、机电制动器"内容。

（三）其他性能要求

（1）曳引轮节圆直径与钢丝绳直径之比不应小于40。

（2）在设计规定的工作制、负载持续率、起（制）动次数的运行条件下，应满足下列要求：

1）采用B级或F级绝缘时，制动器线圈温升应分别不超过80K或105K。对裸露表面温度超过60℃的制动器，应增加防止烫伤的警示标志；

2）采用B级或F级绝缘时，电动机定子绕组温升应分别不超过80K或105K；

3）减速箱的油温不应超过85℃；滚动轴承的温度不应超过95℃；滑动轴承的温度不应超过80℃；

4）曳引机在温升试验后应能正常工作。

（3）在检验平台上，曳引机以额定频率供电空载运行时，A计权声压噪声的测量表面平均值 $\overline{L}_{PA}$ 不应超过表4-2的规定，制动器噪声单独检测，其噪声不应超过表4-3的规定。

表4-2 空气噪声

项　　目		曳引机额定速度（m/s）		
		≤2.5	>2.5	>4 或 ≤8
空载噪声 $\overline{L}_{PA}$/dB（A）	无齿轮曳引机	62	65	68
	有齿轮曳引机	70	80	—

表4-3 制动器噪声

项　　目	曳引机额定转矩（N·m）		
	≤700	>700 或 ≤1500	>1500
制动器噪声 $\overline{L}_{PA}$/dB（A）	70	75	80

（4）曳引机振动应满足下列要求：

1）无齿轮曳引机以额定频率供电空载运行时，其检测部位振动速度有效值的最大值不应大于0.5mm/s。

2）有齿轮曳引机曳引轮处的扭转振动速度有效值的最大值不应大于4.5mm/s。

（5）曳引轮绳槽槽面法向跳动允差为曳引轮节圆直径的1/2000，各绳槽节圆直径之间的差值不应大于0.10mm。

（6）曳引机的手动紧急操作装置应符合国标规定（见第十章第六节紧急报警照明和救援装置）。

（7）曳引轮绳槽材质应采用与之配合的曳引绳耐磨性能相匹配的材质，曳引轮绳槽面材质应均匀，其硬度差不应大于15HB。

（8）有齿轮曳引机的箱体分割面、观察窗（孔）、盖等处应紧密连接，不允许渗漏油，电梯正常工作时，减速箱轴伸出端每小时漏油面积不应超过125cm²。

（9）曳引机应有效率指标。

（四）其他要求

（1）曳引机应设有防护装置，并应符合国标的要求。

（2）曳引机的编码器（如果有）应具有防干扰屏蔽盒机械防护。

（3）表面涂层应均匀，外露旋转部件应涂成黄色，漆膜应黏附牢固，并应具有足够的附着力。曳引机制动器的手动开闸扳手应涂成红色。

五、曳引机速度及功率计算

（1）对于有齿轮曳引机电梯，其运行速度与曳引机的减速比、曳引轮绳槽节圆直径、曳引电动机转速之间的关系可以用以下公式计算：

$$v = \frac{\pi D n}{60 i_y i_j}$$

式中　v——电梯运行速度，单位为 m/s；

　　　D——曳引轮绳槽节圆直径，单位为 m；

　　　i_y——曳引比（曳引方式）；

　　　i_j——减速比；

　　　n——曳引电动机转速，单位为 m/s。

例4.1　某型号电梯曳引轮绳槽节圆直径为 0.61m，曳引电动机转速为 1440r/min，减速比为 45/2，曳引比为 2:1，求电梯运行速度。

解　已知 $D = 0.61$m，$n = 1440 = $r/min，$i_y = 2:1$，$i_j = 45:2$，代入公式中，得

$$v = \frac{\pi D n}{60 i_y i_j} = \frac{3.14 \times 0.61 \times 1440}{60 \times \frac{45}{2} \times \frac{2}{1}} = 1.022 \text{m/s}$$

答：电梯运行速度为 1.022m/s。

（2）曳引机功率计算见第二节中"二、曳引电动机功率计算"。

第二节　曳引电动机

曳引电动机是驱动电梯上下运行的动力源。电梯的曳引电动机主要有交流电动机、直流电动机和永磁同步电动机。直流电动机因其造价高、结构复杂、耗能高而已不被电梯采用了；交流电动机在电梯上应用主要有交流双速、交流三速和交流调速电动机。永磁同步电动机在电梯上应用不是独立使用而是作为曳引机的一部分制造出来的，目前，在电梯曳引机中它已占主导地位。

一、曳引电动机工作要求

电梯是典型的位能性负载，其工作状况非常复杂和苛刻，在电梯运行中存在起动加速、稳定速度运行、制动减速、正反转运行，同时负载变化大、工作时间短、起动频繁等，根据电梯的工作性质，电梯对曳引电动机的工作要求如下：

（1）能频繁地起动和制动。电梯在运行中每小时起制动次数常超过 100 次，最高可达到每小时 180～240 次，因此，电梯专用电动机应能够频繁起制动，其工作方式为断续周期

性工作制。

（2）起动转矩要大而起动电流较小。应能够满足轿厢在额定载荷时起动加速的动力力矩要求。起动应迅速，无迟滞感。同时要求起动电流不能过大。为了保证足够的起动转矩，一般为额定转矩的 2.5 倍左右。

（3）应有较硬的机械特性，不因电梯载重的变化而引起电梯运行速度的过大变化。

（4）应有良好的调速性能，以保证乘梯舒适感和停梯平层精度。

（5）运转平稳、噪声低、工作可靠，不须精细维护和调整。

综上所述可知，普通电动机一般难以胜任，所以曳引电动机应采用专用电动机。

二、曳引电动机功率计算

曳引电动机的功率可按如下净功率公式计算：

$$N = \frac{(1-k)Qv}{102\eta}$$

式中　N——电动机功率，单位为 kW；

k——电梯平衡系数（规定 0.4~0.5）；

Q——电梯额定载重量，单位为 kg；

v——电梯额定速度，单位为 m/s；

η——电梯机械传动总效率（蜗轮副取 0.5~0.55，无齿轮曳引机取 0.75~0.80）。

考虑到电梯运行时有风阻效应阻力、导靴与导轨的摩擦阻力等，一般选择电动机的额定功率应大于计算功率。

例4.2　某台交流双速载货电梯，额定载重量为 2000kg，额定速度为 0.5m/s，曳引机减速箱采用蜗轮蜗杆传动，问：选择电动机的功率应为多大？

解　已知：$Q = 2000$kg，$v = 0.5$m/s，k 取 0.5，η 取 0.5 代入公式得：

$$N = \frac{(1-0.5) \times 2000 \div 0.5}{102 \times 0.5} = 9.8\text{kW}$$

答：查有关手册，选择电动机的功率应为 11kW。

第三节　制　动　器

制动器是电梯重要的安全装置，它的安全、可靠是保证电梯安全运行的重要因素之一。GB 7588.1—2015 规定：电梯应设置制动系统，在出现动力电源失电和/或控制电路电源失电时能自动动作。制动系统应具有机电式制动器（摩擦型），另外，还可增设其他制动装置（如电气制动），如图 4-7 所示。

一、机电式制动器

机电式制动器电磁铁的铁心被认为是机械部件，而电磁线圈则不是。制动器应在持续通电下保持松开状态即"常闭式"，不论什么原因失电时应立即制动。

（1）当轿厢载有 125% 额定载重量并以额定速度向下运行时，制动器自身应能使驱动主机停止运转。在上述情况下，轿厢的平均减速度不应大于安全钳动作或轿厢撞击缓冲器所产

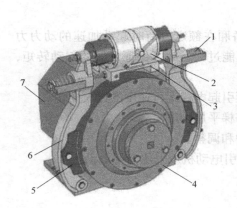
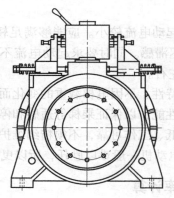
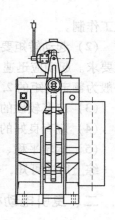

图 4-7　制动器

1—制动弹簧　2—磁力器　3—磁力器底座　4—制动轮　5—制动瓦组件　6—制动臂组件　7—曳引机壳体

生的减速度。所有参与向制动面施加制动力的制动器机械部件应至少分两组设置。如果由于部件失效其中一组不起作用，则应仍有足够的制动力使载有额定载重量以额定速度下行的轿厢和空载以额定速度上行的轿厢减速、停止并保持停止状态。

（2）被制动的部件应以可靠的机械方式与曳引轮或卷筒、链轮直接刚性连接。

（3）除采用持续手动操作的方法打开制动器的情况外，制动器应在持续通电下保持松开状态。应符合下列规定：

1）电气安全装置按规定切断制动器电流时，应通过以下方式之一：①满足要求的两个独立的机电装置，不论这些装置与用来切断电梯驱动主机电流的装置是否为一体；当电梯停止时，如果其中一个机电装置没有断开制动回路，应防止电梯再运行。该监测功能发生固定故障时，也应有同样的动作。②电路应满足安全电路的要求。此装置是安全部件，应按 GB 7588—2003 中的要求进行验证。

2）当电梯的电动机有可能起发电机作用时，应防止该电动机向操纵制动器的电气装置直接馈电。

3）断开制动器的释放电路后，制动器应无附加延迟地有效制动。

注：用于减少电火花的无源电子元器件（例如二极管、电容器、可变电阻）不认为是延迟装置。

4）机电式制动器的过载和（或）过流保护装置（如果有）动作时，应同时切断驱动主机供电；

5）在电动机通电之前，制动器不能通电。

（4）制动靴或制动衬块的压力应由带导向的压缩弹簧或重砣施加。

（5）禁止使用带式制动器。

（6）制动衬块应是不燃的。

（7）应能采用持续手动操作的方法打开驱动主机制动器。该操作可通过机械（如杠杆）或由自动充电的紧急电源供电的电气装置进行。考虑连接到该电源的其他设备和响应紧急情况所需的时间，应有足够容量将轿厢移动到层站。手动释放制动器失效不应导致制动功能的失效。应能从井道外独立地测试每个制动组。

（8）使用信息和相应的警示信息，尤其是减行程缓冲器的信息应设置在手动操作驱动主机制动器的装置上方或附近。

（9）对于手动释放制动器，轿厢载有以下载荷时：

小于等于（$q-0.1$）Q；

大于等于（$q+0.1$）Q且小于等于Q。

其中，q——平衡系数，即由对重平衡额定载重量的量。

　　　　Q——额定载重量。

应能采用下列方式将轿厢移动到附近层站：

1）重力导致自行移动，或

2）手动操作，包括：①放置在现场的机械装置；②放在现场的独立于主电源供电的电气装置。

二、制动器作用

（一）制动器应在动力电源失电或控制电路电源失电时自动动作，制动闸瓦抱住制动轮使电梯停止运行。

（二）当轿厢载有125%额定载荷并以额定速度向下运行时，操作制动器应能使曳引机停止运转。并且轿厢的减速度不应超过安全钳动作或轿厢撞击缓冲器所产生的减速度。所有参与向制动轮或制动盘施加制动力的制动器机械部件应分两组装设。如果一组部件不起作用，则应仍有足够的制动力使载有额定载荷以额定速度下行的轿厢减速、停止并保持停止状态。

（三）电梯到站停止运行时，制动器应能够保证在150%的额定载荷情况下，保持轿厢静止不动，并且在再次起动之前不得打开。

（四）对非调速电梯，当电梯到站停平层时，制动器还起到调平层的作用。

三、制动器位置与结构特点

（一）有齿轮曳引机制动器

有齿轮曳引机制动器一般安装在曳引电动机和减速器之间，如图4-8a所示，也有安装在蜗杆轴的尾端，如图4-8b所示，但都是安装在高速轴上，这样所需的制动力矩小，因此

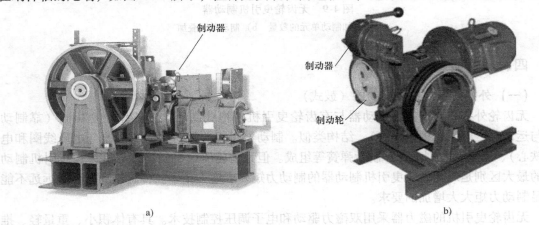

图4-8　有齿轮曳引机制动器

a）在电动机和减速器之间　b）在高速轴上

制动器体积和尺寸可以做的较小。制动器在曳引电动机和减速器之间时，制动轮还是曳引电动机和减速器之间的联轴器，但联轴器与减速器是刚性连接，即制动轮必须在减速器一侧，以保证当电动机与联轴器连接失效后电梯仍能被制停。

（二）无齿轮曳引机制动器

无齿轮曳引机无联轴器和减速器，是电动机直接拖动，没有减速器的增扭作用，制动器是直接作用于与曳引机同轴的制动轮或曳引轮上，所以它所需要的制动力矩在同载荷、同曳引比和同制动轮径的条件下，比有齿轮曳引机要大十几倍至几十倍。因此，电梯曳引机从有齿轮曳引机发展到永磁同步无齿曳引机之后，不仅制动器是无齿轮曳引机中体积最大的部件，而且对制动系统的要求也发生了很大变化。

无齿轮曳引机制动器按其制动力施加的方向可分为径向和轴向制动器两类，例如外抱式制动器属于径向的，而轴式制动器属于轴向的。按其结构和外观的不同可分为鼓式制动器、碟式制动器、板式制动器、盘式制动器和内涨式制动器等。

由于制动力必须足够大，其结构特点是必须让制动力作用在一个较大直径的制动轮上，所以其制动轮直径有时会和曳引轮等大甚至大于曳引轮，如图4-9a所示。对于无法加大制动轮（盘）的情况下，以增加制动单元的数量或叠加来满足制动力的要求。图4-9a为增加制动单元的数量，图4-9b为在曳引机同轴上将两个制动单元叠加在一起来满足制动力的要求。

制动盘
曳引轮
制动盘
曳引轮
制动器

a)   b)

图4-9　无齿轮曳引机制动器

a）增加制动单元的数量　b）制动单元叠加

四、制动器结构与原理

（一）外抱式双向推力制动器（鼓式）

无齿轮外抱式双向推力制动器与有齿轮曳引机外抱式制动器的工作原理相同（靠制动件与运动件之间的摩擦力制动）、结构类似。制动器一般由制动轮、磁力器（电磁线圈和电磁铁心）、制动臂、制动瓦、制动弹簧等组成。但无齿轮曳引机制动器与有齿轮曳引机制动器的最大区别是对无齿轮曳引机制动器的制动力矩要求增大很多。传统制动器已经远远不能满足制动力矩大大增加的要求。

无齿轮曳引机的磁力器采用双磁力驱动和电子调压控制技术。具有体积小、重量轻、推力大（制动力矩大）、耗电少、发热低、剩磁小、动作快以及噪声低等特点。有的制动瓦摩擦组件采用喷涂耐磨陶瓷工艺实现了超过 1000 万次的超长寿命，安全可靠。

1. 外抱鼓式制动器　结构如图 4-10 所示。工作原理如下：图 4-9a 是传统制动器，当电梯处于停梯状态时，曳引电动机和磁力器的电磁线圈均无电压、无电流通过，而使两侧的电磁铁心之间没有吸合力，因此制动臂在制动弹簧（制动杆组件）的作用下，带动制动瓦压向制动轮并紧密贴合在制动轮工作表面上，达到抱闸制动的目的；当电梯运行时，在曳引电动机得电运转的同时，磁力器的电磁线圈得电，两侧套筒内圆柱形的电磁铁心迅速磁化而吸合，带动制动臂沿着转轴 10 转动克服制动弹簧的张力，使得制动瓦离开制动轮工作表面，

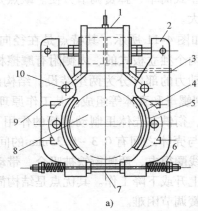

1—磁力器　2—制动臂　3—限位螺钉　4—摩擦片　5—制动瓦　6—弹簧
7—轴杆　8—制动轮　9—调整螺杆　10—制动臂转轴

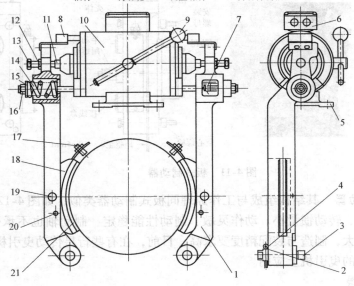

b)

1—制动臂　2—开口销　3—制动臂轴　4—调整垫　5—磁力器底座　6—整流控制器
7—弹簧压缩量/制动力矩对应表　8—松闸指示开关　9—松闸手柄　10—磁力器
11—动心轴　12—制动螺栓锁紧螺母　13—松闸螺栓　14—制动弹簧　15—制动弹簧座
16—制动弹簧调整螺母　17—磨损监控开关　18—制动瓦　19—制动瓦轴　20—紧定螺钉
21—摩擦片

图 4-10　外抱鼓式制动器
a) 传统制动器　b) 带监控开关制动器

达到抱闸打开的目的，电梯上升或下降工作。当电梯轿厢到达所需停层站时，曳引电动机和电磁线圈同时失电，电磁铁心中的磁力立即消失，铁心在制动弹簧的作用下通过制动臂复位，使制动瓦块再次将制动轮抱住，电梯停止运行。如此周而复始的工作。

图4-10b与图4-10a的区别是磁力器的电磁线圈得电时，电磁铁心之间不是吸合力，而是排斥力，使制动臂沿着转轴转动克服制动弹簧的张力，使得制动瓦离开制动轮工作表面，达到抱闸打开的目的。为了满足安全与检验规程的要求，制动器上还要有松闸指示开关、制动摩擦片磨损监控开关等。

鼓式制动器的优点是制动器型式简单、弹簧调节方便。缺点是结构复杂、成本较高、使用时间长后容易引起动作声音过大。

2. **外抱板式制动器** 结构如图4-11所示。其特点是在径向上让制动力作用在一个较大直径的制动轮上。制动器采用两个独立板式的、内侧附有摩擦材料的制动瓦块的外抱式结构，并且将所有向制动轮施加制动力的部件分为两组装设。结构由衔铁、制动瓦、接线盒、电磁线圈（在壳体里）、手动开闸螺母和壳体等组成。其工作原理如下：电梯处于停梯状态时，制动器电磁线圈无电流通过，衔铁在壳体里制动弹簧的作用下，使制动瓦压紧制动轮，达到抱闸制停的目的，此时衔铁与壳体之间有 $0.3 \sim 0.35$mm 的间隙；当电梯运行时，在曳引电动机得电运转的同时，电磁线圈得电，两侧衔铁被吸合，带动制动瓦离开制动轮工作表面，达到抱闸打开的目的，电梯上升或下降工作。其优点是结构简单、制动方式可靠、制动声音低。但缺点是间隙调节与弹簧调节困难。

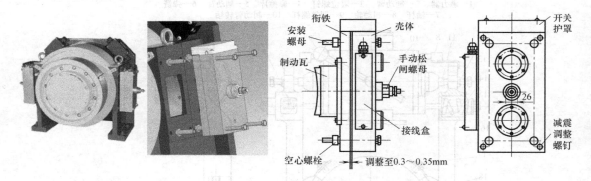

图4-11　板式制动器

3. **外抱盘式制动器** 其结构组成与工作原理同板式制动器类似，如图4-12所示。其优点是体积小、重量轻、转动惯量小、动作灵敏、制动性能稳定、制动轴也不承受附加弯矩，缺点是因制动盘直径大，制造与装配精度要求高。目前，在有些行星传动曳引机和一些其他新型传动装置小型化的曳引机上应用。

（二）碟式制动器

采用碟式制动器的曳引机，其制动元件为一个与曳引轮同轴安装的制动盘（碟），而制动摩擦盘是沿着制动盘的轴向压紧，产生摩擦力实施制动。碟式电磁制动器由电磁线圈、制动衔铁盘（带摩擦片）、弹簧及连接座等零部件组成，如图4-13所示，用于带制动盘的曳引机上，通过连接座上的两个轴孔与曳引机相连。

工作原理：当制动器电磁线圈得电时，制动器衔铁被吸引，弹簧被压缩，这时制动器衔

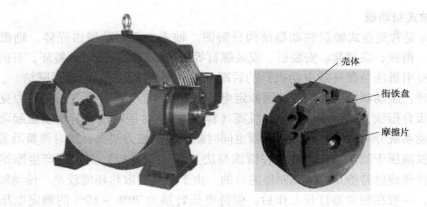

图 4-12 盘式制动器

铁上的摩擦盘脱离开曳引机的制动盘，曳引机的制动盘在摩擦盘与连接座的间隙中进行旋转；当制动器电磁线圈失电时，由于电磁力消失，在弹簧的作用下，使制动器衔铁上的摩擦盘压紧曳引机的制动盘，依靠摩擦力实现制动。碟式电磁制动器用于带制动盘的各类曳引机上，可以通过使用碟式电磁制动器单元的数量来满足不同曳引机制动力矩的需要，图 4-13a 为两个独立制动单元的制动器，图 4-13b 为三个独立制动单元的制动器。其优点是体积小、重量轻、转动惯量小、动作灵敏、制动性能稳定、制动轴也不承受附加弯矩，缺点是因制动盘直径大制造与装配精度要求较高。

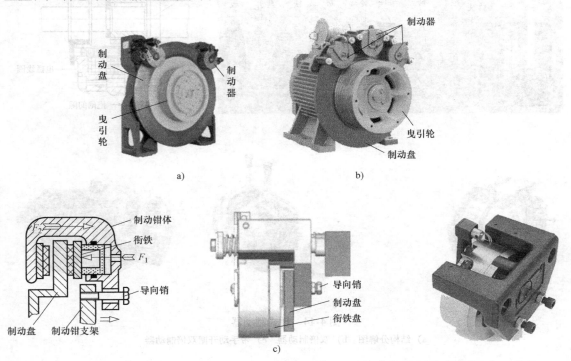

图 4-13 碟式制动器
a) 两个制动单元 b) 三个制动单元 c) 制动单元

（三）轴式制动器

图 4-14a 是常见盘式轴刹制动器结构分解图。轴式电磁制动器由壳体、励磁线圈、弹簧、制动盘、衔铁、花键套、安装板、安装螺钉等组成，有的带扭矩调整环，有的不带。制动器安装在曳引机法兰盘（或电动机）的后端；传动轴与花键套与制动盘联结。

工作原理：制动器的励磁线圈接通额定电压（DC）时产生电磁力，电磁力克服弹簧张力压缩弹簧吸合衔铁，使衔铁与制动盘脱离（释放），这时传动轴带着制动盘起动运转正常工作。当传动系统分离或断电时，制动器也同时断电，电磁力消失，此时弹簧沿着轴向施压于衔铁，衔铁施压于制动盘，制动盘在衔铁与法兰盘（安装板）夹持下产生摩擦力矩，使传动轴快速停转或保持静止，达到制停的目的。由于制动器散热环境较差，传动轴又是长时间连续工作，一般在制动器打开工作后，保持电压转换为 70% ~ 80% 的额定电压，以减少发热和能耗。轴式制动器优点是制造方便、调节简单，缺点是因制动面直径小正压力大、成本较高，当大吨位电梯需要较大制动力时，可以将两个几乎完全相同的轴式电磁制动器叠加在一起成为双倍制动器，如图 4-14b 和 c 所示。双倍制动器中的每个制动器可以独立制动及控制，各自有监测制动器磨损情况的微动开关，在机械和电气设计方面具有高度的安全性。

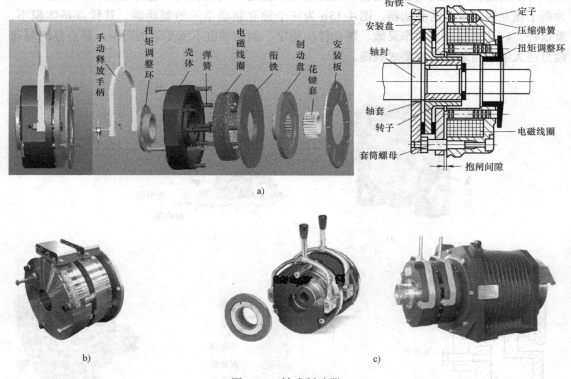

图 4-14　轴式制动器

a）结构分解图　b）双倍制动器　c）带手动开闸双倍制动器

（四）内涨型鼓式制动器

对于大型无齿轮曳引机，有时也会采用内涨型鼓式制动器，如图 4-15 所示。内涨型鼓式制动器的制动轮工作面是曳引轮的内圆柱面，它将制动电磁铁、制动臂、制动闸瓦、制动弹簧等装入制动滚筒的内部，当制动器工作时，制动闸瓦被制动弹簧作用从内向外张开，将闸瓦涨紧在制动轮工作面上实施制动。

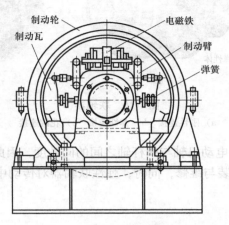

图 4-15　内涨型鼓式制动器

由于以上这 4 类制动器的结构和特点，因此也就派生出了如前所述的不同的曳引机结构状态。

第四节　联轴器、减速器与曳引轮

一、联轴器

（一）作用与要求

对于无齿轮曳引机，由于没有减速器，电动机直接驱动曳引轮且一体化设计制造，因此也没有联轴器。

传统有齿轮曳引机多用于中低速电梯上，由于曳引电动机是高转速装置，为了满足电梯低速度的要求，必须将曳引电动机的高转速降下来，因此，必须有减速装置。电动机轴与减速器输入轴处于同一轴线，它们是用联轴器进行连接的。因为，电动机与减速器是两个不同结构的部件，运转要求不同，再加上制造、安装等各种原因不可避免地会出现同轴度误差，所以需要用适当的方法将两者连接在一起，并保持一定要求的同轴度，以消除或减少同轴度误差带来的振动与冲击，保证曳引机平稳运行。

电梯上的联轴器除了起连接作用之外，另一个作用是兼做制动器的制动轮鼓。

（二）联轴器的种类

按连接的型式不同，联轴器一般分为刚性联轴器、弹性联轴器、花键联轴器等，如图 4-16 所示。电梯上常见是前两种连接。

图 4-16a 所示为刚性联轴器。对于蜗杆轴采用滑动轴承的结构，一般采用刚性联轴器，因为此时轴与轴承的配合间隙较大，刚性联轴器有助于蜗杆轴的稳定转动。刚性联轴器要求两轴之间有高度的同心度，连接后不同心度应不大于 0.02mm。

图 4-16b 所示为弹性联轴器。由于联轴器中的橡胶块在传递力矩时会发生弹性变形，从

弹性体

a)　　　　　　　　　　b)　　　　　　　　　　c)

图 4-16　联轴器

a）刚性连接　b）弹性连接　c）花键连接

而能在一定范围内自动调节电动机轴与蜗杆轴之间的同轴度，因此允许安装时有较大的同心度（允差 0.1mm），便于安装与维修，同时，弹性联轴器对传动中的振动具有减缓作用。

二、减速器

图 4-17 所示为三种减速器结构。减速器主要用在有齿轮曳引机上。其作用主要是降低电动机输出转速和提高电动机的输出转矩。电梯上有齿轮减速器一般有圆柱齿轮传动的（主要是蜗轮蜗杆传动）、行星齿轮传动的和斜齿轮传动的。

图 4-17a 所示为蜗轮蜗杆减速箱，这是在电梯上应用最广泛的，其具有构造简单、体积小、传动比大、噪声较小、运行平稳、制动安全、涡轮和曳引轮直径比合适（不合适的直径比会导致啮合误差进一步放大）等优点，因此常被用在低速电梯上。缺点是由于蜗轮与蜗杆在运行时啮合面相对滑动较大、润滑不良，使之啮合面易磨损、发热高、效率低，尤其是在大的传动比条件下（如果动力从电动机流向轿厢，则效率很好；如果动力从轿厢流向电动机，则效率明显变差。当电梯从静态加速时，必须考虑起动效率低的问题）。对于高速电梯，可以通过多头蜗杆设计来获得较低的传动比，同时也会提高效率，有的已达到 3m/s 的额定速度，但是磨损的问题将会加大。

蜗杆两端采用双向推力球轴承和径向滑动轴承，分别承受轴向力和径向力，蜗轮轴两端用单列圆锥滚子轴承，且是双向布置，用来承受径向力和两个方向的轴向力。轮座上铸有挡油盘，并有毛毡密封。蜗杆采用密封环和填料密封的组合型式。

a)　　　　　　　　　　b)　　　　　　　　　　c)

图 4-17　减速器

a）蜗轮蜗杆减速器　b）斜齿轮减速器　c）行星齿轮减速器

润滑的作用是减小蜗轮、蜗杆啮合面及轴承工作面的摩擦力，提高传动效率，减小磨损，延长机件的使用寿命。同时还能起到减振、冷却、防锈的作用。为了减小齿轮的运动阻力并降低油的温升，齿轮浸入油中的深度至少要保持在10mm，低速时，浸油深度也可达齿顶圆半径的1/3。为了防止箱体中润滑油渗漏，蜗杆伸出端是主要的密封部位，常见的密封方法有盘根密封和橡胶圈密封两种。

图4-17b 所示为斜齿轮减速机，具有体积小、重量轻、传递转矩大、承受过载能力高、起动平稳、能耗低、性能优越、效率高达95%以上等优点，缺点是造价高，制造较为复杂。

图4-17c 所示为行星齿轮传动电梯曳引机，是一种具有结构紧凑、体积小、运行安全可靠、传动平稳、传动效率高、节能显著的技术含量高的产品。

三、曳引轮

曳引轮是直接与曳引绳配合传递动力的部件，要承受轿厢、负载、对重等运动装置的全部动、静载荷。故要求强度大、韧性好、耐磨损和耐冲击等。按结构曳引轮分为组合型和一体型两种，如图4-18所示。

a)   b)

图 4-18 曳引轮
a) 组合型 b) 一体型
1、3—轮圈 2—轮毂 4—定位销

组合型曳引轮一般由两部分组成，中间为轮毂，外圈为轮圈，轮圈上加工有绳槽，轮毂与轮圈套装并用螺栓连接成一个整体，即曳引轮。组合型曳引轮主要考虑到安装和维修，当曳引轮绳槽磨损曳引力下降时仅更换轮圈即可。对于有齿轮曳引机，曳引轮安装在减速器的输出轴上，对于无齿轮曳引机，曳引轮直接安装在电动机的输出轴上。

曳引轮的结构要素是曳引轮的材质、绳槽形状和节圆直径。

（一）材质

见"第三章第二节曳引驱动分析"中"（三）与曳引力有关方面"中有关内容。

（二）绳槽形状

曳引轮靠曳引绳与绳槽间的摩擦力来传递动力，此时曳引轮应能克服两侧钢丝绳的拉力差，并保证钢丝绳在绳槽里不打滑。因此曳引力受曳引轮绳槽的形状及润滑状态影响很大，见"第三章第二节曳引驱动分析"中"（三）与曳引力有关方面"中"1、绳槽形状与曳引力的关系"所述。

（三）节圆直径

曳引轮从绳槽内钢丝绳横截面的中心量出的直径称为节圆直径，节圆直径与电梯的额定速度、曳引机额定工作力矩和曳引机的使用寿命有关。

1. 与电梯额定速度 v 的关系

$$v = \frac{\pi D n}{60 i_y i_j}$$

式中　v——电梯额定速度，单位为 m/s；

　　　D——曳引轮节圆直径，单位为 mm；

　　　n——电动机额定速度，单位为 r/min；

　　　i_j——减速箱减速比；

　　　i_y——电梯曳引比。

2. 与曳引机额定工作力矩 M_e 的关系　电梯运行时，曳引轮上承载的最大曳引力矩 M 不应大于曳引机额定工作力矩 M_e，即

$$M \le M_e$$

$$\because M i_2 = \frac{D}{2}(Q + G - W)$$

$$\therefore M = \frac{D(Q + G - W)}{2 i_2}$$

又 $\because W = K_{\Psi}(Q + G)$

$$\therefore M = \frac{D[Q + G - K_{\Psi}(Q + G)]}{2 i_2} = \frac{D(Q + G) - (1 - K_{\Psi})}{2 i_2}$$

又 $\because M_e = 974 \dfrac{N}{n} i_1 \eta$

根据 $M \le M_e$

得 $\dfrac{D(Q + G) - (1 - K_{\Psi})}{2 i_2} \le 974 \dfrac{N}{n} i_1 \eta$

整理 $D \le \dfrac{1948 N i_1 i_2 \eta}{n(Q + G)(1 - K_{\Psi})}$

式中　G——轿厢自重，单位为 kg；

　　　Q——额定载重量，单位为 kg；

　　　K_{Ψ}——平衡系数；

　　　N——电动机功率，单位为 kW。

整理出的公式的意义在于，曳引轮的大小还必须复合曳引机的设计功率。

3. 与曳引绳使用寿命的关系　曳引钢丝绳的使用寿命与其弯曲时的曲率半径有关，曲率半径越小弯曲应力越大，对其使用寿命影响越大。国家标准规定曳引轮节圆直径不小于曳引钢丝绳直径的 40 倍，即

$$\frac{D}{d_0} \ge 40$$

式中　d_0——曳引钢丝绳直径，单位为 mm。

在实际中，一般取 45 ~ 55 倍，也有达 60 倍的。槽面法向跳动允差为曳引轮绳槽节径的

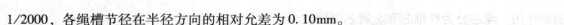

1/2000，各绳槽节径在半径方向的相对允差为0.10mm。

各绳槽的节圆直径不同，使各钢丝绳的曳引速度也不相同，运行时部分钢丝绳在槽中产生滑动，使绳和槽的磨损加剧。

第五节 悬 挂 装 置

曳引电梯的轿厢和对重（或平衡重）应采用钢丝绳悬挂。

一、钢丝绳基本知识

钢丝绳是机械中常用的柔性传力构件，是由若干钢丝先捻成股，再由若干股捻成绳。一般绳中心还有纤维或金属制成的绳芯，以保持钢丝绳的断面形状和储存润滑剂。一般钢丝绳都是圆形股钢丝绳。

（一）性能特点

钢丝绳具有强度高、挠性好、极少骤然折断的优点，因此长期以来被用作电梯曳引绳。

所谓挠性，就是易于弯曲的特性。钢丝绳之所以易于弯曲，是由于采用了直径很小的钢丝，并拧成了螺旋形。小直径的钢丝易于弯曲，同时由于绳中每一根钢丝都呈螺旋形，在绳弯曲时，每根钢丝在外的一段伸长，而在里的一段则缩短，总合起来就不伸不缩，这样对弯曲不起很大的阻碍作用，在弯曲时，各钢丝之间可以滑动，这也有利于弯曲的实现。

钢丝绳的钢丝要求有很高的强度和韧性，通常由含碳量0.5%～0.8%的优质碳钢制成，为了防止脆性，材料中硫、磷的含量不许大于0.035%。

钢丝的质量根据韧性的高低，即耐弯曲次数的多少，可分为特级、Ⅰ级、Ⅱ级，电梯采用特级钢丝。

钢丝根据其表面是否进行过处理，可分为光面钢丝、镀锌钢丝和镀铅钢丝。电梯在室内使用，一般采用光面钢丝制成的钢丝绳。

（二）钢丝绳结构

钢丝绳由钢丝、绳股和绳芯组成，如图4-19所示。

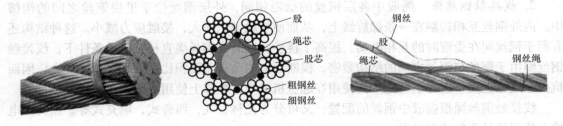

图4-19 钢丝绳结构

1. 钢丝　钢丝是钢丝绳的基本强度单元，我国电梯用钢丝绳钢丝的强度为130、140、155kg/mm² 三种。

2. 绳股　由多根钢丝捻成的每一小股称绳股。相同直径与结构的钢丝绳，股数多的疲劳强度就高，电梯一般采用6股和8股钢丝绳。

3. 绳芯　被绳股所缠绕的挠性芯棒，起到支撑和固定绳股的作用，并能起到储存润滑油的作用。绳芯分为纤维芯和金属芯两种。

金属芯用软钢丝制成，用于高温等场合，挠性差，不适用于电梯。纤维芯常用剑麻等制成，具有较好的挠性，电梯钢丝绳均采用纤维芯。

（三）钢丝绳捻向和捻法

（1）捻向是指钢丝在绳股中或绳股在绳中的捻制螺旋方向，分为右捻和左捻。

右捻：把钢丝绳成股竖起来观察，螺旋线从中心线左侧开始向上、向右旋转称右捻。

左捻：螺旋线从中心线右侧开始向上、向左旋转的称左捻。

（2）捻法是指股的捻向与绳的捻向互相搭配的方法，有交互捻和同相捻之分。

交互捻：绳股的捻向与绳的捻向相反，又称逆捻。

同向捻：绳股的捻向与绳的捻向相同，又称顺捻。

根据不同的捻向与捻法，有 4 种不同的钢丝绳。

右交互捻绳：绳的捻向为右，绳股的捻向为左的钢丝绳。

左交互捻绳：绳的捻向为左，绳股的捻向为右的钢丝绳。

右同向捻绳：绳与股的捻向均为右的钢丝绳。

左同向捻绳：绳与股的捻向均为左的钢丝绳。

交互捻绳由于绳与股的扭转趋势相反，互相抵消，在使用中没有松散和扭转打结的趋势，因此常用于悬挂的场合。

同向捻绳的耐磨性比交互捻绳好，但有扭转趋势，容易打结，因此通常用于两端等固定的场所，如牵引式运行小车的牵引绳。

电梯是以悬挂式使用钢丝绳的，因此必须使用交互捻绳，一般为右交互捻。

（四）钢丝绳分类

钢丝绳的分类有多种，仅以股的构造分类来介绍。其有点接触钢丝绳、线接触钢丝绳和面接触钢丝绳三种。

1. **点接触钢丝绳**　绳股中内外各层钢丝的捻距不同，互相交叉，接触点在交叉点上，因此称为点接触钢丝绳。这种钢丝绳钢丝间的接触面积小、接触压力大，在反复弯曲时易于磨损折断，使用寿命短，较少采用。

2. **线接触钢丝绳**　绳股中各层钢丝的捻距相同，外层钢丝位于里层钢丝之间的沟槽中，内外钢丝互相接触在一条螺旋线上，从而使接触面积增大，接触应力减小。这种结构还有利于钢丝间在受弯时的互相滑动，提高了挠性。同时在钢丝绳直径相同的条件下，线接触钢丝绳由于钢丝与钢丝之间的结构紧密，横断面上的金属总面积比点接触钢丝绳要大，因而抗拉强度也提高。这种钢丝绳广泛使用在起重机械中，电梯上使用这种钢丝绳。

线接触钢丝绳根据股中钢丝的配置，又可分为瓦林吞式，西鲁式，填充式等。而我国电梯上使用的是西鲁式钢丝绳。

3. **面接触钢丝绳**　由不同截面的异形钢丝组成，使内部钢丝呈面接触。一般用于特种用途。

（五）西鲁式钢丝绳

如图 4-20 所示，又称外粗式钢丝绳，代号为 X。绳股以一根粗钢丝为中心，周围布以细钢丝，然后在内层两条钢丝间的沟槽中各布置一条粗钢丝，内外层钢丝数量相等，粗细不同，由于外层钢丝粗于内层，因此被称为外粗式钢丝绳。这种钢丝绳挠性较差，对弯曲时的半径要求大，其特点是由于外层钢丝较粗，因此耐磨性好。由于电梯要求钢丝绳具有高的耐磨性，因此这种钢丝绳在电梯上应用最广泛。

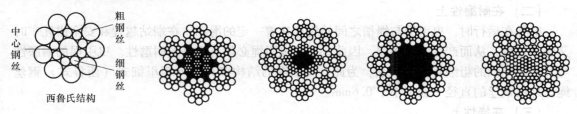

图 4-20 西鲁式钢丝绳

二、曳引钢丝绳

曳引钢丝绳也称曳引绳，是电梯上专用的钢丝绳，其功能是连接轿厢和对重，并与曳引轮配合产生曳引力从而驱动轿厢上升和下降。它承载着轿厢、对重、额定载荷等全部悬挂重量。曳引绳在绳槽中承受着很高的挤压应力，且在曳引轮、导向轮、反绳轮中作单向或交变的缠绕，还会产生弯曲应力和离心应力，并频繁承受电梯起动加速、减速制动和急停梯时的冲击。曳引绳的这种工作条件，使其在强度上、耐磨性上及挠性上均有很高的要求。

（一）在强度上

钢丝的抗拉强度和其他特性（构造、延伸率、圆度、柔性、试验等）应符合 GB 8903—2005 的规定。对曳引绳的强度要求，主要体现在静载安全系数上。国标规定，电梯曳引钢丝绳的根数不能少于 2 根，公称直径不小于 8mm，当曳引钢丝绳的根数为 2 时，其安全系数应不小于 16；曳引钢丝绳为 3 根或 3 根以上时，安全系数应不小于 12。一般客梯或货梯曳引钢丝绳都在 3 根以上，最常见为 4~6 根。且每根钢丝绳应是独立的。

安全系数是指载有额定载重量的轿厢停靠在底层端站时，一根钢丝绳的最小破断拉力（N）与该根钢丝绳所受的最大力（N）之间的比值。

曳引绳的选择主要是决定曳引绳的直径和根数，而且两者是相互关联的。

1. 曳引绳直径的选择　首先按电梯静载荷计算出使单根钢丝绳破断的载荷拉力，在从 GB 8903—2005《电梯用钢丝绳》中查出对应钢丝绳的直径。

单根钢丝绳破断拉力公式如下：

$$P \geqslant \frac{T}{ni}K_s (\text{kN})$$

式中　K_s——安全系数；

P——单根曳引绳的破断拉力，单位为 kN；

n——曳引绳的根数；

T——作用在轿厢侧曳引绳上的最大静载荷力，单位为 kN；

$T =$ 轿厢自重 + 额定载重 + 作用于轿厢侧钢丝绳的最大自重

i——绕绳倍率（曳引比）。

2. 曳引绳根数的确定　曳引绳根数的确定，除了考虑负载和安全系数之外，还应考虑曳引绳在绳槽中的比压和曳引绳的弹性伸长量。一般要求电梯在最低层站时，轿内载荷由空载到满载所引起曳引绳的伸长量不超过 20mm。所以在提升高度较大时，为控制伸长量就需

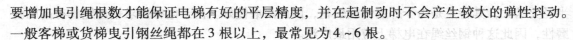

要增加曳引绳根数才能保证电梯有好的平层精度，并在起制动时不会产生较大的弹性抖动。一般客梯或货梯曳引钢丝绳都在 3 根以上，最常见为 4~6 根。

（二）在耐磨性上

电梯在运行时，曳引绳与绳槽之间始终存在着一定的滑动，在端站越程和安全钳轧车时又必须打滑，从而产生摩擦磨损，因此，要求曳引绳必须有良好的耐磨性。曳引绳的耐磨性与其外层钢丝的粗细有很大关系，为此，曳引绳的结构多采用外粗里细式（西鲁式）钢丝绳。外层钢丝的直径一般不小于 0.6mm。

（三）在挠性上

良好的挠性能减少曳引绳在弯曲时的应力，有利于使用寿命，为此曳引绳均采用纤维芯结构的双绕绳，另外，西鲁式钢丝绳外粗里细的丝径也能增加其挠性。

（四）影响曳引绳寿命的因素

1. 拉伸力　运动中的动态拉力对曳引绳的寿命影响很大，同时各曳引绳的荷载不均匀也是影响寿命的重要方面，当曳引绳中的拉伸荷载变化 20% 时，曳引绳的寿命变化达 30%~200%。

2. 弯曲　电梯运行中，曳引绳上下反复经历的弯曲次数是相当多的，由于弯曲应力是反复应力，将会加大曳引绳的疲劳，从而影响寿命。而弯曲应力与曳引轮的直径成反比，所以无论悬挂钢丝绳的股数多少，曳引轮、滑轮（反绳轮）的节圆直径与悬挂钢丝绳的公称直径之比不应小于 40。

3. 曳引轮槽型和材质　好的绳槽形状使曳引绳在绳槽上有良好的接触，使钢丝产生最小的外部和内部压力，能减少磨损，延长使用寿命。另外曳引绳的压力与钢丝和绳槽的弹性模量有关，如果绳槽采用较软的材料，则曳引绳具有较长的寿命。但应注意的是，在外部曳引绳应力降低的情况下，磨损将转向曳引绳的内部。

4. 腐蚀　在不良的环境下，内部和外部的腐蚀会使曳引绳的寿命显著缩短、横截面减小，造成与曳引轮槽接触面减小，进而加剧曳引绳磨损。特别要注意的是麻质芯料的解体或水和尘埃渗透到曳引绳内部而引起的腐蚀，对曳引绳的寿命影响更大。

5. 电梯的安装质量、维护的是否到位、曳引绳的润滑和张力调整等都会影响曳引绳的寿命，另外，曳引绳本身的性能指标、直径大小和捻绕型式等也都会影响曳引绳的寿命。

三、绳端接装置

曳引绳的两端要与轿厢、对重或机房的固定结构相连接。这种连接装置就是绳端连接装置，一般称"绳头组合装置"。图 4-21 所示为一种曳引绳与轿厢、对重连接的示意图。

绳端连接装置不仅用以连接曳引绳和轿厢等机构，还要缓冲运行工作中曳引绳的冲击载荷、均衡各根曳引绳的张力，并且能对曳引绳的张力进行调节。因此，端接装置的连接必须牢固，国标规定连接的抗拉强度不得低于曳引绳破断拉力的 80%。

常用的连接装置有：

（一）浇灌锥套

浇灌锥套经铸造或锻造成型，根据吊杆与锥套的连接方式，端部连接锥套又可分为铰接式、整体式、螺绞连接式，如图 4-22 所示。钢丝绳与锥套的连接是在电梯安装现场完成的。常用之一的是巴氏合金浇铸法。将钢丝绳端部绳股按要求拆开、去麻芯并清洗干净，然后将

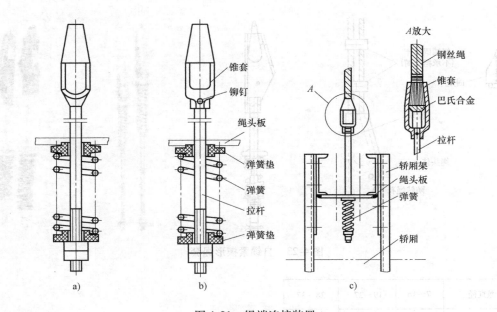

图 4-21　绳端连接装置

a) 非组合式　b) 组合式　c) 连接示意图

钢丝折弯倒插入锥套，将熔融的巴氏合金灌入锥套，冷却固化即可。但这种方法操作不当很难达到预计强度。浇灌锥套是一种传统曳引绳端连接方法，现已很少采用。

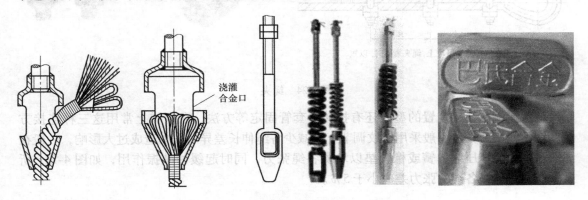

图 4-22　浇灌锥套

（二）自锁紧楔形绳套

自锁紧楔形绳套由套筒和楔块组成，其型式如图 4-23 所示。钢丝绳绕过楔块后穿入套筒，依靠楔块与套筒内孔斜面的配合，在钢丝绳拉力作用下自锁紧。为防止楔块松脱，楔块下端设有开口销，绳端用绳夹固定。这种绳端连接方法具有拆装方便的优点，但抗冲击性能较差。

（三）绳夹

使用钢丝绳通用绳夹紧固绳端是一种简单方便的方法，如图 4-24 所示。钢丝绳绕过鸡心环套形成连接环，绳端部至少用三个绳夹压紧固定。由于绳夹夹绳时对钢丝绳产生很大的应力，所以这种连接方式连接强度较低，一般仅在杂物梯上使用。

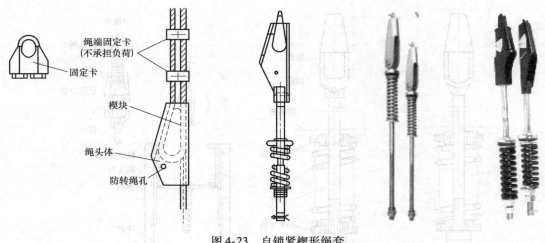

图4-23   自锁紧楔形绳套

钢丝绳直径	7~16	19~27	28~37
最少绳卡数	3	4	5
绳卡间距	不应小于钢丝绳直径的6倍		

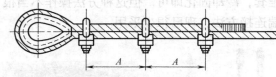

U形螺栓扣在钢丝绳的尾段上,绳夹紧固时,以短头绳压扁约1/3为宜。

图4-24   绳夹

钢丝绳端部连接装置的型式还有捻接、套管固定等方法,在电梯上常用这三种连接方法。钢丝绳张力调节一般采用螺纹调节。为减少各绳伸长差异对张力造成过大影响,一般在绳端连接处加装压缩弹簧或橡胶垫以均衡各绳张力,同时起缓冲减振作用,如图4-21c所示。曳引钢丝绳各绳的张力差应小于5%。

第五章

轿厢与门系统

第一节 轿　厢

一、轿厢结构与要求

轿厢是运载乘客或货物的工作装置，它是金属箱框形结构，轿厢一般由轿厢架、轿厢体及有关构件等组成，客梯多采用活络轿底或活络轿厢结构。其结构形状如图 5-1 所示，包括

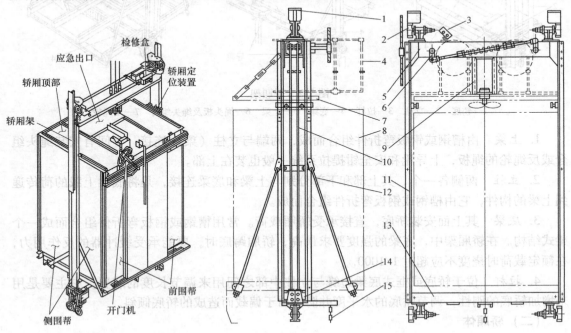

图 5-1　轿厢结构

1—油盒　2—导靴　3—检修装置　4—安全护栏　5—上梁　6—安全钳联动机构　7—开门机构　8—轿厢　9—风扇支架
10—安全钳拉杆　11—立柱　12—斜拉杆　13—底梁　14—安全钳　15—补偿装置

轿厢架、导靴、轿壁、轿厢地板和轿厢吊顶。与轿顶的总成应具有足够的机械强度，以承受在电梯正常运行和安全装置动作所施加的作用力。在轿厢空载或载荷均匀分布的情况下，安全装置动作后轿厢地板的倾斜度不应大于其正常位置的5%。

（一）轿厢架

不论是哪一种轿厢架的结构型式，一般均由上梁、立柱（梁）、底梁、拉杆等组成，其基本结构如图5-2所示。这些构件一般都采用型钢或专门折边而成的型材，通过搭接板用螺栓接合，可以拆装，以便进入井道组装。轿厢架是轿厢的承载构件，一方面轿厢的自重和载重由它传递到曳引钢丝绳。另一方面要保证电梯运行过程中，万一产生超速而导致安全钳扎住导轨制停轿厢，或轿厢下坠与底坑内缓冲器相撞时，还要承受由此产生的反作用力不致发生损坏情况，因此轿厢架要有足够的强度。对轿厢架的上梁、下梁还要求在受载时发生的最大挠度应小于其跨度的1/1000。

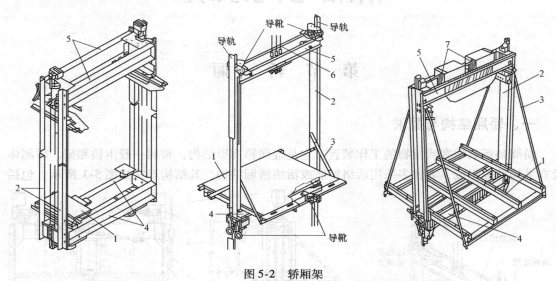

图5-2　轿厢架

1—轿底　2—立柱　3—拉杆　4—底梁　5—上梁　6—绳头板及绳头组合　7—反绳轮

1. 上梁　由槽钢或钢板弯折件组合而成，两端与立柱（梁）连接，中间有安装绳头组合或反绳轮的绳板，上导靴和安全钳提拉系统一般也装在上部。

2. 立柱　两侧各一个，其上部和下部分别与上梁和底梁连接，是将底梁上载的荷传递到上梁的构件，它由槽钢或钢板弯折件组合而成。

3. 底梁　其上面安装轿底，直接承受轿厢载荷。常用槽钢或钢板弯折件组合而成一个梁式结构。在轿厢架中，底梁的强度要求最高，轿厢蹾底时，要能承受缓冲器的反作用力，在额定载荷时挠度不应超过1/1000。

4. 拉杆　位于轿底或框式底梁边缘与立柱中部之间用来调节长度的装置。它主要是用来增加轿底的刚性，调节轿底的水平度并防止由于偏载而造成的轿底倾斜。

（二）轿厢体

轿厢体是形成轿厢空间的封闭围壁，仅允许有下列开口：①使用者出入口；②轿厢安全窗和安全门；③通风孔。并且，它应采用不燃和不产生有毒有害气体的材料制成；轿厢体一般由轿底板、轿壁和轿顶组成。

1. 轿底板 由底板和框架组成，框架由型钢或钢板压制焊接而成。客梯的底板由薄钢板制成，上面敷以防滑材料。货梯底板一般由 4～5mm 的轧花钢板制成。在轿底板四周由轿壁板与轿顶连接成轿厢空间，在轿底板前沿安装有供轿门滑动的地坎。

2. 轿厢壁（轿壁） 由于建筑的结构、用途及用户的需求不同，电梯轿厢的大小、形状与尺寸都是不同的。一般用厚度 1.2～1.5mm 的薄钢板制成，常见的轿壁由宽度 300～800mm 四边折边的轿壁板组装而成（观光电梯中的玻璃轿壁例外）。折边一方面用于连接，一方面增加刚度起到加强筋的作用。轿壁表面根据用户的不同可以有不同的装饰选择，为了防止电梯运行时轿壁发生振动及与井道壁产生的啸叫声等引起额的噪声，一般根据电梯速度的不同，在轿壁背面涂敷或粘贴阻尼材料。

轿壁应具有下列要求的机械强度：

（1）能承受从轿厢内向轿厢外垂直作用于轿壁的任何位置且均匀地分布在 $5cm^2$ 的圆形（或方形）面积上的 300N 的静力，并且①永久变形不大于 1mm；②弹性变形不大于 15mm。

（2）能承受从轿厢内向轿厢外垂直作用于轿壁的任何位置且均匀地分布在 $100cm^2$ 的圆形（或方形）面积上的 1000N 的静力，并且无大于 1mm 的永久变形。注：这些力施加在轿壁"结构"上，不包括镜子、装饰板、轿厢操作面板等。

3. 轿顶 一般由薄钢板拼装而成，前端要装设开关门机构和轿厢门，因此要有较高的强度。

（1）轿顶应符合下列要求：

1）轿顶应有足够的强度以支撑设计的最多人数。然而，轿顶应至少能承受作用于其任何位置的 0.30m × 0.30m 面积上的 2000N 的静力，并且无永久变形。

2）人员需要工作或在工作区域间移动的轿顶表面应是防滑的。

（2）轿顶应采取下列保护措施：

1）轿顶应具有最小高度为 0.10m 的踢脚板，且设置在：

① 轿顶的外边缘；

② 轿顶的外边缘与护栏之间，如果具有护栏。

2）在水平方向上轿顶外边缘与井道壁之间的净距离大于 0.30m 时，轿顶应设置符合规定的护栏。净距离应测量至井道壁，井道壁上有宽度或高度小于 0.30m 的凹坑时，允许在凹坑处有稍大一点的距离。

（3）位于轿顶外边缘与井道壁之间的电梯部件可以防止坠落的风险，但应同时符合下列条件：

1）当轿顶外边缘与井道壁之间的距离大于 0.30m 时，在轿顶外边缘与相关部件之间、部件之间或护栏的端部与部件之间应不能放下直径大于 0.30m 的水平圆；

2）在该部件任意点垂直施加 300N 的水平静力，仍应满足 1）；

3）在轿厢运行的整个行程中，该部件应能延伸到轿顶以上，以便构成与护栏相同的保护。

（4）护栏应符合下列要求：

1）护栏应由扶手和位于护栏高度一半处的横杆组成；

2）考虑护栏扶手内侧边缘与井道壁之间的水平净距离，护栏的高度应至少为：

① 当该距离不大于 0.50m 时，不应小于 0.70m；

② 当该距离大于 0.50m 时，不应小于 1.10m。

3）护栏应设置在距轿顶边缘最大为 0.15m 的位置；

4）扶手外侧边缘与井道中的任何部件（如对重（或平衡重）、开关、导轨、支架等）之间的水平距离不应小于 0.10m。在护栏顶部的任意点垂直施加 1000N 的水平静力，应无大于 50mm 的弹性变形。

4. 为了减振与消音，在轿顶、轿厢壁和轿底之间，以及轿顶与立柱之间，都垫有消音减振的橡胶垫。客梯多采用活络轿底或活络轿厢型式，轿底或轿厢安装在底梁的弹性橡胶垫上，即可起到减振作用，而且还可以根据橡胶垫的压缩量设置轿厢称重装置。

5. 护脚板

（1）每一个轿厢地坎上均应设置护脚板，护脚板的宽度应至少等于对应层站入口的整个净宽度。其垂直部分的下部应成斜面向下延伸，斜面与水平面的夹角应至少为 60°，该斜面在水平面上的投影深度不应小于 20mm。护脚板上的任何凸出物（如紧固件），不应超过 5mm。超过 2mm 的凸出物应倒角成与水平面至少为 75°。

（2）护脚板垂直部分的高度不应小于 0.75m。

（3）护脚板能承受从层站向护脚板方向垂直作用于护脚板垂直部分的下边沿的任何

位置，且均匀地分布在 5cm² 的方形（或圆形）面积上的 300N 的静力，并且应①永久变形不大于 1mm；②弹性变形不大于 35mm。

（三）轿厢的有效空间

GB 7588—2003 对额定载重量与轿厢有效面积的对应有明确的规定：

（1）为保证轿厢的功能满足使用要求，对轿厢的几何尺寸有相应的要求。除杂物梯外各类轿厢内部净高度不应小于 2m。通常，载货电梯内部净高度为 2m；乘客电梯因顶部装饰需要净高度为 2.4m；住宅电梯为满足家具的搬运内部高度一般为 2.4m。轿厢门净高度至少为 2m。

（2）轿厢的宽深比，一般客梯轿厢宽度大而深度较小，以利于增加开门宽度，方便乘客出入。病床梯轿厢为满足搬运病床的需要，深度不小于 2500mm，宽度不小于 1600mm。货梯轿厢可根据运载对象确定不同的宽深度尺寸。

（3）为保证乘客的安全和舒适，客梯轿厢的最大有效面积必须予以限制，同时，为了保证不过分拥挤，标准还规定了最小有效面积。

（四）轿厢内的通风：

（1）在轿厢上部和下部应设置通风孔。

（2）位于轿厢上部和下部通风孔的有效面积均不应小于轿厢有效面积的 1%。轿门四周的间隙在计算通风孔面积时可以计入，但不应大于所要求的有效面积的 50%。

（3）通风孔应满足：用一根直径为 10mm 的坚硬直棒，不可能从轿厢内经通风孔穿过轿壁。

除了有通气孔外，还设有排风扇或轴流风机。

（五）轿顶上的装置

轿顶上应设置下列装置：

（1）符合规定的控制装置（检修操作），在避险空间水平距离 0.30m 内可操作。

（2）符合规定的停止装置，在检查或维护人员入口不大于 1.0m 的易接近的位置。该装置也可是距入口不大于 1.0m 的检修运行控制装置上的停止装置。

（3）符合规定的电源插座。

（六）轿厢上有关的构件

如图 5-1 所示，在轿厢的周围还连接着有关的构件，使其在电梯的整体中执行各自的功能。将在后续章节中介绍。主要有 1—油盒；2—导靴；3—检修装置；4—安全护栏；15—补偿装置等。

（七）轿厢面积

为了防止由于轿厢内人员过多引起超载，轿厢的有效面积应予以限制，轿厢的有效面积指轿厢内的实用面积。为此额定载重量和最大有效面积之间是有对应关系的。GB 7588—2003 对轿厢的额定载重量与最大有效面积、乘客人数都做了具体规定。

1. **乘客数量** 乘客数量应取下列较小值：

（1）按公式 $\dfrac{额定载重量}{75}$ 计算，计算结果向下圆整到最近的整数；

（2）表 5-1 中的数值。

表 5-1 乘客人数与轿厢最小有效面积

乘客人数（人）	轿厢最小有效面积（m²）	乘客人数（人）	轿厢最小有效面积（m²）
1	0.28	11	1.87
2	0.49	12	2.01
3	0.60	13	2.15
4	0.79	14	2.29
5	0.98	15	2.43
6	1.17	16	2.57
7	1.31	17	2.71
8	1.45	18	2.85
9	1.59	19	2.99
10	1.73	20	3.13

注：乘客人数超过 20 人时，每增加 1 人，增加 0.115m²。

2. **额定载重量和最大有效面积对应关系** 为了允许轿厢设计的改变，对表 5-2 所列各额定载重量对应的轿厢最大有效面积允许增加不大于表列值 5% 的面积。

表 5-2 额定载重量和最大有效面积

额定载重量（kg）	轿厢最大有效面积（m²）	额定载重量（kg）	轿厢最大有效面积（m²）
100[1]	0.37	900	2.20
180[2]	0.58	975	2.35
225	0.70	1000	2.40
300	0.90	1050	2.50
375	1.10	1125	2.65
400	1.17	1200	2.80
450	1.30	1250	2.90
525	1.45	1275	2.95
600	1.60	1350	3.10
630	1.66	1425	3.25
675	1.75	1500	3.40
750	1.90	1600	3.56
800	2.00	2000	4.20
825	2.05	2500[3]	5.00

注：对于中间的额定载重量，有效面积由线性插入法确定。

1）一人电梯的最小值；

2）二人电梯的最小值；

3）额定载重量超过 2500kg 时，每增加 100kg，有效面积增加 0.16m²。

二、轿厢内装置

轿厢内通常配有操纵盘、信息显示屏、紧急报警装置、照明、应急照明、通风换气装置、有的装有监控装置等。

1. 操纵盘　操纵盘是由开关、按钮和信息显示等组成的电气装置，是轿厢内的操纵装置，如图5-3所示。是供乘客为达到要去的目的层而操作的装置。操纵盘上有带电梯楼层显示和不带楼层显示两种。操纵盘一般安装在轿厢内右侧，也有两侧都有的，还有专供残疾人用的操纵盘。

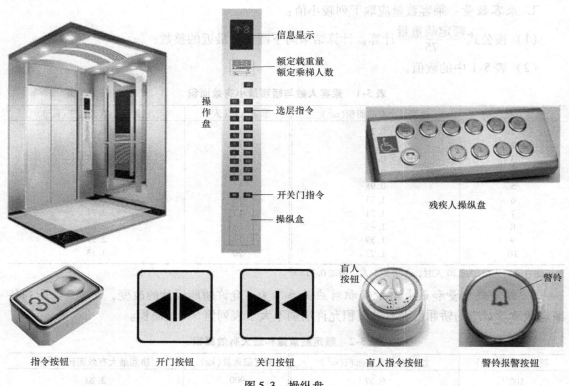

图 5-3　操纵盘

操纵盘上主要有：各层站的选层指令按钮、开关门按钮、报警按钮、信息显示、用专用钥匙打开的操作盒等。按钮既有按钮式的，也有触摸式的，还有专供残疾人用的盲人按钮。信息显示既有传统的数码显示也有现在的多媒体显示。一般操纵盘面板上还标有电梯的额定载重量及乘客人数，还有电梯制造厂名和标识。

控制盒内一般有：有/无司机转换开关、检修/正常转换开关、直驶按钮、急停按钮（仅有对接操作功能的）、检修状态的慢上、慢下按钮、照明开关、风扇开关等。该控制盒是专供操作人员和检修人员使用的，平时是锁好的，非授权人员不得使用。

2. 轿厢内信息

（1）轿厢内应标明下列内容：①制造商或安装商的名称；②电梯的编号；③制造的年份；④额定载重量（kg）；⑤乘客人数（人）。

（2）轿厢内应有经检验合格颁发的《电梯使用标志》及乘梯须知等，如图5-4所示。

图5-4 电梯使用标志

（3）轿厢内无论是在操纵盘上还是其他位置（门额）均有显示轿厢所处层站的位置和运行方向显示等显示屏，现在已发展到多媒体显示。

3. 紧急报警装置 为使乘客能向轿厢外求援，轿厢内应装设乘客易于识别和触及的报警装置，一般电梯报警装置有警铃、对讲机、电话等。TSG T70001-2009安全技术规范要求报警装置应采用一个对讲系统以便与救援服务持续联系。在启动此对讲系统之后，被困乘客应不必再做其他操作。如果电梯行程大于30m，则在轿厢和机房之间应设置紧急电源供电的对讲系统或类似装置。

4. 轿厢内永久性的电气照明要保证操纵盘处和轿厢地板的照度不小于50Lx，并应有自动再充电的紧急照明电源，在正常照明电源中断的情况下，它能至少供1W灯泡用电1h。在正常照明电源一旦发生故障的情况下，应自动接通紧急照明电源。

5. 轿厢内根据需要可以装有监控装置等。

三、称重装置

电梯称重补偿装置为轿厢内载荷重量情况的获取及实现特定功能的信号获取装置，其技术的发展，对于电梯的乘坐舒适感和电梯运行安全系数的提高，作用不可忽视。

电梯控制系统一般需要称重检测装置提供轻载、满载、超载三个负载开关量信号。而高档智能电梯的称重检测装置则从零负载到额定载荷和超载的全过程实时进行检测和控制。另外，电梯的一些控制功能，比如满载直驶、防恶作剧功能以及预负载功能等，也需要有一个测量电梯负载的装置为控制系统提供电梯的负载信号。所以，电梯称重装置作为电梯设备的基础元件，影响着电梯的安全与舒适运行。

通常称重装置包括检测元件和转换元件两部分，其工作原理是：检测元件主要是用于检测轿厢因重量变化而产生垂直方向位移量的开关量信号。当轿厢的重量超过了额定设置的重量后，相应开关动作或敏感元件被压缩，电梯发出警报，电梯不能正常起动，保证电梯的安全。转换元件将轿厢重量的变化以电压值等型式输出，再经A-D转换成数字信号传送给电梯控制系统进行处理，系统根据接收到的信号控制变频器输出相应力矩，以控制电梯安全、平稳起动和运行。

（一）称重装置型式

电梯的称重装置具有多种型式，按其设置位置有轿底称重式、轿顶称重式、机房称重式。按其结构有传统的机械式、橡胶块式、电磁式以及现在的传感器型式等。

1. 称重装置按其在电梯上的设置位置

（1）轿底称重式。称重装置设于轿厢底部，通常是在底梁上安装若干个微动开关（触点）或重量传感器（能发出连续信号）；当置于弹性胶垫上的活络轿底由于载荷增加向下位移时，触动微动开关而发出载荷信号，或由传感器发出与载荷相对应的连续信号。

（2）轿顶称重式。称重装置设于轿厢上梁，既有利用绳头组合装置弹簧的压缩量来传递信号，如图 5-5b 所示，也有用重量传感器的等，图 5-5a 所示。

（3）机房称重式。对于曳引比为 2:1 的电梯，称重装置设于机房，既有利用绳头组合装置弹簧的压缩量来传递信号，也有用重量传感器的，对于货梯还有轮轴位置等。

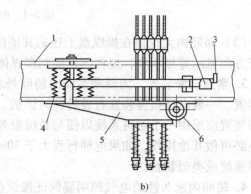

图 5-5　称重装置
a）压力传感器在绳头弹簧处　b）机械式轿顶称量装置
1—轿厢上梁　2—摆杆　3—微动开关　4—压簧　5—称杆　6—称座

2. 称重装置按其结构分

（1）机械式。利用杠杆原理将轿厢的位移信号进行放大，触发微动开关的触点。其特点是结构复杂，灵敏度低，现采用的很少，如图 5-5b 所示。

（2）橡胶块式。利用橡胶块的压缩量信号进行放大，触发微动开关的触点。其特点是结构简单，但灵敏度低，常用于一般的电梯上。

（3）传感器。现在电梯中的称重检测元件主要由各种型式的传感器组成。例如差动变压器式、压敏电阻式、电容式等接触式传感器，以及非接触式的电涡流式、霍尔传感器等。

接触式传感器特点是电路设计复杂，安装操作麻烦，随着测量量程的增加，体积也会相应增加。传感器测量时需要与被测物体相接触，比较容易磨损，一旦接触表面不均匀，则灵敏度会下降很多，大大限制了传感器使用寿命。

非接触感应方式传感器，其优点是自身无机械运动，无须改变轿厢结构，安装方便；采用高强度感应磁铁，最大限度提高系统抗干扰能力；具有自学习能力，现场调试方便快速；系统不直接承受电梯载荷，不存在过载能力不足或机械振动带来的系统损坏问题，故障率低，功能强大，可实现满载指示，超载报警等功能，能提供 0～10V、0～10mA 的模拟量输出，可通过 485 方式或 CAN 总线方式与电梯主板进行通信，适用于所有活动轿底电梯。缺点是随着电梯减振橡胶块的老化，感应范围缩小，影响测量精度。产品出现问题时调换麻烦。

（二）现有称重装置的功能与作用

1. **超载** 为了乘客与货物以及电梯本身的安全，国家标准 GB 7588—2003 对电梯超载制定了严格规定。

（1）轿厢超载时，电梯上的超载装置应防止电梯正常起动及再平层；

（2）应最迟在载荷超过额定载重量的 10%（最少超过 75kg）时检测出超载；

（3）在超载情况下：①轿厢内应有听觉和视觉信号通知使用者；②动力驱动自动门应保持在完全开启位置；③手动门应保持在未锁紧状态；④电梯的预备操作应取消（如果有）。

2. **满载** 当电梯轿厢内的载荷达到 80% 额定载荷时，满载装置起作用，实现层站呼梯不截梯，只按内选指令停梯的直驶功能。

3. **轻载** 当电梯轿厢的载重量小于额定载重量的 20%，而电梯的内选指令数大于系统设定值时，电梯系统判定此时有恶作剧发生，电梯的防恶作剧功能自动投入。在无效内选指令自动清除功能作用的状态下，电梯在响应完最近楼层的内选指令后，自动消除所有的内选指令，以提高电梯的运行效率和降低电能消耗。

4. **预负载** 如当电梯制动器打开，电梯起动瞬间，由于对重和轿厢总是存在一定的重量差，如果电动机在抱闸打开的时候转矩为零的话，将令电梯因不平衡转矩而引起振动，甚至出现倒溜的现象，影响电梯起动舒适感。因此，需要电动机在制动器打开之前提供一个预转矩（预负载）来抵消对重和轿厢之间的重量差，以达到防止电梯起动倒溜、实现平稳起动的作用。

（三）现有称重装置的局限性与提高

自电梯发明以来，在称重装置的使用上有多种型式，随着科技的发展，越来越多先进的检测元件应用到电梯称重装置上来，其稳定性及准确性很高。但是现有的称重装置仍有其局限性，即称重装置只能测出轿厢中的重量，无法识别轿厢被占用的百分比，不能回答诸如"轿厢中是否已无空间"等问题。实际使用中经常碰到如下现象，对于宾馆饭店，当开会、旅游等集体入住或离开时，由于客人的行李一般比较多，所以轿厢中的空间在被客人和行李占满的情况下现有的称重装置仍不会给出满载信号，电梯会响应下面楼层的外呼梯并停靠，浪费很多时间和能源，效率很低。

含有数字化处理器的数码摄像技术的使用，可以帮助我们解决诸如此类的问题。使用摄像传感器，首先采集轿厢中空载时的背景图，保存在存储器中，然后在电梯载人运行时再次采集图像，通过对两张图像进行一系列的处理从而对比得出轿厢被占用的空间，以此来优化电梯的称重系统。简单来说，新型的称重系统主要着眼于电梯的实际空间，区别于传统称重系统着眼于电梯的实际载重。例如，当装有图像传感器的称重系统虽然检测到没有达到满载重量但轿厢内已没有再容纳乘客的空间的情况下，就会启动电梯满载直达功能，按轿厢内指令直达目标楼层，节省大量不必要的停靠，既提高了效率又节约了能源。另外，图像传感器利用影像识别技术可以计算电梯中的乘客人数。如果能知道进入和离开电梯的确切人数，对电梯的群控调度来说无疑是有很大帮助的。

第二节 门 系 统

一、组成与作用

电梯门系统是由轿厢门（轿门）、层门（厅门）、开关门机构、门锁装置等组成。

1. **轿门和层门** 在正常情况下，轿门和层门联动同步运行。轿门的作用是封住轿厢的出入口，人或货物只能按规则出入轿厢，轿门一般由设在轿厢顶上的开关门机构驱动，是电梯的主动门。层门的作用是封住每一停靠层站的出入口，人或货物只能按规则出入井道，层门由轿门带动，是被动门。

轿门和层门一样，一般由门扇、地坎、导向装置和门悬挂机构等组成。

2. **开关门机构（简称门机构）** 其由自动门电动机和联动机构组成，是电梯门系统的动力驱动装置，如图 5-6 所示。驱动轿门并带动层门一起同步打开或关闭。

为了将轿厢门的运动传递给层门，使轿厢门和层门一起打开或闭合，轿厢门和层门上必须有系合装置，轿门上常见的系合装置即为门刀，与层门上的门锁配合带动层门运动。

当系合装置采用单门刀时，在电梯的左右层门上，还必须装有层门联动机构。这是由于轿门上的门刀只能直接带动一扇装有自动门锁的层门。对于开门宽度大，由两扇以上的门组成层门时，门扇之间就必须有联动机构。

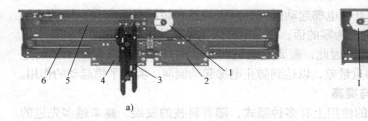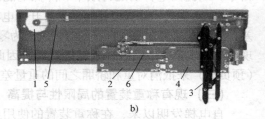

a)   b)

图 5-6 开关门机构

a）同步电动机中分门机构 b）同步电动机旁开门机构

1—门机 2、4—门吊挂组件 3—门刀 5、6—传动带或绳

3. **门锁装置** 其作用是将闭合的层门锁住，使人在层站外不用开锁装置无法将层门打开。

4. 运动的门是有能量的，为了防止电梯在关门时对人有伤害，轿厢门上设有关门安全装置，在关门过程中只要受到人或物的阻碍，门便立即打开。

为了提高电梯的运行效率，正常运行中，电梯的门常设计为具有提前开门功能，即电梯在进入平层区还未到平层时，门已开始打开，当电梯平层时门恰好完全打开。

为了安全、满足国家标准以及美化层门口，电梯门系统还包括层门门套。

二、门的型式与结构

（一）门的型式

电梯门使用最普遍的是滑动门，滑动门又有水平滑动门和垂直滑动门，水平滑动门使用最普遍（本文重点），而垂直滑动门则常用于汽车电梯和杂物电梯上（略）。

水平滑动门按门扇开启的方向可分为中分门和旁开门（也叫侧开门），门的型式如图5-7所示。中分门是门扇中间分开向两旁开启，其具有出入方便，工作效率高，可靠性好的优点，因此客梯多选用中分门。旁开门是全部门扇向一边开启（向右或向左），具有开门宽度大，对电梯井道宽度要求小的优点，因此，对于希望电梯的开门宽度能尽量大些，以方

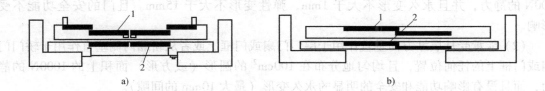

图 5-7 门的型式
a) 中分式 b) 侧开式
1—轿门 2—层门

便货物装卸的货物电梯，多选用这种门。医用电梯由于轿厢大需要病床进出轿厢，也多选用旁开门。

（二）门的结构

评价电梯门的主要质量指标是其运行的平稳性和良好的导向性。如果门的运行平稳性不好，则在运行过程中容易产生垂直振动和噪声，导向性能不好就会出现晃动和啃道现象。水平滑动门普遍采用的是悬挂式滑动门，无论是轿门还是层门，门一般由门扇、门吊挂滑轮组件、门导轨架（俗称上坎）、滑块和地坎等组成；在门的上部装有门吊滑轮，门通过滑轮悬挂在上坎导轨上；门的下部则装有门滑块，滑块嵌入地坎槽中，门运行时滑块靴衬沿着槽的两侧滑动，配合着门滑轮起导向和限位的作用，并使门扇在正常外力作用下不至于倒向井道。门的结构组成如图5-8所示。

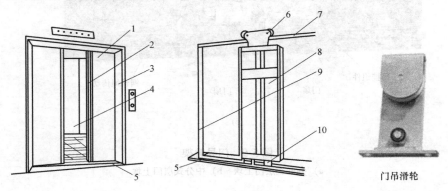

门吊滑轮

图 5-8 中分式电梯门结构
1—层门 2—轿厢门 3—门套 4—轿厢 5—门地坎 6—门吊滑轮
7—层门导轨架 8—门扇 9—层门立柱 10—门滑块

1. 门扇 电梯的门扇均应是封闭无孔的。只有载货电梯或汽车电梯采用向上开启的垂直滑动门时，轿门可以是网状或带孔板型的。门扇一般用1.5mm厚的薄钢板折边而成，中部焊接或粘接加强筋。为加强隔音和减少振动可在背面涂敷或粘接一层阻尼材料。层门门扇上应有机械钥匙装置。层门的净高度不得小于2m，开启后的净进口宽度比轿厢净入口宽度每侧不得超出0.05m。

层门在锁住位置和轿门在关闭位置时，所有层门及其门锁和轿门的机械强度应满足下列要求：

（1）能承受垂直作用于任何位置且均匀地分布在 $5cm^2$ 的圆形（或方形）面积上的 300N 的静力，并且永久变形不大于 1mm，弹性变形不大于 15mm。且门的安全功能不受影响。

（2）能承受从层站方向垂直作用于层门门扇或门框上或者从轿厢内侧垂直作用于轿门门扇或门框上的任何位置，且均匀地分布在 $100cm^2$ 的圆形（或方形）面积上的 1000N 的静力，而且没有影响功能和安全的明显的永久变形（最大 10mm 的间隙）。

2. 门导轨架（上坎）　现在的门导轨架是将门滑轨、门吊挂滑轮组件、传动绳或传动带与绳轮、门锁等组装在一起的，起到悬挂和导向的作用，如图 5-9 所示。而传统电梯导轨架是分立元件的，由安装现场进行组装的。导轨架主要承受门扇吊挂的力和供门起闭导向滑动，其导轨的平直度直接影响门的平稳滑动。为了不使门扇脱槽，在导轨下每扇门还有两个挡轮，如图 5-10 所示，通过其偏心轮调节与导轨下缘的间隙（一般 $C = 0.5mm$）来控制门扇下部的左右摆动幅度。

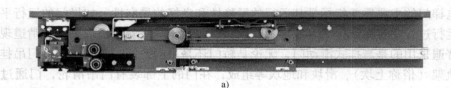

a)

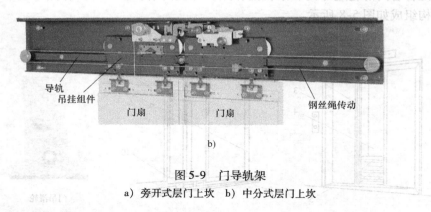

导轨
吊挂组件
门扇　　　门扇　　　钢丝绳传动

b)

图 5-9　门导轨架
a）旁开式层门上坎　b）中分式层门上坎

3. 地坎和门滑块　电梯地坎是电梯轿厢或者层门入口出入轿厢的带槽金属踏板，电梯地坎分为轿厢地坎和层门地坎。轿厢地坎就是轿厢入口处的地坎，而层门地坎是层门入口处的地坎。

门地坎和门滑块是门底部的导向组件，与导轨架（上坎）配合，使门的上下两端均受导向和限位。门在运动时，滑块顺着地坎槽滑动。

为确保安全国标规定，当固定在门扇上的导向装置失效时（如门滑块脱槽），水平滑动层门和轿门应有将门扇保持在工作位置上的装置。保持装置可理解

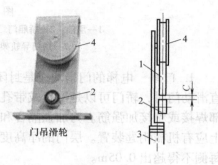

门吊滑轮

图 5-10　吊挂滑轮
1—门滑轨　2—挡轮　3—门扇　4—滑轮

为阻止门扇脱离其导向的机械装置，可以是一个附加的部件也可以是门扇或悬挂装置的一部分。

　　地坎一般用铝合金轧制，货梯则用耐磨的铸铁制成。地坎分单滑道、双滑道和三滑道等，对于中分式开关门使用单滑道地坎，对于侧开式双折门使用双滑道，而三折门使用三滑道地坎，如图5-11所示。层门地坎以往安装在层门入口的井道预留的牛腿上，由于混凝土牛腿的误差大，不宜安装，现在一般井道都不预留混凝土牛腿了，地坎是安装在用膨胀螺栓固定在井道壁的金属支撑结构上。

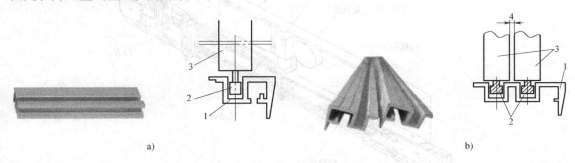

a) b)

图 5-11　地坎

a）单滑道　b）双滑道

1—地坎　2—滑块　3—门扇

　　门滑块也称门导靴，其由底板和摩擦衬组成，如图5-12所示，底板是钢制金属件，通过安装孔与门扇连接，底板上铸有或安装上摩擦系数小、耐磨的超高分子量聚乙烯或尼龙制成的摩擦衬。底板的作用是保证门扇不脱离地坎槽，而摩擦衬的作用是保证门扇有良好的顺滑性。

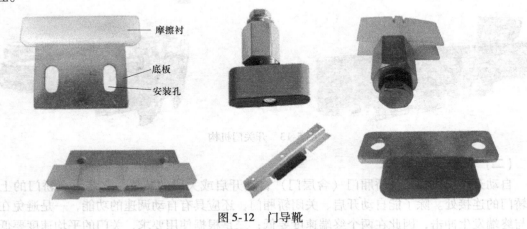

摩擦衬

底板

安装孔

图 5-12　门导靴

三、开关门机构

（一）型式与作用

　　门的打开与闭合除少数是手动外，大部分是自动的，由自动门机构完成。电梯自动开关门机构，是一个负责起、闭电梯厅轿门的机构，当其受到电梯开、关门信号时，电梯门机通过自带的控制系统控制开门电动机，将电动机产生的力矩转变为一个特定方向的力，关闭或打开门。开关门机构安装在轿顶的门口处，由电动机通过减速机构或直接驱动传动机构带动轿门。当电梯到达层站进入门区时轿门上的门刀插入层门门锁锁轮，在轿门开启时门刀打开门锁并带动层门同步水平运动，达到开门的目的。由于轿厢门和层门总是联动的，所以开、关门是指两门的同时开或关动作。图 5-13 是几种开关门机构图片。

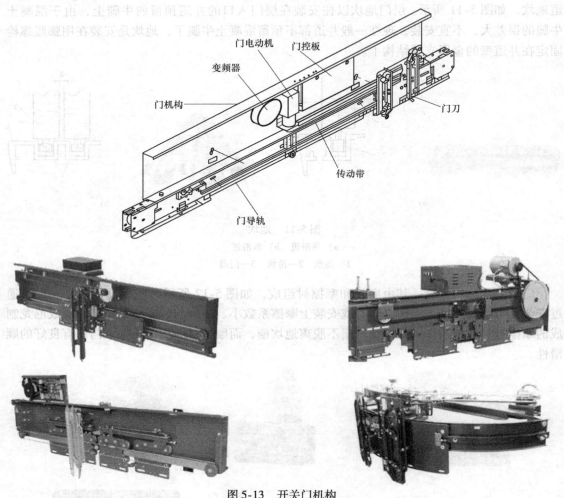

图 5-13　开关门机构

（二）工作原理与要求

自动开关门机构是使轿厢门（含层门）自动开启或关闭的装置。它装设在轿门的上方及轿门的连接处。除了能自动开启、关闭轿厢门，还应具有自动调速的功能，一是避免在始端与终端发生冲击，因此在两个终端速度要低；二是根据使用要求，关门的平均速度要低于开门平均速度，这样既可以减少开门时间提高效率又可以降低关门撞人时的动能；另外，为了防止关门对人体的冲击，有必要对门速实行限制，国标规定层门和（或）轿门及其刚性连接的机械零件的动能在平均关门速度下的计算值或测量值不大于 10J（焦耳）。

根据门的型式不同，自动门机构有适合于两扇中分式的门、侧开式的门和交栅式的门使用的。

1. 传统自动开关门机构工作原理　其主要由门电动机、传动皮带、皮带减速轮、驱动

轮、驱动连杆和开关门调速开关等组成。这种开关门机构可同时驱动左、右门，且以相同的速度作相反方向的运动。这种开关门机构一般为曲柄摇杆和摇杆滑块的组合。图5-14所示为传统的开关门机构结构图。

2. 变频门机开关门机构工作原理 传统开关门机构的问题较多，主要反映在安装调试困难、工作效率低、门机运行质量稳定性差等方面。特别是在面对多样化的门刀、门宽和门的重量变化大的情况下，常常出现开关门噪声大、运行不平稳等问题，很难得出一套理想的运行曲线，无法达到电梯满意的运行要求。

变频门机构的出现，使构造更简单，性能更好。目前变频门机构在乘客电梯上已普遍采用。交流异步变频门机构，其构成主要分为三部分：变频门机控制系统、交流异步电动机和

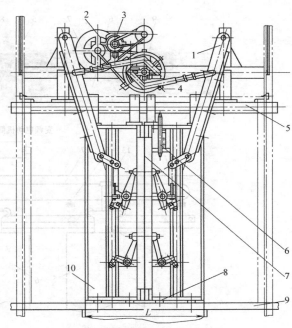

图5-14 传统开关门机构
1—拨杆 2—减速皮带轮 3—门电动机 4—开关门调速开关 5—门导轨 6—门刀 7—安全触板 8—门滑块 9—门地坎 10—轿门

机械系统。电梯变频门机构有速度开关控制方式和编码器控制方式两种运动控制方式。速度开关控制方式不能检测轿门的运动方向、位置和速度，只能使用位置和速度开环控制，导致控制精度相对较差，门机运动过程的速度特性不太好，因此多使用编码器控制方式。

图5-15所示为常见的变频电动机开关门机构结构图。由电动机通过皮带轮、传动带带动一级减速轮，与一级减速轮同轴的齿轮带动同步皮带，使连接在同步皮带上的门吊板和门扇沿着门导轨作水平运动，达到开关门的目的。由于采用了变频电动机，同步皮带，不但省掉了复杂的减速和调速装置使结构简单化，而且开关门平稳可靠，噪声小，还减少能耗。

3. 永磁门机的开关门机构工作原理 永磁同步变频调速技术在电梯中的应用已经很普遍，但在门机中的应用是近些年才出现的。和变频门机构相比，永磁同步门机构将交流异步电动机升级到了永磁同步门机。永磁是电动机励磁的一种方式，变频是电动机变速的控制方式。也就是说，变频门机强调的是门机控制部分是变频控制，而永磁同步门机强调的是门机电动机是永磁电动机。变频技术和永磁同步这两种技术其实是相辅相成的。

交流永磁同步变频门机构控制系统，采用了矢量控制技术和计算机通信技术，直接传动、安装简捷、低速大扭矩、控制精度高、调节范围宽、具有节能降耗、噪声低、振动小、运行平稳、故障率低和免调试功能的特点，性价比极高，是一种节能绿色环保产品，也是目前能源再利用新型电梯发展趋势的最好匹配产品。永磁门机开关门机构形式如图5-16所示。

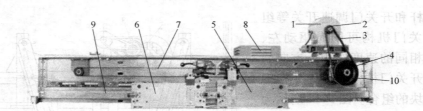

变频电动机侧视图

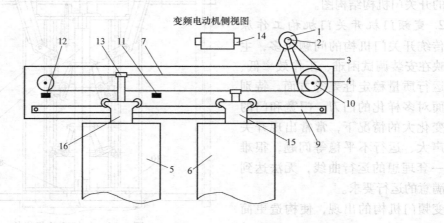

图 5-15　变频门机构

1—电动机　2—皮带轮　3—传动带　4—齿轮　5、6—轿门门扇　7—同步传动带　8—控制装置　9—门导轨
10—一级减速轮　11、12—开关门限位　13—皮带夹板　14—编码器　15、16—门吊挂件

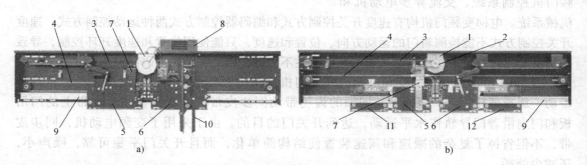

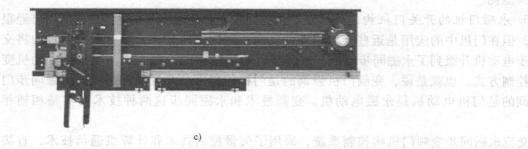

图 5-16　永磁门机开关门机构

a) 中分永磁开关门机构　b) 双折中分永磁开关门机构　c) 双折旁开永磁开关门机构

1—电动机　2—驱动轮　3—传动带　4—同步传动带　5、6、11、12—吊门挂件（门扇）
7—皮带夹　8—控制装置　9—门导轨　10—门刀

四、门系合装置与联动机构

（一）门的系合装置

电梯层门的打开和关闭是由装在轿门外侧的开门装置（俗称门刀）与层门内侧上部的层门锁紧装置配合，使锁钩脱开钩挡后而跟着轿门一起运动，这两者配合的装置就称为系合装置，如图5-17所示。

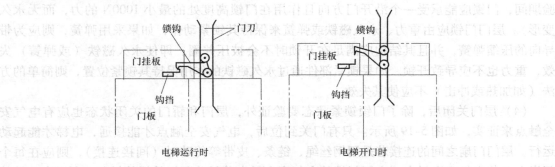

图 5-17　门系合装置

1. 层门锁紧装置　层门锁紧装置简称门锁。为防止发生坠落和剪切事故，层门关闭正常运行时由门锁锁住，使人在层站外不用开锁装置应不能将层门打开（或多扇层门中的任意一扇），除非轿厢在该层门的开锁区域内停止或停靠。开锁区域不应大于层站地坎平面上下0.20 m。在采用机械方式驱动轿门和层门同时动作的情况下，开锁区域可增大到不大于层站地坎平面上下0.35m。如果层门或多扇层门中的任何一扇打开，电气触点即断开，应不能起动电梯或使电梯保持运行。因此，门锁是个机电联动装置，并且是十分重要的安全部件。

图5-18所示为一种门锁结构图，门锁由底座、锁钩、钩挡、施力元件（压紧弹簧）、滚轮、开锁门轮和电气安全触点组成。

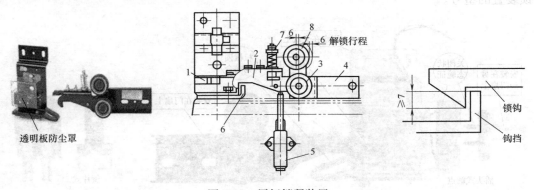

图 5-18　层门锁紧装置
1—触点开关　2—锁钩　3—滚轮　4—底座　5—外推顶杆　6—钩挡　7—压紧弹簧　8—开锁门轮

对门锁的要求：

（1）每个层门上都设置符合要求的门锁装置，锁紧部件及其附件应是耐冲击的，应采用耐用材料制造，以确保在其使用条件下和预期的寿命期内保持强度特性。轿厢运行前应将层门有效地锁紧在关闭位置。

（2）层门的锁紧状态应由符合规定的电气安全装置来证实。应由锁紧部件强制操作而无任何中间机构（如图5-18中的锁紧状态验证触点1与门锁锁钩2为一体）。而且当触头粘连时，也能可靠断开。现在一般使用的是簧片式或插头式电气安全触点，如图5-19所示。普通的行程开关和微动开关是禁止使用的，接线和安装必须可靠，而且要防止由于电气干扰而误动作。电气安全装置应在锁紧部件啮合不小于7mm时才能动作，如图5-18所示。

（3）锁紧部件的啮合应满足沿着开门方向作用300N力不降低锁紧的性能。（在进行试验期间，门锁应能承受一个沿开门方向且作用在门锁高度处的最小1000N的力，而无永久变形）。层门门锁应由重力、永久磁铁或弹簧来保持其锁紧动作，如果采用弹簧，则应为带导向的压缩弹簧，并且其结构应满足在开锁时不会被压并圈。即使永久磁铁（或弹簧）失效，重力也不应导致开锁。如果锁紧部件通过永久磁铁的作用保持其锁紧位置，则简单的方法（如加热或冲击）不应使其失效。

（4）层门关闭后，除了门锁锁紧状态要验证外，层门和轿门的关闭状态也应有电气安全触点来证实，如图5-19所示。只有门关到位后，电气安全触点才能接通，电梯才能起动运行。层门门扇之间的连接若是用钢丝绳、链条、皮带等传动时（间接连接），则应在每个门扇上安装电气安全触点。由于门锁的电气安全触点兼任验证门关闭的任务，所以有门锁的门扇可以不再另设电气安全触点。层门门扇之间的连接若是刚性连接（直接连接），则电气安全触点可只装在被锁紧的门扇上。若开门机构与门扇之间不是由刚性结构直接机械连接，则轿门的每个门扇均应装电气安全触点。

（5）门锁装置应有防护，以避免可能妨碍正常功能的积尘风险。工作部件应易于检查，例如采用透明盖板。当门锁触点放在盒中时，盒盖的螺钉应是不脱出式的，这样可以在打开盒盖时螺钉仍能留在盒内或盖的孔中。

（6）门锁装置是安全部件，必须经型式试验合格才能使用。

（7）门锁装置上应设置铭牌，标明①门锁装置制造商名称；②型式试验证书编号；③门锁装置的型号。

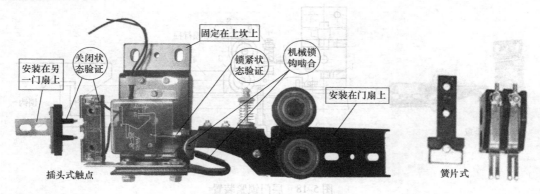

图5-19   门锁锁紧状态验证

2. 门刀   门刀一般用钢材料制成，早期电梯的门刀，其形状似刀，故称为门刀。现在电梯门刀的结构型式有很多种，如图5-20所示。

门刀的位置根据设计不同，既有装在门吊挂组件上的，也有装在轿门上的，都是与层门门锁配合，达到使电梯轿门和层门联动打开和关闭的目的，如图5-20所示。

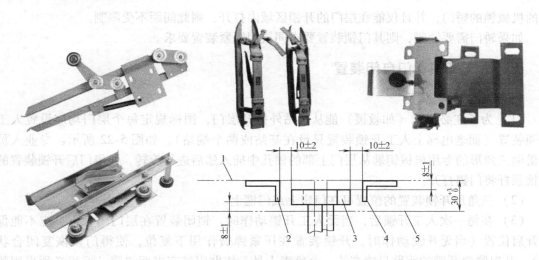

图 5-20　门刀

1—轿门地坎　2、4—门刀　3—门锁滚轮　5—层门地坎

（二）层门联动机构

不论是中分式还是侧开式开门，为了节省井道空间，电梯门大多采用二扇、三扇或四扇门，极少使用单扇门。由于层门是被动门，在门的开关过程中，当采用单门刀时轿门只能通过门系合装置直接带动一扇层门，因此，层门门扇之间的运动协调是靠联动机构来实现的。

层门门扇之间若是用钢丝绳、皮带、链条等连接传动的，则称为间接机械传动，如图 5-21 所示。

若层门门扇之间的连接是刚性连接则称为直接机械传动，如图 5-14 所示。

导轨　吊挂组件　门扇　门扇　钢丝绳传动

图 5-21　间接机械传动

（三）轿门锁紧装置

如上所述，电梯层门门锁是为了不让乘客从外面把门扒开、只有专业人员用专用钥匙才能打开的机械装置。而设置轿门锁紧装置，主要防止①自闭力不足意外开启轿门；②运行时乘客扒轿门意外停梯；③在楼层中间被困后乘客扒轿门发生坠落、剪切等人身伤亡事故。

对于轿门锁紧装置设置条件应符合：在整个井道高度，井道内表面与轿厢地坎、轿门框或滑动轿门的最近门口边缘的水平距离不应大于 0.15m。上述给出的间距：①可增加到 0.20m，其高度不大于 0.50m，这种情况在两个相邻的层门间不应多于一处；②对于采用垂直滑动门的载货电梯，在整个行程内此间距可增加到 0.20m；③如果轿厢具有同层门锁紧要求的机械锁的轿门，并且仅能在层门的开锁区域内打开，则此间距不受限制。

如果轿门需要锁紧，则其门锁装置要求同层门锁紧装置要求。

五、人工开锁和门自闭装置

（一）人工开锁装置

（1）为了在必要时（如救援）能从层站外打开层门，国标规定每个层门均应设置人工开锁装置（而老电梯上人工开锁装置只设在基站或两个端站），如图 5-22 所示。专业人员可借助三角形的专用机械钥匙从层门上部的锁孔中插入然后进行旋转，使得门后开锁装置的外推顶杆将门锁打开。

（2）三角形开锁装置的位置可在门扇上或门框上。

（3）在每一次人工开锁后，当无人工开锁动作时，锁闭装置在层门闭合下，应不能保持开启位置（当无开锁动作时，开锁装置在压紧弹簧作用下复位，使得门锁恢复闭合状态）。开启紧急开锁的钥匙只能交给一个负责人员。钥匙应带有书面说明，评述必须采用的预防措施，以防开锁后未能重新锁上而可能引起事故。

（4）如果没有进入底坑的通道门，而是通过层门，则从符合要求的底坑爬梯且在高度 1.80m 内和最大水平距离 0.80m 范围内应能安全地触及门锁，或者底坑内的人员通过永久设置的装置能打开层门。

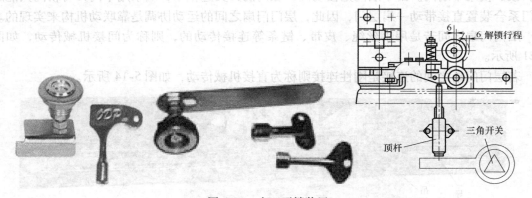

图 5-22　人工开锁装置

（二）层门自闭装置

层门自闭装置也称强迫关门装置，当轿厢位于开锁区域以外时，如果层门无论何种原因而开启，则必须有强迫关门装置（可以利用重锤或弹簧）确保该层门关闭和锁紧。强迫关门装置一般有重锤式和弹簧式两种，如图 5-23 所示。重锤式是利用重锤的重力，通过钢丝绳、滑轮将门关闭，弹簧式是利用弹簧的弹力来实施强迫关门的。

六、通道门、安全门、通道活板门和检修门

（1）当相邻两层门地坎间的距离大于 11 m 时，应满足下列条件之一：

1）有中间安全门；

2）相邻的轿厢均设置所规定的安全门。注："相邻"是指两个相邻的具有层门的楼层，无论贯通门还是直角门。

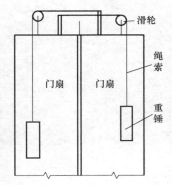

自闭重锤

滑轮

绳索

门扇 门扇

重锤

自闭弹簧

图 5-23 层门自闭装置

（2）通道门、安全门、通道活板门和检修门应满足下列尺寸：

1）进入机房和井道的通道门的高度不应小于 2.0m，宽度不应小于 0.60m；

2）进入滑轮间的通道门的高度不应小于 1.40m，宽度不应小于 0.60m；

3）供人员进出机房和滑轮间的通道活板门，其净尺寸不应小于 0.80m×0.80m，且开门后能保持在开启位置。

4）安全门的高度不应小于 1.80m，宽度不应小于 0.50m；

5）检修门的高度不应大于 0.50m，宽度不应大于 0.50m，且应有足够的尺寸，以便通过该门进行所需的工作。

（3）通道门、安全门和检修门应：

1）不向井道、机房或滑轮间内开启。

2）设置用钥匙开启的锁，开启后不用钥匙也能将其关闭和锁住。

3）即使在锁闭状态，也可从井道、机房或滑轮间内不用钥匙打开。

4）设置符合规定的电气安全装置证实上述门的关闭状态。对于通往机房、滑轮间的通道门以及不是通向危险区域的底坑通道门，可不必设置电气安全装置。

注："不是通向危险区域"指电梯正常运行中，轿厢、对重（或平衡重）的最低部分（包括导靴、护脚板等）与底坑底面之间的净垂直距离至少为 2m 的情况。对于随行电缆、补偿绳（链）及其附件、限速器张紧轮和类似装置，认为不构成危险。

5）无孔，满足与层门相同的机械强度要求，并且符合相关建筑物防火规范的要求。

6）具有以下机械强度：能承受从井道外侧垂直作用于任何位置且均匀分布在 0.30m× 0.30m 的方形（或圆形）面积上的 1000N 的静力，不应有超过 15mm 的弹性变形。

（4）通道活板门，当处于关闭位置时，应能承受作用于门的任何 0.20m×0.20m 面积上的 2000N 的静力。活板门不应向下开启。如果门上具有铰链，则应属于不能脱钩的型式。仅用于运送材料的通道活板门可只从里面锁住。当活板门开启时，应具有防止人员坠落的措施（如设置护栏），并应防止活板门关闭造成挤压危险（如通过平衡）。

第六章

导 向 系 统

导向系统是保证轿厢和对重在井道中沿着固定的滑道——导轨运行的装置。其由导轨与支架、导靴等组成。导向轮与复绕轮同属于导向装置。

导轨限定了轿厢和对重在井道中的相互位置；导轨架作为导轨的支撑架，被固定在井道壁上；导靴安装在轿厢和对重架上下两侧；在电梯运行过程中，导向系统的功能是限制轿厢和对重的活动自由度，一是使轿厢和对重只能沿着各自的导轨做升降运动；二是减少横向的摆动和振动，保证轿厢和对重运行平稳；三是用来做紧急停止——安全钳夹紧导轨制停轿厢。

一、导轨与导轨架

（一）性能要求

（1）导轨是供轿厢和对重运行的导向部件，轿厢、对重（或平衡重）各自应至少由两根刚性的钢质导轨导向。

（2）导轨应采用冷拉钢材制成，或摩擦表面采用机械加工方法制作。

（3）对于没有安全钳的对重（或平衡重）导轨，可使用成型金属板材，并应作防腐蚀保护。

（4）导轨与导轨支架在建筑物上的固定，应能自动地或采用简单方法调节，对因建筑物的正常沉降和混凝土收缩的影响予以补偿。应防止因导轨附件的转动造成导轨的松动。

（5）对于含有非金属零件的导轨固定组件，计算允许的挠度时应考虑这些非金属零件的失效。

（二）T形导轨

电梯常用导轨有"T"字形的钢制实心导轨、空心导轨和热轧型钢导轨。其中空心导轨只能适用于没有安全钳的对重导向，热轧型钢导轨只能适用于额定速度不大于 0.4m/s 的电梯，而 T 型导轨广泛用于各种电梯上，如图 6-1 所示，我们日常说的电梯导轨，一般是指这种导轨。

如图 6-2 所示，T 形导轨的导向工作面有三个，即端工作面和两个侧工作面。实心导轨的导向工作面是经过机械加工出来的，其表面粗糙度在纵向上 $Ra \leqslant 1.6\mu m$，在横向上

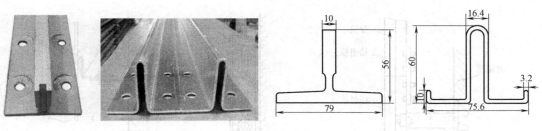

图 6-1　T 型导轨

$0.8\mu m \leqslant Ra \leqslant 3.2\mu m$。空心导轨导向工作面的粗糙度 $Ra \leqslant 6.3\mu m$。另外，空心导轨工作面的纵、横向不允许有裂纹、伤痕、毛刺和其他缺陷。镀锌层不允许有起皮、起瘤和脱落现象。

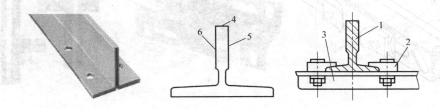

图 6-2　导轨

1—导轨　2—压道板　3—导轨支架　4—端工作面　5、6—侧工作面

导轨的长度以毫米表示，公差为 ±2mm，为便于运输和安装，导轨长度一般为 4000～5000mm。且两端部的中心分别开有凸头和凹槽以便于对接，两端部底面还有经过铣床加工用于连接的平面和四个连接螺栓孔。安装时，将凸头嵌入凹槽，底部用螺栓将连接板与上下导轨固定为一体，如图 6-3 所示。

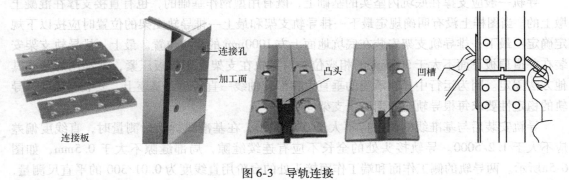

图 6-3　导轨连接

连接板是连接导轨的部件，紧固在相邻两根导轨的端部底面，起连接导轨作用。连接板材料一般与导轨相同，与导轨接触的面是用铣床加工出来的，连接板上有 8 个螺栓孔，用于上下导轨的连接。

（三）导轨架

导轨架作为导轨的支撑架，被固定在井道壁上，为便于安装和调整，现在的导轨架一般都是组合支架，常用角钢或折弯钢板组装而成，如图 6-4 所示。

（四）安装技术要求

导轨安装时，先在井道安装导轨支架。导轨支架一般焊接在井道壁预埋钢板上或用膨胀

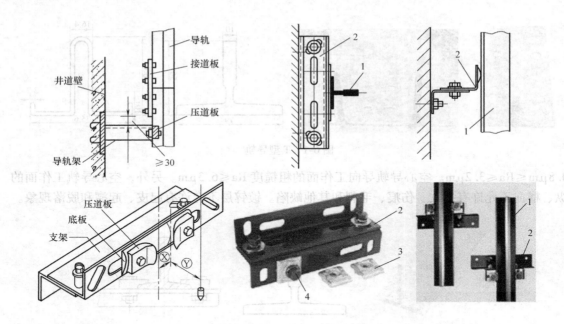

图 6-4　导轨架
1—导轨　2—导轨支架　3—压道板　4—压倒螺栓

螺栓固定在井道壁上。组合支架能在导轨调整时于水平方向和前后左右有一定的调节量。在井道中导轨支架的间距国标规定应不大于 2.5m，特殊情况下超过 2.5m 时，必须对导轨的承载力进行核算。

　　导轨一般应支撑在底坑内坚实的基础上，既有用型钢作基础的，也有直接支撑在混凝土墩上的。当图样上没有明确规定最下一排导轨支架和最上一排导轨支架的位置时应按以下规定确定：最下一排导轨支架安装在底坑地面上方 1000mm 的相应位置。最上一排导轨支架安装在井道顶板下面不大于 500mm 的相应位置。导轨在支架上用压板压紧，不准用焊接或其他方法固定。因为运行中导轨承受的垂直力将沿着轴线一直传递到基座上。安装时为保证导轨的稳定性要求每根导轨至少用两个支架固定。

　　导轨安装后与基准线的偏差应不大于 0.6/5000，在基准线拆除后测量时，直线度偏差应不大于 1.2/5000。导轨接头处的全长不应有连续缝隙，局部缝隙不大于 0.5mm，如图 6-5a 所示。两导轨的侧工作面和端工作面接头处的台阶用直线度为 0.01/300 的平直尺测量，应不大于 0.05mm，如图 6-5b 所示。对台阶应沿斜面用刨刀、锉刀或油石进行磨平，磨修长度应不小于 300mm。两列导轨的顶面距离（轨距 L）偏差，如图 6-5c 所示，轿厢导轨不大于（+2，0）mm，对重导轨不大于（+3，0）mm。

二、导靴

　　导靴是设置在轿厢架和对重架上，使轿厢和对重沿导轨运行的导向装置。

　　轿厢导靴分别安装在轿厢上梁两侧和下梁两侧安全钳座的下面共 4 个，对重导靴安装在对重架上部两侧和下部两侧共 4 个，电梯一般有 8 个导靴。

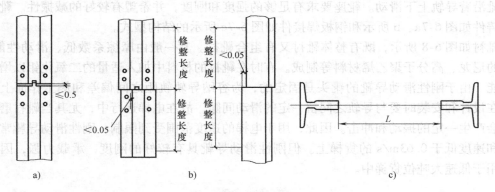

图 6-5　导轨安装质量

a) 局部缝隙　b) 接头处的台阶　c) 轨距

在理想情况下，当轿厢和对重的重心与其悬挂中心重合时，导靴几乎不受力。但这种理想情况实际是不存在的，因此，在任何情况下，导靴总是承受着偏重力，并将力传递给导轨，特别是轿厢的导靴，由于轿厢的载荷总是与其悬挂中心存在偏距，从而使轿厢导靴在工作中承受着水平方向的偏重力 F_x 和 F_y 的作用。

导靴按其在导轨工作面上的运动方式，可分为滑动导靴和滚动导靴两类。

（一）滑动导靴

滑动导靴按其导靴头是固定的还是浮动的，又可分为刚性滑动导靴和弹性滑动导靴。如图 6-6a、b 所示。

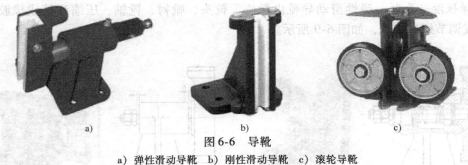

图 6-6　导靴

a) 弹性滑动导靴　b) 刚性滑动导靴　c) 滚轮导靴

1. 刚性滑动导靴　刚性滑动导靴如图 6-7 所示，主要由靴衬和靴座组成，其工作方式

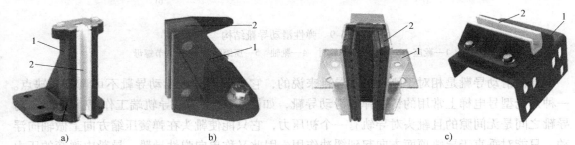

图 6-7　刚性滑动导靴结构

a) 铸件靴座　b) 铸件靴座　c) 钢板靴座

1—靴座　2—靴衬

是导靴沿着导轨上下滑动。靴座要求有足够的强度和刚度，并希望有较好的减振性。靴座常见有铸件如图6-7a、b所示和钢板焊接件如图6-7c所示的结构型式。

靴衬如图6-8所示，既有整体靴衬又有组合靴衬。其一般由摩擦系数低、滑动性能好、耐磨的尼龙、高分子聚乙烯材料等制成。有时在靴衬的材料中加入适量的二氧化钼以增加润滑性能。由于刚性滑动导靴的靴头是固定的，为容纳导轨轨距之间偏差和侧工作面上的偏差，在设计和安装时要与导轨之间留一定的滑动间隙。故在电梯运行中，尤其当靴衬磨损较大时会产生一定的振动和冲击。因此，用于电梯的速度范围受到限制，刚性滑动导靴常用于对重和速度低于0.63m/s的货梯上。但刚性滑动导靴具有较好的刚度，承载力强，因此被广泛用于低速大吨位货梯中。

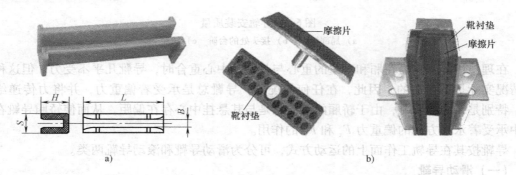

图6-8　靴衬
a）整体靴衬　b）组合靴衬

2. 弹性滑动导靴　弹性滑动导靴由靴座、靴头、靴衬、靴轴、压缩弹簧或橡胶弹簧、调节套或调节螺母组成，如图6-9所示。

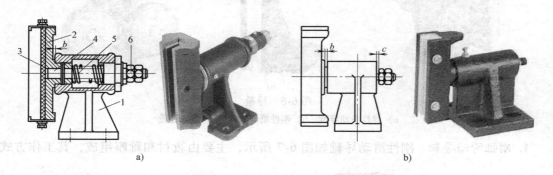

图6-9　弹性滑动导靴结构
1—靴座　2—靴头　3—靴衬　4—靴轴　5—压缩弹簧　6—调节螺母

弹性滑动导靴是相对于刚性滑动导靴来说的，它克服了刚性滑动导靴不可调节的缺点。一种是老型号电梯上常用的铸铁弹性滑动导靴，如图6-9a所示。导轨端工作面（顶面）与导靴之间是无间隙的且靴头对导轨有一个初压力，它只能使靴头在弹簧压缩方向上做轴向浮动，只能对垂直于导轨顶面方向起到缓冲作用，因此又称单向弹性导靴。导靴内弹簧的压力是可调节的，它依据电梯额定载重量来确定弹簧的压缩量。为补偿导轨侧工作面的直线性偏差及导轨接头处的不平整性，导靴靴衬与导轨侧工作面需有一定的间隙（常在0.5mm左右），以减少摩擦带来的阻力。图 6-9a 中导靴内弹簧的压力是可调节的，因此常用于轿厢上，而图 9-6b 中导靴内弹簧的压力是不可调节的，因此常用于对重上。

一种是现在常见到的钢板焊接件制成的弹性滑动导靴，如图 6-10 所示，在靴衬 3 个工作面的背面与靴座之间垫以橡胶块，靠橡胶块的弹性压缩和恢复起到一定的缓冲和减振作用，又称橡胶弹簧式滑动导靴，这种导靴不仅能做轴向浮动外，在其他方向上也能作适量的位置调整，具有一定的万向性。

弹性滑动导靴一般常用于速度为 1.75m/s 以下的电梯。

3. 滑动导靴的润滑　滑动导靴与导轨是面接触，摩擦阻力较大，为了减小滑动导靴对导轨的摩擦，同时延长靴衬的寿命，在工作时需加以润滑。常用的办法是在两个上部导靴的顶部设置润滑装置，常用的润滑装置是油盒，如图 6-11 所示，油盒里的油通过油毛毡被吸到导轨工作面，而达到自动润滑的目的。但也带来一个问题，就是由于电梯井道环境较差，导轨、导靴和毛毡易沾染灰尘，需要进行定期的清洁保养，才能事半功倍。

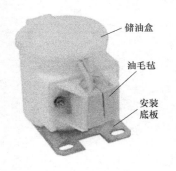

图 6-10　双向弹性滑动导靴结构　　　　　　　　　图 6-11　油盒
1、3、6—橡胶块　2—靴衬座　4—靴衬　5—导靴座

（二）滚动导靴

滚动导靴结构如图 6-12 所示，以 3 个滚轮或 6 个滚轮替代了滑动导靴的 3 个工作面。3 个滚轮在弹簧的作用下，压贴在导轨的 3 个工作面上，滚轮与导轨是线接触，电梯运行时，滚轮在导轨的正面与左、右侧面上滚动。

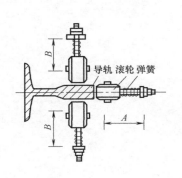
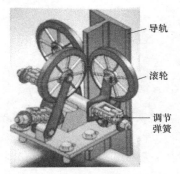

图 6-12　滚动导靴结构

滚动导靴以滚动摩擦替代了滑动摩擦，大大减轻了摩擦损耗，减小了运行中的振动、噪声和运行阻力，提高了乘坐的舒适感。滚动导靴对导轨的 3 个工作面采用弹性支撑，可以在

3 个方向上自动补偿导轨的各种几何形状及安装误差。滚动导靴的这些优点，使它能适应于高的运行速度。因此，在高速与超高速梯上得到了广泛的应用。

　　滚动导靴的滚轮常用硬质橡胶制成，在轮圈上制出花纹。为了减少振动，每个滚轮对导轨都有初压力，其意义与滑动导靴相同。初压力的大小根据电梯的额定载荷和额定速度按设计要求通过调节弹簧的被压缩量加以调节。

　　滚动导靴不允许在导轨工作面上加润滑油，否则会使滚轮打滑。为使滚轮滚动得灵活，安装时滚轮对导轨工作面不应歪斜，应在整个轮缘宽度上与导轨工作面均匀接触。

第七章

重量平衡系统

第一节 概　　述

对重与平衡补偿装置构成了曳引式电梯的重量平衡系统，如图7-1所示。其主要作用是相对平衡轿厢重量，减小曳引式电梯运行过程中由于悬挂绳和随行电缆的长度变化而引起的曳引轮上的扭矩不平衡，以减小曳引机功率，起到节能和改善曳引性能的目的。

对重也称平衡重，相对于轿厢挂在曳引轮的另一侧，起到平衡轿厢重量的作用，但这种平衡是相对的和变化的。

所谓相对平衡是指只有当轿厢自重加上载重等于对重重量时，电梯才处于完全平衡状态。此时的载重量值称为电梯的平衡点（如50%额定载荷时为完全平衡，则称平衡点为50%），也称为平衡系数。当载重处于平衡点时，曳引绳两端的静载荷相等，电梯处于最佳工作状态。但在其他情况下，曳引绳两端的载荷是不相等的。因此，对重只能起到相对平衡的作用。

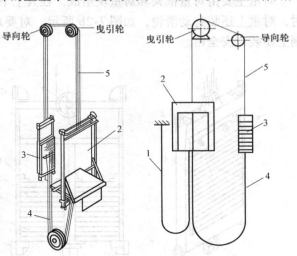

图7-1　重量平衡系统

1—电缆　2—轿厢　3—对重　4—平衡补偿装置　5—曳引绳

所谓变化是指对重产生的平衡作用是随电梯的升降不断变化的。因为电梯在运行过程中，轿厢侧和对重侧曳引钢丝绳的长度在不断变化，从而引起曳引轮两侧钢丝绳重量变化。当轿厢位于最低层站时，曳引绳大部分处在轿厢一侧，也就是说曳引绳的重量大部分作用于轿厢侧，随着电梯的上升，曳引绳在曳引轮两侧的比例不断变化，当轿厢到达最高层站时，曳引绳的重量大部分作用于对重侧。这种变化在电梯提升高度不大时，对电梯的运行性能影响不大，但提升超过一定高度时，会严重影响电梯运行的稳定性，危及乘客的安全。因此，电梯的平衡除了具有相对性外，尚有变化性。例如，行程 60m 的电梯，使用 6 根直径 13mm 的钢丝绳，总重量约为 360kg。为此，必须要设置具有一定重量的部件来平衡因高度变化由钢丝绳带来的重量变化，这就是电梯平衡补偿装置。

所以电梯平衡补偿装置定义为：用于连接电梯的轿厢与对重，平衡曳引绳及随行电缆的重量，对电梯的运行起平衡作用的部件。

平衡补偿装置悬挂在轿厢和对重底部与曳引绳形成闭环，其设置原则是平衡补偿装置单位长度的重量与曳引绳单位长度的重量基本相等。在电梯升降时，其长度的变化恰好与曳引绳相反，当轿厢位于最高层站时，曳引绳大部分位于对重侧，而补偿装置大部分位于轿厢侧；当轿厢位于最低层站时，情况正好相反，这样就起到了平衡的补偿作用，保证了对重起到的相对平衡，即电梯的平衡设计。

第二节 对 重

一、结构与要求

对重主要由对重框架和对重块组成。在其上下两侧装有导靴。当电梯采用 2:1 曳引方式时，对重上还装有动滑轮，如图 7-2b 所示。对要求有上行超速保护的电梯，有时在对重两侧上还装有安全钳。

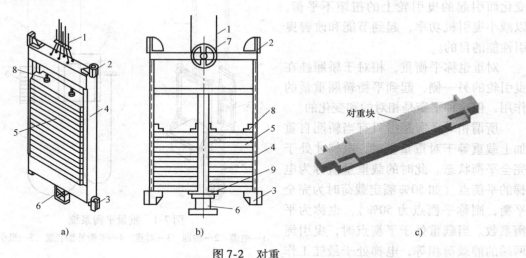

图 7-2　对重

a）无动滑轮对重　b）带动滑轮对重　c）对重块

1—曳引绳　2、3—导靴　4—对重架　5—对重块　6、9—缓冲器调整和撞块　7—动滑轮　8—挡板或压杆

对重架通常用槽钢或钢板折弯焊接而成。由于使用场合不同，额定载重量的不同，对重架的结构型式也略有不同。

对重块如图 7-2c 所示传统上是用灰铸铁铸造而成，近年来为节约成本，也有用薄钢板制成空心的对重块形状，然后灌注水泥、沙子等而成，但由于混凝土等比重较低，造成对重框架尺寸很大，限制了发展。现在有越来越多的电梯采用复合材料对重块。所谓复合材料即采用非金属材料与金属材料混合一起制成对重块。常用的有混凝土加铁矿石的对重块，还有混凝土加重晶石的对重块。

对重块装入对重架后，需用压杆、挡板等压紧压牢，防止窜动移位。装在对重（或平衡重）上的滑轮和（或）链轮应按国标要求设置防护装置。

二、重量匹配计算

对重重量的计算公式为：

$$W_1 = W = G + KQ$$

式中　W_1——对重重量，单位为 kg；

G——轿厢自重，单位为 kg；

K——电梯平衡系数，一般客梯为 0.4~0.5，货梯为 0.45~0.55；

Q——额定载重量，单位为 kg。

从公式中看出，轿厢侧的重量 W 与对重侧的重量 W_1 相等时，也就是当电梯处于完全平衡状态时，取决于轿厢内载重 KQ 的多少，因此，平衡系数 K 的选取尤为重要，国标规定平衡系数 K 乘客电梯按 0.4~0.5 确定。

第三节　平衡补偿装置

如本章第一节中所述，补偿装置的作用主要是平衡轿厢和对重两侧的曳引绳、随行电缆的重量，故电梯曳引轮两侧的曳引绳、随行电缆和补偿装置重量的变化量基本相等。补偿装置的型式主要有补偿链、补偿绳和补偿缆。

补偿装置应能承受作用在其上的任何静力，且应具有 5 倍的安全系数。补偿装置的最大悬挂重量应为轿厢或对重在其行程顶端时补偿装置的重量再加上张紧轮（如果有）总成一半的重量。

为了保证足够的曳引力或驱动电动机功率，应按下列条件设置补偿悬挂钢丝绳重量的补偿装置：

1）对于额定速度不大于 3.0m/s 电梯，可采用链条、绳或皮带作为补偿装置；

2）对于额定速度大于 3.0m/s 电梯，应使用补偿绳；

3）对于电梯额定速度大于 3.5m/s，还应增设防跳装置。防跳装置动作时，一个符合规定的电气安全装置应使电梯驱动主机停止运转；

4）对于额定速度大于 1.75m/s 电梯，未有张紧的补偿装置应在转弯处附近进行导向。

一、结构组成

（一）补偿链

补偿链结构如图 7-3 所示。

1. 穿绳补偿链　这是传统的一种补偿链，如图 7-4a 所示，常用于梯速 1.75m/s 以下的电梯。结构为在铁链中穿入麻绳，这种补偿链在使用过程

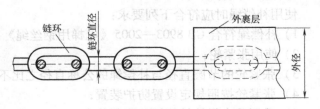

图 7-3　补偿链结构

中由于链与链之间发生摩擦和碰撞，噪声比较大，而且人在轿厢内有明显的抖动感。优点是价格便宜。

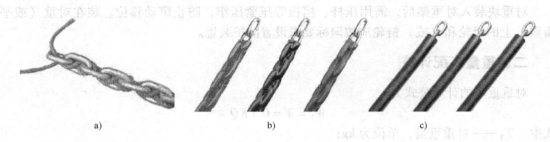

图 7-4　补偿链

a）穿绳　b）包塑　c）全塑

2. **包塑补偿链**　为了减小穿绳补偿链在运行过程中的噪声，同时减缓环境对铁链的腐蚀，选用优质电焊锚链经表面处理（电镀或发黑防锈处理）后外裹一层复合 PVC 塑料，经特殊工艺加工而形成了包塑补偿链，如图 7-4b 所示。相比于穿绳补偿链，包塑补偿链运行时噪声大大减小，且更加美观，但是在柔韧性及耐用性方面仍需改善。适用于环境温度 −15 ~ +60℃，梯速 1.75m/s 以下。

3. **全塑补偿链**　如图 7-4c 所示，全塑型补偿链是一种性能稳定优异的产品，给电梯提供一种较理想的，可平稳运行的平衡补偿产品。由电焊锚链、PVC 复合材料的完美结合，形成其独特的功能。其优点是弹性好、弯曲半径小、阻燃、耐老化、温度适应范围广，使用后电梯运行平稳、流畅、噪声低，被使用在速度 3m/s 以下的中高速电梯上，适用于环境温度 −15 ~ +60℃。

4. 选定平衡补偿链的类型后，还要考虑平衡补偿链的根数及安装方法。一般来说，首先根据曳引绳的重量减去随行电缆的重量以确定补偿链的重量，然后确定补偿链的每米重量，再从生产厂家的补偿链的品种中选用。专业补偿链生产厂家一般拥有灵活的配重选用方案。在计算补偿链每米重量里允许有一定的误差范围。在误差范围内可有两种选择，既可选用每米重量较轻的 2 根补偿链，也可选用每米重量较重的 1 根补偿链。这主要是考虑电梯系统中缓冲器的布置情况。如果轿厢和对重下方各设一个缓冲器，或者轿厢设有两个、对重侧设有一个，那么采用 2 根补偿链较为合适；如果轿厢及对重下方各设有两个缓冲器，那么就应采用 1 根补偿链。

（二）补偿绳

补偿绳是以钢丝绳为主体，底坑中设有补偿绳导向装置，如图 7-5 所示。运行平稳，适用于任何额定速度的电梯。尤其是 3.0m/s 以上的电梯应采用补偿绳。

使用补偿绳时应符合下列要求：

1）补偿绳符合 GB 8903—2005《电梯用钢丝绳》的规定；

2）使用张紧轮；

3）张紧轮的节圆直径与补偿绳的公称直径之比不小于 30；

4）张紧轮按照规定设置防护装置；

5）采用重力保持补偿绳的张紧状态；

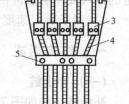

图 7-5　补偿绳

1—轿厢底梁　2—挂绳架
3—钢丝绳卡钳　4—钢丝绳
5—定位卡板

6）采用符合规定的电气安全装置检查补偿绳的张紧状态。

（三）补偿缆

补偿缆是目前补偿装置中质量最大、密度最高的，即单位长度重量最大。

1. 圆形补偿缆　其断面结构如图 7-6 所示，补偿缆的中间是钢制的环链，最外层是链护套，采用的是具有防火、防氧化的聚氯乙烯护套，中间填塞物为金属颗粒与聚氯乙烯的混合物，形成圆形保护层。这种补偿缆每米的

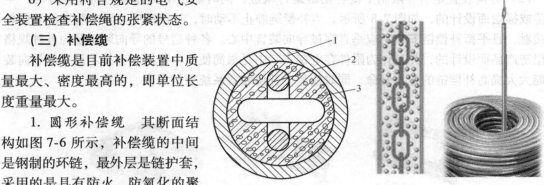

图 7-6　补偿缆
1—护套　2—链条　3—金属颗粒和聚
乙烯与氯化物混合物

重量可达 6kg，最大悬挂长度可达 240m，其结构合理，既能避免金属光链运行时的噪声，又能对金属链进行有效保护，且使用寿命长，包裹层和外护套采用阻燃、抗氧化、耐老化的橡塑材料，柔软性好、弯曲直径小、不易开裂，运行噪声也小，可适用于各类中、高速电梯。

2. 带状补偿缆　其特征在于补偿缆呈扁形，其芯部有若干根钢丝绳代替链条作为受力元件，钢丝绳外围是含有金属颗粒或粉末的软塑料以提高单位长度补偿缆的质量，再外部是不含有金属颗粒或粉末的软塑料作为护套。它已不再是补偿链，而是介于补偿链和补偿绳之间的一种新产品。由于受力元件改为细钢丝绳，从而使其可以做成带状，其外形如扁电缆，故称作补偿缆。带状补偿缆的柔性好，自然弯曲半径小，并能消除补偿缆的扭曲现象。同时，带状补偿缆不会横向摆动，导向更为简单。带状补偿缆可以像补偿链一样不用张紧，但电梯运行时的晃动却比补偿链小，因而可以用于速度较高的电梯。

二、悬挂和导向

补偿装置安装在轿厢对和重底部，是通过悬挂装置连接的，为了限制其运行轨迹还要有导向装置。悬挂装置和导向装置应能方便安装，以利于平衡补偿系统的安全、平稳运行。

（1）悬挂装置由不锈钢绳套、U 形栓、吊环、旋转吊环组成，如图 7-7 所示。绳套由多股钢丝拧编而成。U 形螺栓因形似英文字母中 U 的大写而得名，用于平衡链与电梯轿厢的固定。旋转吊环又称万向吊环，旋转吊环以其灵活、安全、耐用的性能，得到了极大的推广和应用。

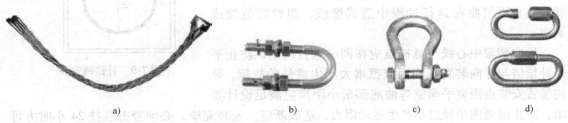

a)　　　　　　　　　b)　　　　　　　　　c)　　　　d)

图 7-7　悬挂装置
a) 不锈钢绳套　b) U 形栓　c) 吊环　d) 旋转吊环

（2）导向装置是引导限制平衡补偿链运行轨迹，同时防止平衡补偿链高速运行时产生振荡或摇摆而设计的，如图7-8所示。当补偿链静止不动时，补偿链应与导向装置的导向轮不接触，且平衡补偿链安装时应垂直穿过导向装置中心。各种型号的导向装置是为各种规格补偿链产品而设计的，并且作为附件在电梯安装中是很简便的。使用专有技术设计的导向装置能大大提高补偿链的使用寿命，同时使整个补偿装置系统更加安全、可靠。

图7-8　导向装置

三、安装要求

（一）平衡补偿链的安装

补偿链的安装，因补偿链的结构形式不同，安装方法也有差异。普通补偿链，即穿绳补偿链和包塑补偿链，结构较简单。且多用于低高度、低速电梯，安装较简单，补偿链的两端各用悬挂装置连接在轿底框架及对重架上，如图7-9所示。

而对于全塑补偿链，因为多用于高层高速电梯，故安装方式要复杂一些；补偿链的两端各用悬挂装置连接在轿底框架及对重上。底坑内设有导向装置，每根补偿链下有两个导向装置，一个通过支架安装在轿厢下方、另一个通过支架安装在对重下方。一般补偿链生产厂家都会有配套的安装附件及安装工具，只有运用正确的安装工具及安装方法，才能保证补偿链随电梯正常运行。

安装前首先检查平衡补偿链的外观有无损伤，能不能理直、放平，同时应消除在卷取过程中形成的螺旋、缠绕状。防止因扭曲在运行过程中造成橡胶、塑料的龟裂或剥离。

导向装置中心线与悬挂点应在同一垂直线上，防止平衡补偿链与导向装置长期因摩擦增大产生意外的故障。导向装置安装点距离平衡链弯曲底部最小距离应满足设计要求，防止因弯曲半径过小产生运动阻力，造成断链。安装完毕，必须静态悬挂24小时方可使用。

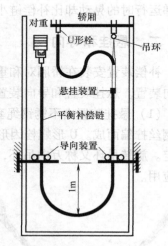

图7-9　补偿链安装

（二）平衡补偿链二次保护

根据《电梯监督检验和定期检验规则》，要求补偿装置端部固定应当可靠。电梯安装单位安装平衡补偿链时，为满足补偿链端部固定应当可靠的要求，一般采用钢丝绳二次保护措施。

钢丝绳二次保护作为一种补偿链端部固定措施，不是必须采用的。当平衡补偿链在对重或者轿底的悬挂装置可以自由旋转时，不应加装二次保护。原因是二次保护钢丝绳会阻碍平衡补偿链的自由旋转而导致应力无法释放，从而断裂坠落。

第八章

电梯驱动系统

第一节 概 述

电梯驱动系统的作用是提供动力，对电梯实行速度控制。它主要由曳引电动机、供电装置、速度反馈装置、调速装置等组成。

一、电梯电力驱动种类与性能指标

（一）驱动种类

电梯电力拖动系统的功能是为电梯的提供动力，并对电梯的起动加速、稳速运行和制动减速起着控制作用。拖动系统的优劣直接影响着电梯起停时的加速和减速性能、平层精度、乘坐舒适感等指标。早期电梯原动机都是直流电动机所以直流驱动是当时电梯的唯一驱动方式，直到 20 世纪初交流电力驱动才开始在电梯上得到应用。目前电梯的拖动系统主要有直流电动机驱动、交流电动机驱动和永磁同步电动机驱动等，如图 8-1 所示。

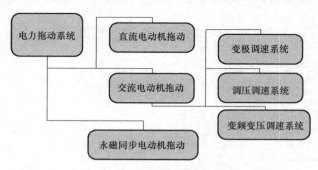

图 8-1 驱动种类

1. **直流驱动系统** 直流电动机具有调速性能好，调速范围宽的特点，因此具有速度快、舒适感好、平层准确度高的优点。能够满足电梯的使用需求，但最大的缺点是体积大、成本高、耗能高，目前已退出电梯市场。

2. **交流变极调速系统** 为了满足电梯平层精度的要求，交流电动机不仅只有一种转速，还要有两个或三个转速，由于电动机的转速与其极对数成反比，因此，变速的最简单方法只要改变其定子绕组的极对数就可改变电动机的同步转速。

电动机极数少的绕组称为快速绕组，极数多的绕组称为慢速绕组。快速绕组作为起动和稳速之用，而慢速绕组作为制动和慢速平层停车用。

该系统大多采用开环方式控制，线路比较简单，造价低，变极调速是一种有极调速，调速范围不大，因为过大地增加电动机的极数，就会显著地增大电动机的外形尺寸。因此被广泛用在低速电梯上，但由于乘坐舒适感较差，目前只应用于额定速度不大于1m/s的货梯上。

3. 交流调压调速系统　该系统用晶闸管取代变极调速系统的起、制动电阻或电抗器，采用涡流制动、能耗制动、反接制动等方式，从而控制起、制动电流，并实现系统闭环控制。使所控制的电梯乘坐舒适感好，平层准确度高，明显优于变极调速系统电梯，多用于额定速度2.0m/s以下的电梯。但由于其能耗较大，对电动机要求较高，因此不是理想的调速系统，目前已被变频变压调速系统取代。

4. 变频变压调速系统　交流异步电动机的转速是施加于定子绕组上的交流电源频率的函数，均匀且连续地改变定子绕组的供电频率，可平滑地改变电动机的同步转速。但是根据电动机和电梯为恒转矩负载的要求，在变频调速时需保持电动机的最大转矩不变，维持磁通恒定。这就要求定子绕组供电电压要作相应的调节。因此，其电动机的驱动系统应能同时改变电压和频率。即对给电动机供电的变频器要求有调压和调频两种功能。使用这种变频器的电梯常称为变频变压调速（VVVF）电梯。

目前，变频变压调速系统已广泛地应用于电梯上。

5. 交流永磁调速系统　驱动系统使用永磁同步无齿曳引机。由于永磁同步无齿曳引机与传统有齿轮曳引机相比具有如下优点：

（1）节能、驱动系统动态性能好。采用多极低速直接驱动的永磁同步曳引机，无须庞大的机械传动效率仅为70%左右的蜗轮、蜗杆减速齿轮箱；与感应电动机相比，无须从电网汲取无功电流，因而功率因数高；因没有激磁绕组没有激磁损耗，故发热小，因而无须风扇、无风磨耗，效率高；采用磁场定向矢量变换控制，具有和直流电动机一样优良的转矩控制特性，起动、制动电流明显低于感应电动机，所需电动机功率和变频器容量都得到减小。

（2）平稳、噪声低。低速直接驱动，故轴承噪声低，无风扇、无蜗轮蜗杆噪声。噪声一般可低5~10dB，减小对环境噪声污染。

（3）节约空间。永磁同步曳引机无庞大减速齿轮箱、无激磁绕组，采用高性能钕铁硼永磁材料，故电动机体积小、重量轻，可缩小机房或无须机房。

（4）寿命长、安全可靠。永磁同步曳引机电动机无须电刷和集电环，故使用寿命长，且无齿轮箱的油气，对环境污染少。

（5）维护费用少。无刷、无减速箱，维护简单。相对于有齿轮式曳引机，永磁同步曳引机具节能环保之绝对优势，于安全性层面：因结构简化，具有刚性直轴制动的特点，提供全时上下行超速保护能力外，利用永磁电动机的反电动势特点，实现蜗轮蜗杆之自锁功能，为电梯系统与乘客提供多层安全防护。于应用层面：因永磁同步曳引机小型化及薄型化特点，对电梯配置安排及与建筑物间整合空间的搭配性大大提升，相信给建筑设计师提供更大的弹性设计空间，间接改善人与建筑物空间中的使用机能与品质。

(二) 对电力驱动要求

电梯的工作性能应以满足乘坐舒适感和安全感为主要目的，因此，对曳引电梯电力驱动的基本要求为：

1. **满足电梯工作状态 (四象限运行)** 虽然电梯与其他提升机械的负载都属位能负载，但一般提升机械负载力矩的方向是恒定的，均由负载的重力产生。但在曳引电梯中，负载力矩的方向却随着轿厢载荷的不同而变化，因为它是由轿厢侧与对重侧的重力差决定的。

电梯重载荷 (轿厢侧重量超过对重侧重量) 上行时，电动机处于电动状态，驱动力矩克服负载力矩。但电梯轻载荷 (轿厢侧重量小于对重侧重量) 上行时，电动机处于再生发电状态，即负载力矩处于倒拉状态。相反，当电梯轻载荷下行时，电动机处于电动状态，电梯重载荷下行时，电动机处于再生发电状态。

2. **运行速度高** 乘客电梯运行速度一般都超过 1m/s，随着现代化城市的发展，要求电梯的速度越来越快，目前电梯速度最快已达 17.5m/s。

3. **速度特性要求高** 电梯属于垂直运输交通设备，在保证乘客安全的前提下必须考虑乘坐舒适感。也就是电梯的速度特性要满足要求，速度特性一般有：起动振动、制动振动、最大加速度、最大减速度、加、减速度时的垂直振动、运行过程中的垂直振动和运行中的水平振动。

对于速度特性指标，我国国家标准 GB 10058—2009《电梯技术条件》中只对加、减速度最大值和水平振动加速度作了规定：

(1) 乘客电梯起动加速度和制动减速度最大值均不应大于 1.5m/s²。

(2) 当电梯额定速度 1.0m/s≤v≤2.0m/s 时，加减速度不应小于 0.50m/s²；额定速度 2.0m/s≤v≤6.0m/s 时，加、减速度不应小于 0.70m/s²。

(3) 电梯运行垂直振动加速度最大峰值不应大于 0.30m/s²；水平振动加速度最大峰值不应大于 0.20m/s²。

4. **定位精度要高** 主要是电梯的平层准确度，电梯的平层停靠是自动操作的，必须满足国标要求，GB 10058—2009《电梯技术条件》规定：电梯轿厢的平层准确度宜在 ±10mm 范围内，平层保持精度宜在 ±20mm 范围内。

二、供电与主开关

(一) 供电电源

电梯的电源应是专用电源，应由配电间直接送到机房，供电电压相对于额定电压的波动应在 ±7% 的范围内。照明电源应与电梯主电源分开。

电梯的供电应采用 TN-S 系统，在老建筑物的 TN-C 系统中至少应改为 TN-C-S 系统，且应有重复接地。

为检修电梯工作的需要，应有符合安全电压要求的电源装置向轿厢顶、底坑等处的插座供电。

轿厢内应当装设符合下述要求的紧急报警装置和应急照明：

(1) 正常照明电源中断时，能够自动接通紧急照明电源；

(2) 紧急报警装置采用对讲系统以便与救援服务持续联系，当电梯行程大于 30m 时，在轿厢和机房 (或者紧急操作地点) 之间也设置对讲系统，紧急报警装置的供电来自前条所述的紧急照明电源或者等效电源；在启动对讲系统后，被困乘客不必再做其他操作。

（二）主开关

在机房中每台电梯都应单独装设一个能切断该台电梯电路的主开关。该开关额定容量应略大于所有电路的总容量，并具有切断电梯正常使用情况下最大电流的能力。

主开关应安装在机房入口处能迅速接近和操作的位置，周围不应有杂物或有碍操作的设备或机构。如果机房为几台电梯共用，则各台电梯的主开关必须有明显易识别的与曳引机相对应的标志。主开关若装在电气柜内，则电气柜不应上锁，应能随时打开。

主开关不得切断轿厢照明和通风、机房（机器设备间）照明和电源插座、轿顶与底坑的电源插座、电梯井道照明、报警装置的供电电路。

本章主要对交流变极调速系统、变频变压调速系统和永磁同步调速电梯进行分析讨论。

第二节　交流变极调速驱动系统

一、变极调速原理

交流感应电动机具有结构简单便于维护的优点。供电电源可以直接取自电网。因此被广泛地应用在各个领域。

由电机学原理可知交流电动机的转速公式如下：

$$n = \frac{60f}{p}(1-s)$$

式中　n——电动机的转数，单位为 r/min；

　　　s——转差率；

　　　f——电源频率；

　　　p——定子绕组磁极对效。

当 $s=0$ 时可以得到电动机的同步转速。

从公式分析可见，改变交流电动机转速的方法之一，改变磁极对数 p 就可以改变转速 n，且电动机转速的快慢与磁极对数 p 成反比。电梯变极调速用的交流异步电动机有单速、双速、三速等。使用最多的是双速电动机，单速仅用于速度较低的杂物梯，双速电动机的磁极数一般为 4/16 和 6/24 极。三速电动机一般为 6/8/24 极，比双速电动机多一个 8 极绕组，用于制动减速时的附加制动，个别厂家用过三速电动机，主要用于载重量大的电梯。

电动机极数少的绕组称为快速绕组，极数多的绕组称为慢速绕组。变极调速是一种有级调速，调速范围不大，因为过多地增加电动机的极数，结构复杂、成本加大，就会显著地增大电动机的外形尺寸，因此，改变极数调速的方法只用于低速电梯上。

二、变极调速分析

图 8-2 所示为交流双速电梯主驱动系统的原理图。以 6 极 24 极为例，电动机转速是 1000/250r/min，从图中可以看出，快速绕组（6 极）作为起动和稳速运行用，而慢速绕组（24 极）作为制动减速和慢速平层停车用。

（一）电梯起动运行

（1）起制动曲线如图 8-3 所示，设电梯向上运行，上方向接触器 S↑吸合，快车接触器

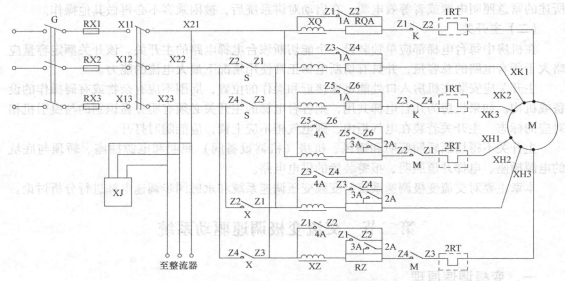

图 8-2　交流双速电梯主驱动系统原理图

K↑吸合。因为刚起动时接触器 1A 还未吸合，所以 380V 通过电阻电抗 RQA、XQ 接通电动机快车绕组，使电动机降压起动运行。

（2）约经过 2s 延时，转速升到 b 点，接触器 1A 吸合，短接电阻电抗 XQ 和 RQA，电动机从自然特性曲线 1 过渡到特性曲线 2 的 c 点，因为电动机的转速不能跃变，所示转矩 $M_c > M_a$，这时从自然特性曲线 2 的 c 点转速继续上升到 d 点，电梯在 M_d 负载转矩曲线 2 的 d 点快车稳定运行。电磁力矩等于负载力矩 $M_c = M_d$。

（3）当电梯运行到欲往层站发出换速信号时，上方向接触器 S 仍保持吸合，而快车 K 释放，1A 释放，慢车 M 吸合，电动机从快速绕组切换成慢速绕组。因为电梯系统转动惯性的存在，此时电动机的转

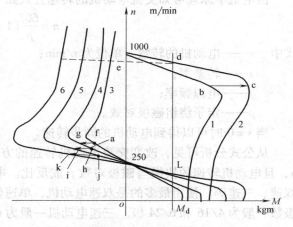

图 8-3　起制动过程曲线

速不可能迅速下降，仍保持高速运转状态，电动机进入发电制动状态。（如果慢车绕组直接以 380V 接入，则制动力矩太强，而使电梯速度急剧下降，舒适感极差，所以必须要分级减速）。这时慢速绕组产生的是负转矩，从 24 极绕组的自然特性曲线 3 的 e 点开始降速到 f 点，延时继电器 JXS↓，2A↑切掉电阻 RZ 的一段。从曲线 3 到曲线 4 的 g 点。电动机从曲线 4 的 g 点开始，由于负转矩的存在，电动机转速延曲线 4 下降到 A 点。当 3A↑时切掉全部电阻 RZ，电动机从曲线 4 到曲线 5 的 i 点。当 4A↑时，电动机从曲线 5 的 j 点到曲线 6 的 k 点。这时电动机 24 极绕组中串联的电阻 RZ 和电抗 XZ 全部切除。电动机转速曲线 6 继续下降到 24 极 L 点稳定运行，直到控制系统发出平层停车信号 M↓，CS↓电梯停止运行，完成一次运行过程。

（4）起动时按时间原则，在快速绕组中串电阻电抗一级加速或二级加速，是为了限制起动电流，以减少对电网电压波动的影响，也是为了限制起动时的加速度，防止产生冲击以改善起动的舒适感。减速制动是在低速绕组中按时间原则串电阻、电抗进行二级或三级再生发电制动减速，过渡到慢速绕组（24 极）进行低速稳定运行直至平层停车。这主要是为了限制减速时快速绕组切换到慢速绕组的制动力矩，防止产生冲击。逐级切换电阻电抗是为了使减速平稳，增加舒适感。

一般要求起动转矩为额定转矩的 2 倍左右，慢速为 1.5～1.8 倍。

（二）　交流双速电梯拖动系统的速度曲线

电梯在起动时，快速绕组串联 XQ 和 RQA 进行降压起动，经延时跨接后过渡到稳速运行。在制动时，首先是切换绕组，由 6 极改为 24 极，切换时间间隔是三个接触器（2A、3A、4A）的动作时间，这时电梯靠惯性行驶，电动机转速接近同步转速，当慢速绕组接入后 24 极绕组希望转子的转数立即变为 250r/min，由于系统的转动惯性非常大，冲击电流大，因此是做不到的。总之慢速绕组对快速转子产生一个电磁制动力矩。采用在慢速绕组中串入电阻并逐级切除电阻获得电梯逐步减速最后停车。

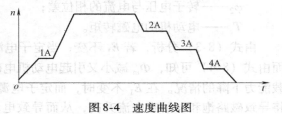

图 8-4　速度曲线图

在电梯起动和制动停车过程中都是有级的，完全依靠系统的惯性使台阶变的稍加平滑，这种电梯舒适感差，速度曲线如图 8-4 所示。

第三节　变压变频调速驱动系统

随着电力电子技术和微电子技术的发展，20 世纪 80 年代，异步电动机的调速技术在电梯上的应用达到了顶峰。电梯的交流调速系统由前述的变极调速、交流调压调速最终发展到变压变频调速（VVVF）。

交流变压变频调速电梯也称为 VVVF 电梯，其运行速度高、速度调节平滑，能获得良好的乘坐舒适感；能明显地降低电动机的起动电流，满足电梯的使用要求。与其他类型交流调速系统相比，性能最好，运行效率最高，可以节能 30%～50%。

一、变压变频调速原理

变频变压调速就是改变交流电动机供电电源的频率和电压来调节电动机的同步转速。系统具有调速范围宽、特性硬、节能等优点。

交流电动机的转速公式是

$$n = \frac{60f}{p}(1-s) \tag{8-1}$$

从式（8-1）可知 f 与 n 成正比，如果均匀地连续改变电动机定子供电电源的频率 f_1，就可以连续调节电动机的同步转速 n，由电机理论知道，电动机定子的感应电动势有效值是

$$E_1 = 4.44 f_1 N_1 K_{N1} \Phi_m \tag{8-2}$$

式中　E_1——气隙磁通在定子每相中感应电动势有效值；

　　　f_1——定子频率；

　　　N_1——定子每相绕组中串联匝数；

　　　K_{N1}——基波绕组系数；

　　　Φ_m——极气隙磁通。

则
$$\Phi_m = \frac{E_1}{4.44 f_1 K_{N1} N_1},即\ \Phi_m \propto \frac{E_1}{f_1} \tag{8-3}$$

另外，电动机的电磁转矩为

$$T_e = C_T \Phi_m I_2 \cos\varphi_2 \tag{8-4}$$

式中　C_T——与电动机有关的常数；

　　$\cos\varphi_2$——转子每相电路功率因数；

　　　φ_2——转子电压与电流的相位差；

　　　T_e——电动机的电磁转矩。

由式（8-3）分析，若 E_1 不变，当定子电源频率 f_1 增加时，将引起气隙磁通 Φ_m 减小；而由式（8-4）可知，Φ_m 减小又引起电动机电磁转矩 T_e 减小，这就出现了频率增加，而负载能力下降的情况。在 E_1 不变时，而定子电源频率 f_1 减小，又将引起 Φ_m 增加，Φ_m 增加将导致磁路饱和，励磁电流升高，从而导致电动机发热，严重时会因绕组过热而损坏电动机。由以上分析可知：变频调速时，必须使气隙磁通不变。因此，在调节频率的同时，必须对定子电压进行协调控制，但控制方式随运行频率在基频（额定频率）以下和基频以上而不同。

（一）基频以下调速

由式（8-3）可知，要保持 Φ_m 不变，当频率 f_1 从额定值 f_n 向下调节时，必须同时降低 E_1，使

$$\frac{E_1}{f_1} = 常数$$

只要保持 E_1/f 为常数，就可以达到维持磁通恒定的目的。因此这种控制又称为恒磁通变频调速，属于恒转矩调速方式。电梯为恒转矩负载的要求。

根据电动机端电压和感应电势的关系式

$$U_1 = E_1 + (r_1 + jx_1)I_1 \tag{8-5}$$

式中　U_1——定子相电压；

　　　r_1——定子电阻；

　　　x_1——定子阻抗；

　　　I_1——定子电流。

当电动机在额定运行情况下，电动机定子电阻和漏阻抗的压降较小，U_1 和 E_1 可以看成近似相等，所以保持 U/f = 常数即可。

由于 U/f 比恒定调速是从基频向下调速，所以当频率较低时，U_1 与 E_1 都变小，定子漏阻抗压降（主要是定子电阻压降）不能再忽略。这种情况下，可以人为地适当提高定子电压以补偿电阻压降的影响，使气隙磁通基本保持不变。

变频后的机械特性如图 8-5 所示。

从图 8-5 中可以看出，当电动机向低于额定转速 n_0 方向调速时，曲线近似平行地下降，减速后的电动机仍然保持原来较硬的机械特性；但是临界转矩却随着电动机转速的下降而逐渐减小，这就造成了电动机负载能力的下降。

临界转矩下降的原因可以解释如下：为了使电动机定子的磁通量 Φ_m 保持恒定，调速时就要求感应电动势 E_1 与电源频率 f_1 的比值不变，为了使控制容易实现，采用电源电压 $U \approx E_1$ 来近似代替，这是以忽略定子阻抗压降作为代价的，当然存在一定的误差。显然，被忽略的定子阻抗压降在电压 U 中所占的比例大小决定了它的影响。当 f_1 的数值相对较高时，定子阻抗压降在电压 U 中所占的比例相对较小，$U \approx E_1$，所产生的误差较少；当 f_1 的数值较低时，定子阻抗压降在电压 U 中所占的比例下降，而定子阻抗的压降并不按同比例下降，使得定子阻抗压降在电压 U 中的比例增大，已经不能再满足 $U \approx E_1$。

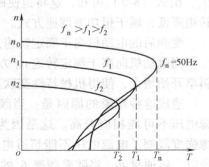

图 8-5　电动机低于额定转速方向调速时的机械特性

此时如果仍以 U 代替 E_1，将带来很大的误差。因为定子阻抗压降所占的比例增大，使得实际上产生的感应电动势 E_1 减小，E_1/f 的比值减小，造成磁通量 Φ_m 减小，因而导致电动机的临界转矩下降。

变频后机械特性的降低将使电动机带负载能力减弱，影响交流电动机变频调速的使用。一种简单的解决方法就是所示的 U/f 转矩补偿法。

U/f 转矩补偿法的原理是：针对频率 f 降低时，电源电压 U 成比例地降低引起的 U 下降过低，采用适当的提高电压 U 的方法来保持磁通量 Φ_m 恒定，使电动机转矩回升，因此，有些变频器说明书又称它为转矩提升（Torque Boost）。

带定子压降补偿的压频比控制特性如图 8-6 中的 b 线所示，无补偿的控制特性则为 a 线。

定子降压补偿只能补偿于额定转速方向调速时的机械特性，而对向高于额定转速方向调速时的机械特性则不能补偿。

补偿后的机械特性曲线如图 8-7 所示。它们是一簇平行的曲线，是一簇理想的机械特性曲线。

补偿后的压频曲线和主磁通曲线如图 8-8 所示。

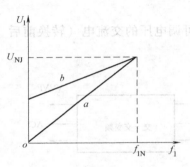

图 8-6　压频比特性曲线

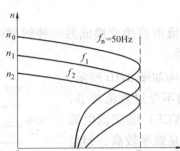

图 8-7　补偿后特性曲线

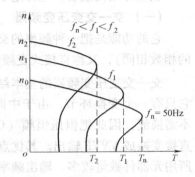

图 8-8　补偿后压频主磁通

（二）在基频以上调速

在基频以上调速时，频率可以从额定频率 f_n 向上增高，但是电压却不能超出额定电压 U_n，由式（8-3）可知，这将迫使磁通与频率成反比例降低。这种调速方式下，转子升高时转矩降低，属于恒功率调速方式。

变频后的电动机高于额定转速方向调速时的机械特性如图 8-9 所示。

当电动机向高于额定转速 n_0 方向调速时，曲线不仅临界转矩下降，而且曲线工作段的斜率开始增大，使得机械特性变软。

造成这种现象的原因是：当频率 f_1 升高时，电源电压不可能相应升高。这是因为电动机绕组的绝缘强度限制了电源电压不能超过电动机的额定电压，所以，磁通量 Φ_m 将随着频率 f_1 的升高反比例下降。磁通量的下降使电动机的转矩下降，造成电动机的机械特性变软。

以上调速方式相应的特性曲线如图 8-9 所示。

U/f 比恒定控制存在的主要问题是低速性能差。其原因一方面是低速时定子的电压和电势近似相等条件已不能满足，所以仍按 U/f 比恒定控制就不能保持电动机磁通恒定，而电动机磁通的减小势必会造成电动机的电磁转矩减小。另一方面原因是低速时逆变器桥臂上、下开关元件的导通时间相对较短，电压下降，而且它们的互锁时间也造成了电压降低，从而引起转矩脉动，在一定条件下这将会引起转速、电流的振荡，严重时会导致变频器不能运行。

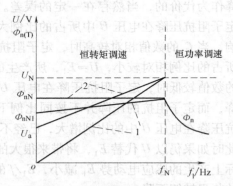

图 8-9　整个频率调速的特性曲线

注：图中曲线 1——在低频时没有定子降压补偿的压频曲线和主磁通曲线；图中曲线 2——在低频时有定子降压补偿的压频曲线和主磁通曲线电梯为恒转矩负载的要求。

二、变压变频器工作原理

对于异步电动机的变压变频调速，必须具备能够同时控制电压幅值和频率的交流电源，而电网提供的是恒压恒频的电源，因此应该配置变压变频器，又称 VVVF（Variable Voltage Variable Frequency）装置。

从整体结构上看，电力电子变压变频器可分为交—直—交和交—交两大类。

（一）交—交变压变频器

它的功能是把一种频率的交流电直接变换成另一种频率可调电压的交流电（转换前后的相数相同），又称直接式变频器。

交—交变压变频器的基本结构如图 8-10 所示，它只有一个变换环节，由于中间不经过直流环节，不需换流，因此把恒压恒频（CVCF）的交流电源直接变换成 VVVF 输出。其优点是效率较高，但是所用元器件数量较多，输出频率变化范围小，功率因数较低，只适用于低速大容量的调速系统。这种

图 8-10　交—交变压变频

控制方式决定了最高输出频率只能达到电源频率的 $1/3 \sim 1/2$，所以不能高速运行。

（二）交—直—交变压变频器

1. **基本结构** 交—直—交变压变频器先将工频交流电源通过整流器变换成直流电，再通过逆变器变换成可控频率和电压的交流电，如图 8-11 所示。

图 8-11 交—直—交变压变频

由于这类变压变频器在恒频交流电源和变频交流输出之间有一个"中间直流环节"，所以又称间接式的变压变频器。交—直—交变频器是目前广泛应用的通用变频器。

具体的整流和逆变电路种类很多，当前应用最广的是由二极管组成不控整流器和由功率开关器件组成的脉宽调制（PWM）逆变器，简称 PWM 变压变频器。

2. **PWM 变压变频器** PWM 变压变频器常用的功率开关器件有 P-MOSFET，IGBT，GTO 和替代 GTO 的电压控制器件，如 IGCT，IEGT 等。受到开关器件额定电压和电流的限制，对于特大容量电动机的变压变频调速仍只好采用半控型的晶闸管（SCR），并用可控整流器调压、六拍逆变器调频的交—直—交变压变频器，如图 8-12 所示。

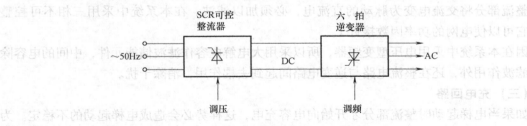

图 8-12 PWM 变压变频

PWM 变压变频器的应用广泛，具有如下的优点：

（1）只有逆变单元可控，它同时调节电压和频率，结构简单。

（2）采用 PWM 控制技术，正弦基波的比重较大，因而转矩脉动小，提高了系统的调速范围和稳态性能。

（3）逆变器同时实现调压和调频，动态响应不受中间直流环节滤波器参数的影响。

（4）采用不可控的二极管整流器，电源侧功率因素较高，且不受逆变器输出电压大小的影响。

三、VVVF 电梯拖动系统

VVVF 电梯拖动系统主要由整流滤波电路、充电电路、逆变电路、再生电路四部分组成。图 8-13 所示为一种型号的电梯主拖动回路图。

（一）供电电源

电源部分因变频器输出功率的大小不同而异，小功率的多用单相 220V，中大功率的采

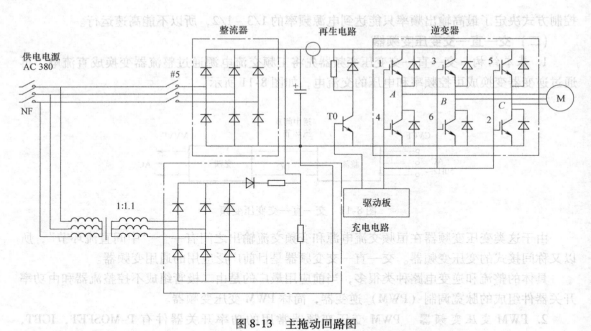

图 8-13　主拖动回路图

用三相 380V 电源。因为本系统中采用中等容量的电动机，所以采用三相 380V 电源。

（二）整流滤波电路

整流部分将交流电变为脉动的直流电，必须加以滤波。在本系统中采用三相不可控整流。它可以使电网的功率因数接近 1。

因在本系统中采用电压型变频器，所以采用大电解电容作滤波储能元件，中间的电容除了起滤波作用外，还在整流电路与逆变电路间起到去耦作用，消除干扰。

（三）充电回路

如果当电梯起动时整流部分才开始向电容充电，这样势必会造成电梯起动的不稳定。为了使电梯起动时，变频器直流侧有足够的稳定电压，需要对直流侧电容器进行预充电。充电回路中的变压器采用隔离变压器，其匝数比为 1:1.1，充电过程如下：

（1）当电源电压输入为 U 时，接通主接触器 NF，则充电回路的整流器输出 $V_D = \sqrt{2} \times 1.1U$，$V_D$ 向电容器 C 充电。

（2）当电容器充电至 $\sqrt{2}U$ 时（约 2s），CC-CPU 检测到充电结束信号，便认为电梯可以起动。

（3）如此时电梯不需要起动，则电容器继续充电到 $V_{DC} = \sqrt{2} \times 1.1U$，然后再通过电阻放电到 $V_{DC} = \sqrt{2}U$。

（4）当电梯起动时，主回路接触器（#5）立即接通，此时有很大的电流流向逆变器。由于充电回路有一只逆向二极管 D，所以主回路电流不能流向充电回路。

（四）逆变电路

逆变部分将直流电逆变成我们需要的交流电。在系统中采用三相桥逆变，逆变电路由大功率晶体管模块（IGBT）和阻容吸收器件组成。

DR-CPU 接到电梯起动指令后，经计算将 PWM 信号按一定的时序传送到驱动板 LIR-81X，驱动板把 PWM 信号放大后直接驱动 IGBT 基极，使 6 只 IGBT 按一定时序顺序导通和截止，从而驱动电动机旋转。

当同一桥臂上的上下两只 IGBT 导通切换时，要有 $30 \sim 40 \mu s$ 的间隔，以避免二者同时导通而造成短路。因为交流电动机为电感性负载，当 IGBT 由导通转为关断时，IGBT 中的续流二极管起续流作用。

逆变电路中的阻容吸收器件主要是用来吸收 IGBT 导通截止过程中所产生的浪涌电压。阻容吸收器件连接在同一桥臂的两端。实际上，在每个 IGBT 的 b-e 极之间也接有一个小电容（104K50），用来吸收触发毛刺，以防误触发。

（五）再生电路

电梯在减速运行以及轻载上行、重载下行过程中，都处于发电状态。由于整流部分采用是不可控整流，再生能量无法反馈电网，因此必须通过再生电路释放。

电动机的再生能量通过逆变装置向直流侧电容器实行充电。

（1）当电容器的两端电压 V_{DC} 大于充电回路的输出电压 V_D 时，计算机向驱动板 LIR-81X 发出放电晶体管导通信号，驱动再生回路的大功率晶体管导通，电动机的再生能量就消耗在再生回路的电阻内，同时，电容器也通过该电阻放电。

（2）当电容器两端电压下降到 $\sqrt{2}U$ 时，再生回路的大功率晶体管截止，电动机的再生能量再向电容器充电，重复上述过程，直至电流停止运行。

第四节　永磁同步调速驱动系统

永磁同步电动机在电梯技术上的应用，起于 1996 年芬兰通力公司发布了最新设计的永磁同步无机房曳引驱动电梯，使得永磁同步电动机无齿轮曳引技术快速发展，显示了巨大的优越性。目前，广泛应用在电梯技术领域的永磁同步曳引机主要由钕铁硼（Nd-Fe-B）稀土永磁材料制成的，其性能十分优越，是一种技术的进步。

一、永磁同步电动机特点

（一）优点

（1）功率密度大；

（2）结构紧凑、体积小、重量轻，维护简单；

（3）功率因数高：气隙磁场主要或全部由转子磁场提供；

（4）效率高、损耗小：和直流电动机相比，它没有直流电动机的换向器和电刷等缺点。和异步电动机相比，它由于不需要无功励磁电流，因而效率高，绕组损耗小；

（5）转子参数可测、控制性能好；

（6）内埋式交直轴电抗不同，产生结构转矩，弱磁性能好，表面贴装式弱磁性能较差。

（二）缺点

（1）价格较高；

（2）弱磁能力低；

（3）起动困难，高速制动时电势高，给逆变器带来一定的风险；

（4）他控式同步电动机有失步和震荡的可能性。

和普通同步电动机相比，它省去了励磁装置，简化了结构，提高了效率。永磁同步电动机矢量控制系统能够实现高精度、高动态性能、大范围的调速或定位控制，起动转矩大、过载能力强，因此永磁同步电动机矢量控制系统得到了广泛应用。

二、永磁同步电动机分类

（一）按定子绕组感应电势波形分类

（1）正弦形永磁同步电动机（PMSM）；

（2）梯形波永磁同步电动机（BLDCM）。

永磁同步电动机的转子磁钢的几何形状不同，使得转子磁场在空间的分布可分为正弦波和梯形波两种。因此，当转子旋转时，在定子上产生的反电动势波形也有两种：一种为正弦波；另一种为梯形波。这样就造成两种同步电动机在原理、模型及控制方法上有所不同，为了区别由它们组成的永磁同步电动机交流调速系统，习惯上又把正弦波永磁同步电动机组成的调速系统称为正弦形永磁同步电动机（PMSM）调速系统；而由梯形波（方波）永磁同步电动机组成的调速系统，在原理和控制方法上与直流电动机系统类似，故称这种系统为无刷直流电动机（BLDCM）调速系统。

（二）按永磁体结构分类

永磁同步电动机转子磁路结构不同，则电动机的运行特性、控制系统等也不同。根据永磁体在转子上位置的不同，永磁同步电动机主要可分为表面式和内置式。

1. 表面永磁同步电动机　在表面式永磁同步电动机中，永磁体通常呈瓦片形，并位于转子铁心的外表面上，这种电动机的重要特点是直、交轴的主电感相等；

2. 内置永磁同步电动机　在内置式永磁同步电动机中，永磁体位于转子内部，永磁体外表面与定子铁心内圆之间有铁磁物质制成的极靴，可以保护永磁体。这种永磁电动机的重要特点是直、交轴的主电感不相等。因此，表面式和内置式这两种电动机的性能有所不同。

三、永磁同步电动机系统

永磁同步电动机其本身是一个自控式同步电动机，它由定子和转子组成，有的带位置传感器，有的不带位置传感器。有的定子是线圈，转子是永磁体，有的转子是线圈，定子是永磁体。但无论哪种方式，电动机本身是不能够自己执行旋转控制的，它必须依赖电子换相装置，这也是为什么这种电动机需要变频控制的原因。也可以这样说，该种电动机系统由电动机、逆变器组成（有的还带位置传感器）。图8-14给出了一个基本系统原理结构图。

（一）基本组成

同步感应电动机和直流电动机相似，永磁同步电动机也是由机座和固定的定子、可旋转的转子三大部分组成，三相交流绕组在定子上，永磁体在转子上。

定子：定子通常也称作电枢，它由定子三相绕组、定子铁心、机座和端盖等零部件所构成。定子铁心由冲压后的硅钢片紧密叠装而成。三相绕组沿定子铁心对称分布，它们的轴线在空间彼此相差120°，通入三相交流电时，产生旋转磁场。

转子：转子有两种型式的结构，依据定转子之间的气隙分布有隐极式和凸极式之分。凸极式气隙不均匀分布，隐极式的转子成圆柱形，均匀分布气隙。对这两种转子需要采用不同

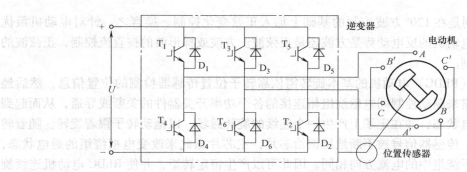

图 8-14 永磁同步电动机结构原理图

的驱动方式。转子采用永磁体，目前主要以钕铁硼作为永磁材料。采用永磁体简化了电动机的结构，提高了可靠性，又没有转子铜耗，提高电动机的效率。

转子位置传感器：在永磁同步电动机中，通常转子位置传感器与电动机轴联在一起，用来随时测定转子磁极的位置，为电子换向提供正确的信息。

PMSM 系统的位置传感器有多种方式，像光电脉冲式、磁敏式和电磁式等。也有控制精度要求相对较高的场合，采用正弦或余弦旋转变压器等位置传感器，但无论哪种测量方式本质都是用来测量转子位置信息的，只是安装的体积、方便程度、成本及可靠性要求不同而已。

逆变器：位置传感器将转子的位置信号电平反馈给控制芯片，控制芯片经过电流采样和数学变换，并根据反馈的位置信息经过闭环运算，重新按新的 PWM 占空比输出，来触发功率器件（IGBT 或 MOSFET），实际上逆变器是自控的，由自身运行来保证电动机的转速与电流输入频率同步，并避免振荡和失步的发生。

（二）结构

1. **表面贴装式（SM-PMSM）** 直交轴电感 L_d 和 L_q，相同气隙较大，弱磁能力小，增速能力受到限制，如图 8-15 所示。

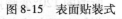

图 8-15 表面贴装式

2. **内埋式（IPMSM）** 交直轴电感 $L_q > L_d$，气隙较小，有较好的弱磁能力，如图 8-16 所示。

3. **无刷直流电动机（BLDCM）** 永磁体的弧极为 180°，永磁体产生的气隙磁场呈梯形波分布，线圈内感应电动势也为交流梯形波，定子绕组为 Y 或联结三相整距绕组，由于气隙较大，故电枢反应很小。

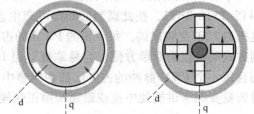

图 8-16 内埋式

4. **正弦波永磁同步电动机** 永磁体表面设计成抛物线，弧极大体为 120°，定子绕组为短距，分布绕组定子由正弦波脉宽调制（SVPWM）的电压型逆变其供电，三相电流为正弦或准正弦波。

四、PMSM 和 BLDC 电动机的工作原理

为方便理解我们先从 BLDC 电动机 120°直流方波控制来讲解电动机的基本工作原理，而

180°控制原理则是在120°方波控制的基础上加入正弦变化控制。换言之，针对电动机最优的控制，要看电动机的反电动势是方波还是正弦波。方波或梯形波的按直流控制，正弦波的按正弦变化控制。

无刷直流（BLDC）电动机的基本旋转需依靠转子位置传感器检测的位置信息，然后经过电子换相电路来驱动控制同电枢绕组相连接的各个功率开关器件的关断或导通，从而起到控制绕组的通电状态，并在定子上产生一个连续的旋转磁场，以拖动转子跟着旋转。随着转子的不断旋转，传感器信号被不断地反馈给芯片，主芯片据此来改变电枢绕组的通电状态，使得在每磁极下绕组中的电流方向相同。因此可以产生恒定转矩，并使 BLDC 电动机连续旋转运行起来。

BLDC 电动机三相绕组主回路有三相全控和三相半控两种。其中三相半控电路简单，一个功率开关驱动一相绕组，每个绕组只保持 1/3 的通电时间，而另外 2/3 的时间则保持断开状态，因此并没有被充分利用起来。所以我们通常选择采用三相全控电路原理图，如图8-17所示。

每一瞬间有两个功率开关导通，每隔60°换相一次，每次换相一个功率开关，每个功率开关导通120°电角度。

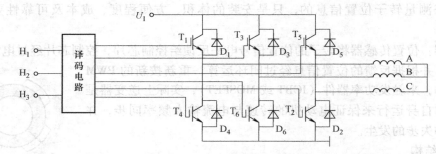

图 8-17　三相全控电路示意图

所谓的120°变频控制，其实是采取两两导通方式的控制策略。所谓两两导通方式指每一时刻仅有两个功率管导通，每 1/6 周期，开关管换相一次，而每次换相也即 PWM 调制一个功率管。下面给出一个典型的 IGBT 或 MOSFET 的连续通断开关顺序：T1T2-T2T3-T3T4-T4T5-T5T6-T6T1，按此调制通断即可产生连续的旋转电枢磁势，从而使电动机运转。注意这里对120°变频来讲，每一步的 PWM 的占空比是固定不变的，从而产生直流方波。这种控制方式的特点为简单方便，容易掌握。而180°变频则不仅每 1/6 周期的 PWM 占空比不同，而且每一个 PWM 脉冲的占空比都在调整中，并在每个电周期内使电压按照正弦规律变化，对矢量变频来讲能使电流或磁通按照正弦规律周期性变化控制。

五、电梯永磁同步曳引电动机的驱动系统

采用永磁同步电动机的电梯曳引系统，通常为无齿轮曳引方式。突显了永磁同步电动机易于做成低转速、大功率的优点。其结构紧凑，功能齐全，集曳引电动机、曳引轮、电磁制动器、光电编码器于一身，易于安装，便于使用。特别是在无机房电梯的开发应用中，将永磁同步曳引电动机安装在电梯的井道里，既节约了机房的建造成本，又美化了建筑物外观。其控制如图 8-18 所示。

　　本系统采用的是自控式交—直—交电压型电动机控制方式，由整流桥、三相逆变电路、控制电路、三相交流永磁电动机和位置传感器构成。在图 8-18 中，50Hz 的网电经整流后，由三相逆变器给电动机的三相绕组供电，三相对称电流合成的旋转磁场与转子永久磁钢所产生的磁场相互作用产生转矩，拖动转子同步旋转，通过位置传感器实时读取转子磁钢位置，变换成电信号以控制逆变器功率器件开关，调节电流频率和相位，使定子和转子磁势保持稳定的位置关系，由此产生恒定的转矩，定子绕组中的电流大小是由负载决定的。定子绕组中三相电流的频率和相位是随转子位置的变化而变化的，使三相电流合成一个与转子同步的旋转磁场，通过电力电子器件构成的逆变电路的开关变化实现三相电流的换相，代替了机械换向器。

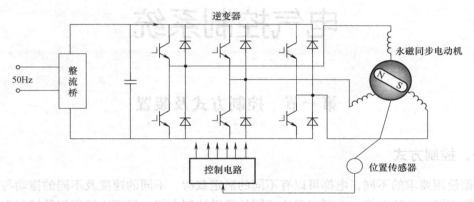

图 8-18　自控式交—直—交电压型电动机控制方式

　　正弦波永磁同步电动机属于自控式电动机，只是电动机的定子反电势和电流波形均为正弦波，并且保持同相，其可以获得与直流电动机相同的转矩特性，而且能实现恒转矩的调速特性。

　　当电梯负载变化时，永磁同步电动机响应速度很快。为了使电梯有良好的起、制动舒适性和平层准确度，在系统中加入了准确的转子位置装置和电压电流检测装置，随时确定电动机磁场的大小、方向。位置检测装置采用转子位置传感器（光电编码器器或旋转变压器等）。轿厢负载检测装置可采用位置型、压力型等多种型式，对电梯负载进行预先测量并计算，给出恰当方向和大小的力矩，可输出开关量、模拟量（电压）和频率量（高频抗干扰性强，能远距离传送）等。将反馈的信号与给定信号相比较、运算、按预定的控制方式加以控制，可以得到优于其他驱动系统的性能。

第九章

电气控制系统

第一节 控制方式及装置

一、控制方式

根据使用要求的不同，电梯可以有不同的额定载荷、不同的速度及不同的拖动与控制方式。即使相同用途的电梯，也可以采用不同的操纵控制方式。但不论使用何种控制方式，电梯总是对各种指令信号、位置信号、速度信号和安全信号进行管理，对拖动装置和开关门机构发出方向、起动、加速、运行、减速、平层停车和开门、关门的信号，使电梯正常运行，并发出各种显示信号或处于保护状态。如图 9-1 所示，这些处理功能是由电梯电气控制系统的不同控制功能环节来完成的。

控制系统的功能与性能直接决定着电梯的自动化程度和运行性能。随着微电子技术、交流调速理论和电力电子学的迅速发展及广泛使用，不仅提高了电梯的整机性能，而且也改善了电梯的乘坐舒适感，提高了电梯控制的技术水平和运行可靠性。电气控制系统的类型如图 9-2 所示。除传统的继电器控制和 PLC 控制外，微型计算机控制的电梯产品已成为主流。

为实现电梯的电气控制，过去曾采用继电器逻辑线路，一般称为继电器控制。这种硬布线的逻辑控制方式具有原理简单、直观等特点。但通用性差，对不同层站和不同控制方式，其原理图、接线图等必须更改并重新绘制。而且逻辑系统由许多触点组成，接线复杂、故障率高、设备庞大，早已被淘汰，由先进的、可靠性高的、功能强大的微型计算机或可编程序控制器取代。

由微型计算机取代继电器，比其他控制灵活性更大，不同的控制方式可用相同的硬件，只是软件的不同而已。只要把按钮、限位开关、光电开关，无触点行程开关等发出的信号作为输入信号，把控制制动器、门机和驱动主机的继电器或接触器接在输出端，就完成了接线任务，其余的就由微型计算机的软件来处理了。当电梯的功能、层站不同时，一般无须增减元件和较多的线路。而继电器线路显示的电梯各种控制的逻辑关系基本上不变。在学习和分析各种控制和可编程控制器编程时基本上还是以继电器逻辑线路为基础的。

二、电气控制和操纵装置

主要有安装在机房内的控制柜、检测速度和距离的测速机、光电脉冲编码器等，安装在轿厢内的操纵装置，层站的呼梯装置和轿厢的检修运行装置以及作为位置传感器等井道信息的各种开关和触点。

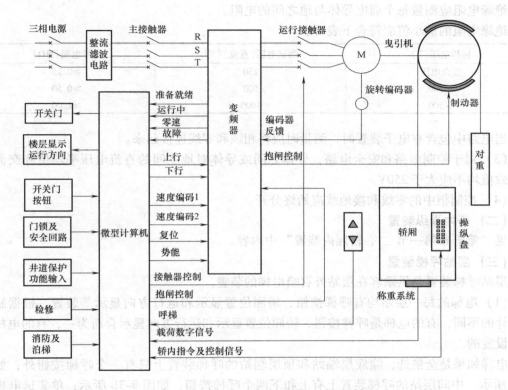

图 9-1 控制系统

（一）控制柜

控制柜是一部电梯控制的中枢核心装置。其内装设有控制电梯主机和电力拖动的电源装置、变频器、微型计算机、接触器、继电器、安全保护装置以及有关开关操纵装置等。

（1）控制驱动主机的主接触器应为 GB 14048.4—2010 中规定的下列类型：

1）AC-3，用于交流电动机的接触器；

2）DC-3，用于直流电源的接触器。

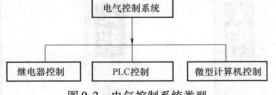

图 9-2 电气控制系统类型

用以控制主接触器的中间继电器，必须使用继电接触器，这些继电接触器应为 GB 14048.5—2008 中规定的下列类型：

1）AC-15，用于控制交流电磁铁；

2）DC-13，用于控制直流电磁铁。

对以上所述接触器和继电器的要求是：

1）如果动断触点（常闭触点）中的一个开启，则全部动合触点断开；

2）如果动合触点（常开触点）中的一个闭合，则全部动断触点断开。

安全电路元件也应符合上述要求。

（2）电气安装的绝缘电阻（HD384.6.61S1）。

绝缘电阻应测量每个通电导体与地之间的电阻。

绝缘电阻的最小值应符合下表要求。

标称电压（V）	测试电压（直流）（V）	绝缘电阻（MΩ）
安全电压	250	≥0.25
≤500	500	≥0.50
>500	1000	≥1.00

当电路中包含有电子装置时，测量时应将相线和零线连接起来。

（3）对于控制电路和安全电路，导体之间或导体对地之间的直流电压平均值和交流电压有效值均不应大于250V。

（4）控制柜中的零线和接地线应始终分开。

（二）轿内操纵装置

见"第五章第一节 二、轿厢内装置"中内容。

（三）层站呼梯装置

层站呼梯装置是供乘客在层站外召唤电梯的装置。

（1）电梯的每一层站均有呼梯按钮、轿厢位置显示和运行方向显示等装置。根据制造厂设计的不同，有的电梯是呼梯按钮、轿厢位置显示和运行方向显示合而为一，有的电梯是分开设置的。

电梯如果是全集选，除底层端站和顶层端站的呼梯装置上只有一个呼梯按钮外，如图9-3a 所示，中间层站的呼梯装置上有上和下两个呼梯按钮，如图 9-3b 所示；单集选电梯则每层只有一个呼梯按钮；图 9-3c 所示为并联电梯共用的呼梯装置。在基站的召唤盒上除了

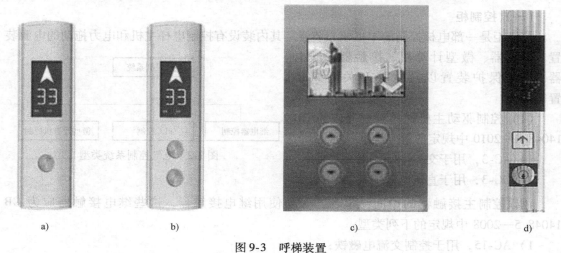

a)　　　　　　　　b)　　　　　　　　c)　　　　　　　　d)

图 9-3　呼梯装置

a）端站呼梯　b）中间层站呼梯　c）并联共用的呼梯装置　d）带钥匙开关基站呼梯

有一个上呼梯按钮外，还配有钥匙开关，如图 9-4d 所示，供操作和管理人员在基站起动和停止电梯；

（2）电梯的呼梯功能有顺向截梯、反相记忆、本层厅外呼梯开门等功能。

（四）检修控制装置

为便于检修和维护，应在轿顶装一个易于接近的控制装置，图 9-4 所示为几种检修控制装置。

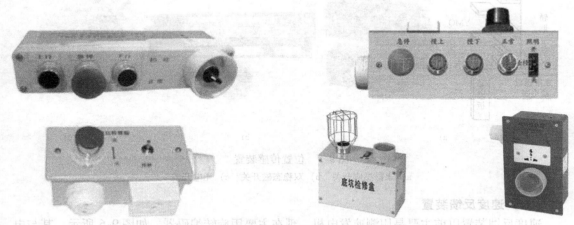

图 9-4　检修控制装置

该装置在轿顶上应给出下列指示：

1）停止装置上或其近旁应标出"停止"字样，设置在不会出现误操作危险的地方；

2）检修运行开关上或其近旁应标出"正常"及"检修"字样；

3）在检修按钮上或其近旁应标出运行方向；

4）在栏杆上应有警示符号或须知。

该装置应由能满足电气安全装置要求的开关（检修运行开关）操作。该开关应是双稳态的，并应设有误操作的防护。同时应满足下列条件：

（1）一经进入检修运行，应取消：①正常运行控制，包括任何自动门的操作；②紧急电动运行；③对接操作运行。

只有再一次操作检修开关，才能使电梯重新恢复正常运行。

（2）轿厢运行应依靠持续按压按钮，此按钮应有防止误操作的保护并应清楚地标明运行方向；

（3）控制装置也应包括一个符合规定的停止装置；

（4）轿厢速度不应大于 0.63m/s；

（5）不应超过轿厢的正常的行程范围；

（6）电梯运行应仍依靠安全装置。

控制装置也可以与防止误操作的特殊开关结合，从轿顶上控制门机构。

（五）位置传感装置

电梯的平层准确度是由位置传感装置来实现的。其型式一般有永磁感应（干簧管）开关、双稳态磁开关、光电开关位置传感器，还有用模拟选层器的等，如图 9-5 所示。

目前在电梯中广泛使用的是光电开关，既可靠精度又高。它安装在轿厢顶上。其形状与干簧管开关相似，在它的两个臂中，一个是发光的光源，一个是接收的光敏元件。在井道中每层相应位置均装有薄板制作的遮光板，当轿厢运行到规定位置时，遮光板插入两臂之间遮断光线，就会有轿厢位置的信号进入控制装置。

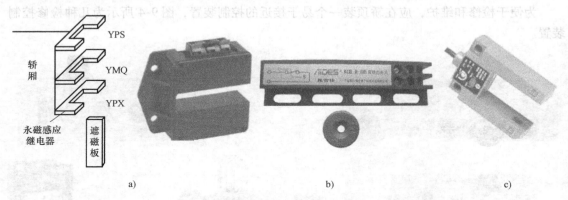

图 9-5　位置传感装置

a）永磁感应开关　b）双稳态磁开关　c）光电开关

（六）速度反馈装置

速度反馈装置以前主要是用测速发电机，现在主要用旋转编码器，如图 9-6 所示。其与电动机同轴连接，随电动机转动，将速度信号转化为电信号。由控制系统的计算机进行计算后即可得到运行速度。编码器除了能进行速度检测，还能对运行距离进行检测，并得知轿厢在井道中的实时位置。这对电梯的速度控制，尤其是按距离减速停靠是十分重要的。另外有了脉冲计数及楼层层数后，电梯还可以确定选层的方向，还可以发出指出层站、消除登记信号等信号。

图 9-6　旋转编码器

（七）端站装置

电梯在上下两个端站还有端站控制装置。（在安全保护系统中介绍）

第二节　继电器控制的典型控制环节

电梯的控制方式尽管有多种，但它们的运行过程是类似的。各种型式的电梯其控制系统均有相同的控制环节，虽然现在电梯已大多采用多计算机网络控制系统，串行通信、智能化管理、变频调速等技术使电梯的可靠性与舒适感大大提高、功能性强大，传统的继电器控制系统已退出了历史的舞台。然而继电器控制线路原理简单直观，逻辑性强，是学习其他控制的基础，故以继电器控制线路来分析有关的控制环节。

一、安全回路

（一）原理图（见图9-7）

（二）原理说明

由整流器出来的110V直流电源，正极通过熔断器1RD接到02号线，负极通过熔断器2RD接到01号线。

把电梯中所有安全部件的开关串联一起，控制电压继电器JY，只要安全部件中有任何一对触点断开，将切断JY继电器线圈电源，使JY释放。正常状态JY↑吸合。

02号线通过JY（1-2）常开点接到04号线，这样，当电梯正常有电时，04号与01号之间应有110V直流电，否则JY（1-2）切断04号线，使后面所有通过04号控制的继电器失电。

回路上串联一个电阻RY是起到一个欠电压保护作用。当继电器线圈得到110V电吸合后，如果110V电压降到一定范围，则继电器线圈仍能维持吸合。这里，当电梯初始得电时，通过JY常闭触点（15-16）使JY继电器有110V电压吸合，JY一旦吸合，其常闭触点（15-16）立即断开，让电阻RY串入JY线圈回路，使JY在一个维持电压下保持吸合。

这样当外部电源出现电压不稳定时，如果01、02两端电压降低，则JY继电器就先于其他继电器率先断开，起一个欠电压保护作用。

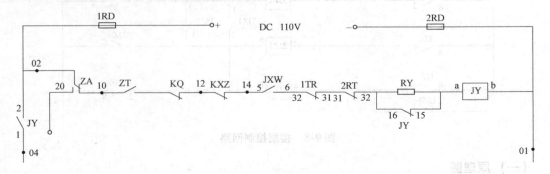

图9-7 安全回路

二、楼层控制回路

（一）原理图（见图9-8）

（二）原理说明

在电梯井道内每层都装有一只永磁感应器，分别为1YG、2YG、3YG、4YG、5YG，而在轿厢侧装有一块长条的隔磁铁板，假如电梯从1层向上运行，则隔磁铁板依次插入感应器。当隔磁铁板插入感应器时，该感应器内干簧触点闭合，控制相应的楼层继电器1JZ ~ 5JZ吸合。

根据1JZ ~ 5JZ的动作，控制1JZ1 ~ 5JZ1相应的动作。从电路中看出1JZ1 ~ 5JZ1都有吸合自保持功能，所以1JZ1 ~ 5JZ1始终有且只有一只吸合。

三、自动开关门控制线路

电梯的自动门机安装于轿厢顶上，它在驱动轿厢门起闭的同时，通过门系合装置（门刀）带动层门同步起闭。电梯对自动门机的基本要求是：在开门和关门的终端不能发生撞击；开门要快，其时间要短于关门时间；自动门机系统要具备调速功能。

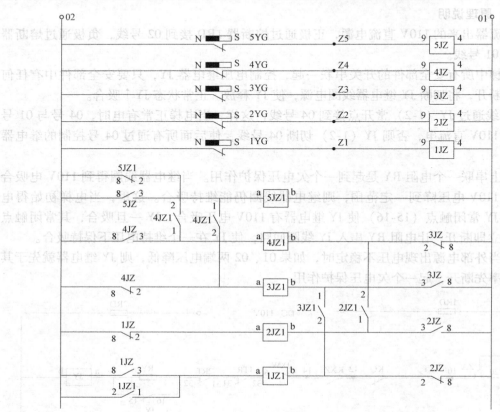

图9-8　楼层控制回路

（一）原理图

图9-9所示为直流伺服电动机作为自动门系统驱动的电气线路原理图。

（二）原理说明

1. **锁梯与投入使用**　当下班锁梯时，电梯开到基站，基站限位 KT 闭合，司机需要关闭轿内安全开关 ZA，一方面切断安全回路电源，使 JY 释放，JY（1-2）触点切断 04 号线电源，使后面所有通过 04 号控制的继电器失电（见图9-7）；JY（3-4）触点切断制动器回路电源（见图9-13）；JY（13-14）触点切断自动门机励磁绕组电源（见图9-9）；JY（5-6）触点切断厅外召唤信号回路（见图9-11）。另一方面使 02 号线接至 20 号线（见图9-7），这样，司机通过操作基站厅门外的钥匙 YK 使 JGM↑吸合进行关门锁梯（见图9-9）。

当上班开梯时，操作基站厅门外的钥匙 YK 使 JKM↑吸合门打开，进入轿厢转换安全开关 ZA，接通安全回路电源，使 JY↑吸合，投入使用状态。

2. **正常状态时的关门**　当按下要去楼层轿内指令，电梯自动确定方向，司机再按下方

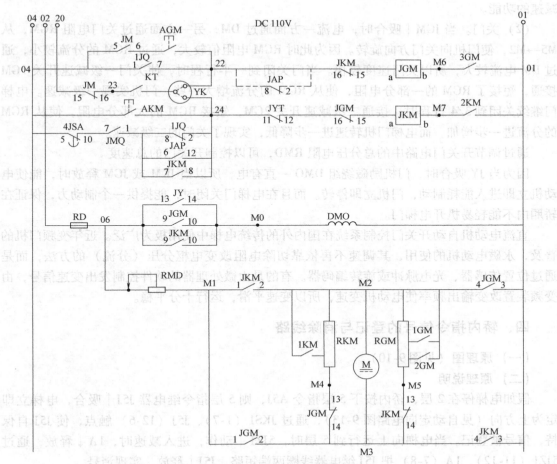

图 9-9 开关门控制回路

向按钮 AYS 或 AYX 时（见图 9-12），关门起动继电器 1JQ↑吸合，控制关门继电器 JGM↑吸合。控制门机向关门方向运转，门关闭到位后同时碰开关门限位 3GM，断开 JGM 回路，门停止运行。

3. **检修状态时的关门** 转换轿内检修开关 ZK，电梯处于检修状态，检修继电器 JM↑吸合，这时通过按下操纵盘上的关门按钮 AGM，即可使 JGM 吸合。

4. **正常状态时的开门** 电梯到站停靠时，装在轿厢上的门区感应器插入该楼层的隔磁铁板，使门区继电器 JMQ↑吸合，JMQ（1-7）使开门继电器 JKM↑吸合。门机向开门方向旋转使门打开。当门开到终端的同时，碰断开门到位限位 2KM，JKM↓释放，开门结束。

5. **检修状态时的开门** 检修状态时，只有在电梯停止运行时 JYT↓，按下 AKM 可使 JKM↑吸合，电梯开门。

6. **电梯开关门中的减速过程**

（1）开门。当 JKM↑吸合时，电流一路通过 DM，同时另一路通过开门电阻 RKM，从 M2→M4，使门机向开门方向旋转，因为此时 RKM 是全电阻值，通过 RKM 的分流较小，所以开门速度较快。当电梯门开闭到 3/4 行程时，使减速开关 1KM 接通，短接了 RKM 的大部分电阻，使通过 RKM 的分流增大，通过 DM 电流减少从而使电动机转速降低，实现了开门减速的功能。

（2）关门。当 JGM↑吸合时，电流一方面通过 DM，另一方面通过关门电阻 RGM，从 M5→M2，使门机向关门方向旋转。因为此时 RGM 电阻值较大，通过 RGM 的分流较小，通过 DM 电流较大，所以关门速度较快。当门关闭到一半行程时，使关门一级减速开关 1GM 接通，短接了 RGM 的一部分电阻，使从 RGM 的分流增大一些，门机实现一级减速。电梯门继续关闭到 3/4 行程时，接通二级减速开关 2GM，短接 RGM 的大部分电阻，使从 RGM 的分流进一步增加，而电梯门机转速进一步降低，实现了关门的二级减速。

通过调节开关门电路中的总分压电阻 RMD，可以控制开关门的总速度。

因为当 JY 吸合时，门机励磁绕组 DMO 一直有电，所以当 JKM 或 JGM 释放时，能使电动机立即进入能耗制动，门机立即停转。而且在电梯门关闭时，能提供一个制动力，保证在轿厢内不能轻易扒开电梯门。

直流电动机自动开关门控制系统在国内外的传统电梯中使用极为广泛。近年变频门机的普及，永磁电动机的使用，其调速不再依靠切除电阻改变电枢分压（分流）的方法，而是通过位置传感器、光电脉冲或旋转编码器。有的是由微处理器的软件控制发出变速信号，由变频装置改变输出频率使电动机变速，所以变速平滑，运行十分平稳。

四、轿内指令信号的登记与消除线路

（一）原理图（见图 9-10）

（二）原理说明

假如电梯停在 2 层，轿内按下 5 层指令 A5J，则 5 层指令继电器 J5J↑吸合，电梯立即定为上方向（见自动定向电路图 9-13），通过 JKS1（1-7）、J5J（12-6）触点，使 J5J 自保持，信号被登记。当电梯向上运行到 5 层时，5JZ1↑动作，进入减速时，1A↓释放，通过 5JZ1（11-12），1A（7-8）把 J5J 继电器线圈两端短路，J5J↓释放，实现消号。

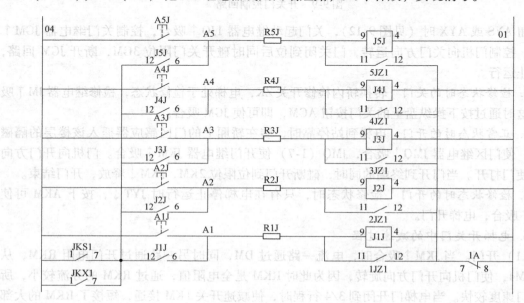

图 9-10　轿内指令信号回路

电梯停靠在本层时，按本层指令不被接受。

五、厅外召唤信号的登记与消除线路

（一）原理图（见图9-11）

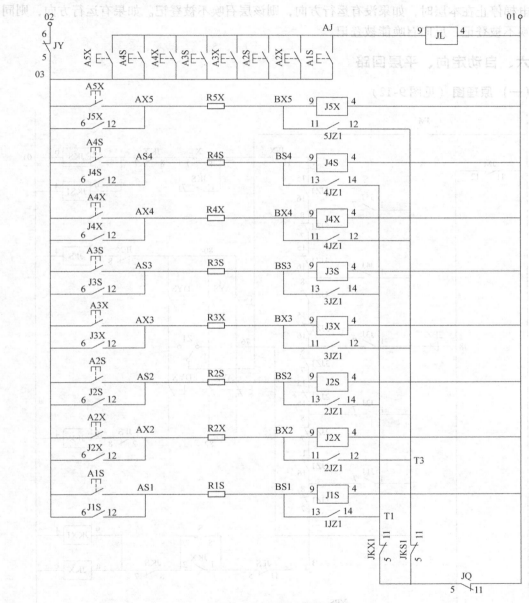

图9-11 厅外召唤信号回路

（二）原理说明：

假设电梯在1层，当3层有人按向下召唤按钮 A3X 时，3层向下召唤，继电器 J3X↑吸合，通过 J3X（6-12）触点自保持，召唤信号被登记。同时，按下 A3X 时控制蜂鸣继电器 JL↑吸合，轿内蜂鸣器响。提醒司机有人在召梯。

　　当电梯向上运行到 3 层时，3JZ1↑吸合，这时如果电梯没有继续上行的指令，则 JKS1↓释放，通过 3JZ1（13-14）、JKS1（5-11）、JQ（5-11）把 J3X 线圈两端短接，实现消号。假如这时电梯仍有上行信号，即 JKS1↑吸合，则 J3X 不消号。必须待上行任务完成，返回接应 3 层下向的乘客时，才能消号。

　　电梯停止在本层时，如果没有运行方向，则该层召唤不被登记。如果有运行方向，则同向召唤不被登记，反向召唤能被登记。

六、自动定向、平层回路

（一）原理图（见图 9-12）

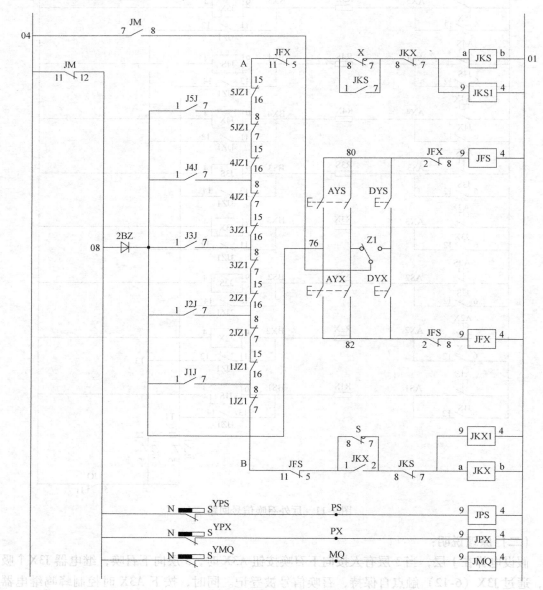

图 9-12　自动定向、平层回路

（二）原理说明

1. **自动定向**　1JZ1～5JZ1 的状态反映了当前轿厢的实际位置，不管轿厢在几层位置，相应的 nJZ1 总是把 A 到 B 这条纵线分成两段。例如，轿厢停在 3 层平层位置，则 3JZ1↑吸合，3JZ1（15-16）触点断开，将 A 和 B 两点分开。这样，如果指令信号的楼层大于轿厢位置楼层，则电源只能通过 AB 纵线的上部分而接通向上方向继电器 JKS、JKS1。反之，如果指令信号的楼层小于轿厢位置楼层，则电源只能通过 AB 纵线的下部分而接通向下方向继电器 JKX、JKX1。这就是自动定向的原理。

2. **平层、门区继电器**　在轿厢侧面装有 3 只永磁感应器，最上面的为上平层继电器 YPS，中间的为下平层感应器 YPX，下面的为门区感应器 YMQ。

在井道中每层都装有一块隔磁铁板，在平层位置时，这三只感应器应正好全部插入隔磁铁板中。分别驱动上平层继电器 JPS、下平层继电器 JPX、门区继电器 JMQ。

七、门锁、检修、抱闸线圈、运行继电器控制回路

（一）原理图（见图 9-13）

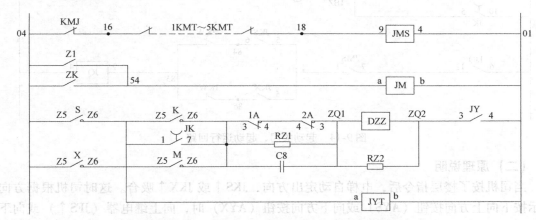

图 9-13　门锁、检修、抱闸线圈、运行继电器控制回路

（二）原理说明

1. **门锁继电器 JMS**　在每道厅门和轿门上都设有门电气联锁触点，只有当全部门关闭好后，轿门触点 KMJ 和层门电气联锁触点 1KMT～nKMT 闭合，门锁继电器 JMS↑吸合，电梯才能运行。

2. **检修继电器 JM**　Z1、ZK 为轿顶和轿内检修开关，检修开关拨至检修位时，检修继电器 JM↑吸合，电梯处于检修状态。

3. **抱闸线圈 DZZ**　在下列四种状态下，抱闸线圈得电，制动器打开：

（1）快车上行，即 S↑、K↑。

（2）快车下行，即 X↑、K↑。

（3）慢车上行，即 S↑、M↑。

（4）慢车下行，即 X↑、M↑。

电梯开始运行时，因为 1A、2A 仍未吸合，它们的常闭触点把 RZ1 短路，所以 DZZ 得以 110V 直流全电压，电梯起动后经过一段时间延时，1A↑吸合，使电阻 RZ1 串联到 DZZ

线圈中，DZZ 两端电压下降至 70V 左右，称为维持电压。电容 C8 的作用是为了 DZZ 从 110V 电压降至维持电压时有一个过渡的过程，防止 DZZ 电压的瞬变而引起误动作。电阻 RZ2 构成 DZZ 的放电回路。

为了防止电梯从快车 K 转换到慢车 M 时，DZZ 有一个断电的瞬间，所以放入 JK 延时继电器，从而保证了制动器不会发生两次动作。

4. 运行继电器 JYT　当电梯上行接触器 S↑或下行接触器 X↑吸合时，运行继电器 JYT↑吸合，表示电梯在运行之中。

八、起动关门、起动运行

（一）原理图（见图9-14）

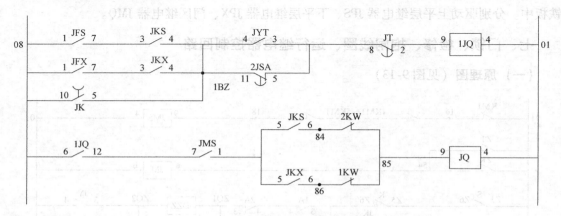

图 9-14　起动关门、起动运行回路

（二）原理说明

当司机按了楼层指令后，电梯自动定出方向，JKS↑或 JKX↑吸合。这时司机根据方向提示按下向上方向按钮（AYS）或向下方向按钮（AYX）时，向上继电器（JFS↑）或向下继电器（JFX↑）吸合，驱动开门起动继电器 1JQ↑吸合，门开始关闭。门关闭到位使门锁继电器 JMS↑吸合，通过原来的定向 JKS（5-6）或 JKX（5-6）触点，驱动起动继电器 JQ↑吸合，电梯开始快车运行。

在井道的最高和最低层分别设有一只强迫减速开关 2KW 和 1KW。当电梯达到端站减速位置时，断开强迫减速开关触点，强迫使 JQ↓释放，电梯停止快车运行而进入慢车状态。

九、加速与减速延时继电器

（一）原理图（见图9-15）

（二）原理说明

当按下方向按钮起动关门时，通过 JYT（7-8）、1JQ（5-10），使 J1SA↑吸合，此时通过 R1SA 给电容 C1SA 充电，当电梯开始运行时，JYT↑吸合，JYT（7-8）触点打开，J1SA 并未立即释放，C1SA 通过 R1SA 对 J1SA 放电，使 J1SA 仍吸合一段时间，所以 J1SA 是延时释放继电器。当 J1SA 释放时，一级加速接触器 1A↑吸合，电梯经过降压起动到一级加速后进入稳速快车状态（参看运行回路）。

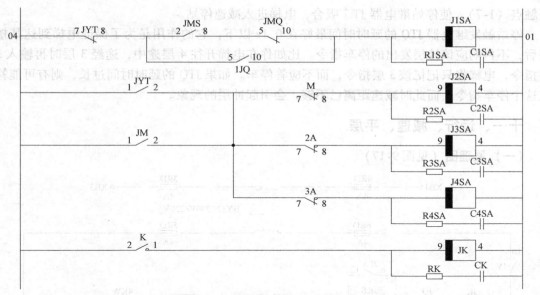

图 9-15 加速与减速延时继电器回路

电梯在快车运行状态时，J2SA↑、J3SA↑、J4SA↑都处于吸合状态，一旦转入慢车，M↑→J2SA 延时释放→2A↑→J3SA 延时释放→3A↑→J4SA 延时释放→4A↑，形成一级、二级、三级减速。在快车转慢车时，JK 也延时释放。

十、停站触发与停站回路

（一）原理图（见图 9-16）

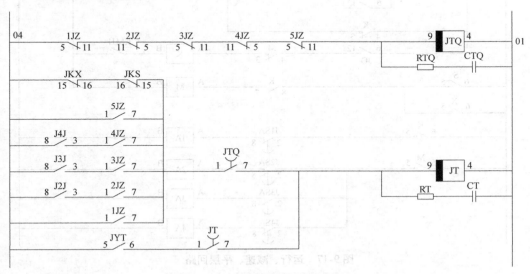

图 9-16 停站触发与停站回路

（二）原理说明

假如电梯从 1 层驶向 4 层，J4J↑吸合。电梯向上行驶，当隔磁铁板插入 4 层感应器中时，4JZ↑吸合，停站触发继电器 JTQ 延时释放。通过 J4J（3-8）、4JZ（1-7）、JTQ 延时断开触点（1-7），使停站继电器 JT↑吸合，电梯进入减速停站。

停站触发继电器 JTQ 的延时时间最好在 0.1s 以下，它的作用是为了保证电梯到达某楼层后，不再响应该楼层发出的停车指令。比如你在电梯开往 4 层途中，途经 3 层时再输入 3 层指令，电梯将只记忆该 3 层指令，而不应答停车。如果 JTQ 的延时时间过长，则有可能答应这个停车指令，而此时减速距离已不够，会引起冲层的现象。

十一、运行、减速、平层

（一）原理图（见图 9-17）

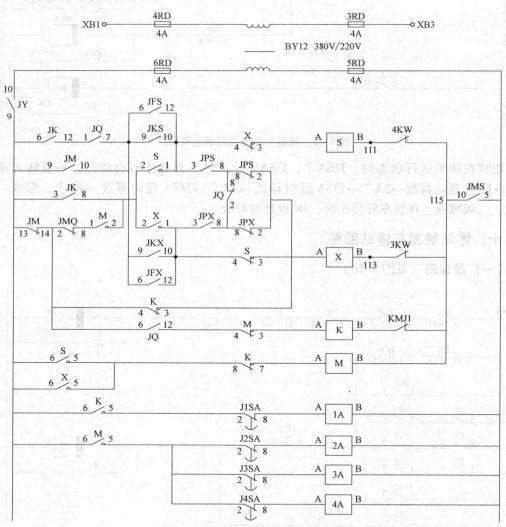

图 9-17　运行、减速、平层回路

（二）原理说明

1. 快车上行　JQ↑吸合，使快车接触器 K↑吸合，（回路 1）快车延时继电器 JK↑吸合，通过已定的方向 JKS（9-10），使向上运行接触器 S↑吸合，因为此时 1A 仍未吸合，所以电梯快车降压起动，经过延时，1A↑吸合，电梯加速，最后达到快车稳速向上运行。

2. **减速** 运行到目的层时，JQ↓释放，K↓释放，M↑吸合。在 K 释放后，S 通过（回路2）JK（3-8）、S（1-2）、X（3-4）继续保持吸合，电梯以慢车向上运行，并通过 2A、3A、4A 的逐级吸合，进行三级减速制动，最后进入慢车稳速运行。当 JK 释放后，S 通过（回路3）JM（13-14）、JMQ（2-8）、M（1-2）、S（1-2）继续自保。

3. **平层** 电梯继续慢速上行，上平层感应器率先插入楼层隔磁铁板，这时 S 可以通过（回路4）JPS（3-8）、JQ（2-8）JPX（2-8）、K（3-4）、JM（13-14）吸合，电梯再上升到门区感应器插入时，回路 3 断开，S 只通过回路 4 吸合，当下平层感应器插入时，电梯正好平层，回路 4 断开，S↓释放，M↓释放，电梯停止运行。

十二、显示回路

（一）楼层及方向显示回路原理图（见图 9-18）

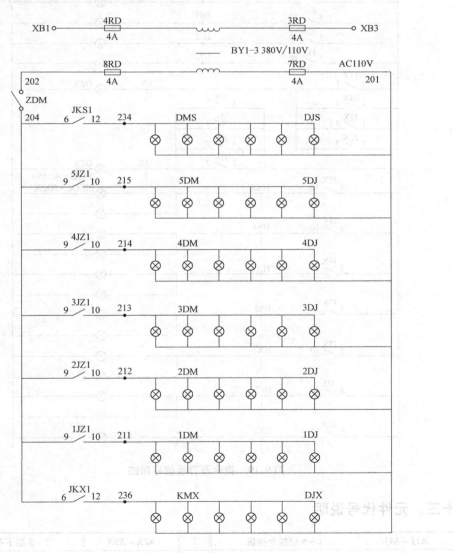

图 9-18 显示回路

（二）指令及召唤信号显示原理图（见图9-19）

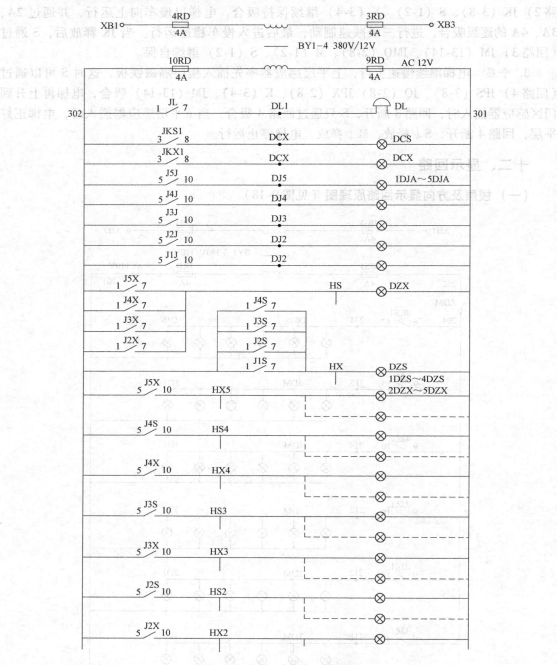

图9-19　指令及召唤信号回路

十三、元件代号说明

1	A1J ~ A4J	1 ~ 5层指令按钮	3	A2X ~ A5X	2 ~ 5层下召唤按钮
2	A1S ~ A4S	1 ~ 4层上召唤按钮	4	AKM	开门按钮

（续）

5	AGM	关门按钮	54	DZZ	制动器线圈
6	AYS	轿内向上按钮	55	DMO	门机定子(励磁线圈)
7	AYX	轿内向下按钮	56	DM	门机转子(电枢)
8	ADS	轿顶向上按钮	57	1KW	下方向强迫减速开关
9	ADX	轿顶向下按钮	58	2KW	上方向强迫减速开关
10	1YG~4YG	1~4层楼层感应器	59	3KW	下终端限位开关
11	YPS	上平层感应器	60	4KW	上终端限位开关
12	YPX	下平层感应器	61	1KM	开门一级减速开关
13	YMQ	门区感应器	62	2KM	开门终端限位开关
14	J1J~J5J	1~5层指令继电器	63	1GM	关门一级减速开关
15	J1S~J4S	1~4层上召唤继电器	64	2GM	关门二级减速开关
16	J2X~J5X	2~5层下召唤继电器	65	3GM	门终端限位开关
17	1JTZ~5JTZ	1~5层楼层继电器	66	KT	基站限位开关
18	1JTZ1~5JTZ1	1~5层楼层控制继电器	67	ZA	安全开关
19	JKM	开门继电器	68	ZT	急停开关
20	JGM	关门继电器	69	KQ	安全窗开关
21	1JQ	关门起动继电器	70	KXZ	底坑断绳开关
22	JQ	起动运行继电器	71	Z1	轿顶检修开关
23	JKS	上方向继电器	72	ZM	轿内检修开关
24	JKS1	上方向辅助继电器	73	YK	基站钥匙开关
25	JKX	下方向继电器	74	KMJ	轿门门电气联锁开关
26	JKX1	下方向辅助继电器	75	1KMT~5KMT	1~5层层门电气联锁开关
27	JFS	向上继电器	76	RY	电压继电器分压电阻
28	JFX	向下继电器	77	RZ1	制动器分压电阻
29	JMS	门锁继电器	78	RZ2	制动器放电电阻
30	JY	电压继电器	79	RMD	门机总速度调整电阻
31	JM	检修继电器	80	RKM	开门减速度调整电阻
32	JYT	运行继电器	81	RGM	关门减速度调整电阻
33	JTQ	停站触发继电器	82	R1SA	一级加速延时调整电阻
33	JT	停站继电器	83	R2SA	一级减速延时调整电阻
34	J1SA	一级加速延时继电器	84	R3SA	二级减速延时调整电阻
35	J2SA	一级减速延时继电器	85	R4SA	三级减速延时调整电阻
36	J3SA	二级减速延时继电器	86	RTQ	停站触发延时调整电阻
37	J4SA	三级减速延时继电器	87	RT	停站继电器延时调整电阻
38	JK	快车延时继电器	88	RK	快车延时调整电阻
39	JL	蜂鸣器继电器	89	R1J~R5J	1~5层指令消号电阻
40	JPS	上平层继电器	90	R1S~R4S	1~4层上召消号电阻
41	JPX	下平层继电器	91	R2X~R5X	2~5层下召消号电阻
42	JMQ	门区继电器	92	C8	制动器电容
43	JXW	相序继电器	93	C1SA	一级加速延时电容
44	1RT	快车继电器	94	C2SA	一级减速延时电容
45	2RT	慢车继电器	95	C3SA	二级减速延时电容
46	S	上行接触器	96	C4SA	三级减速延时电容
47	X	下行接触器	97	CK	快车延时电容
48	K	快车接触器	98	CTQ	停站触发延时电容
49	M	慢车接触器	99	CT	停站继电器延时电容
50	1A	快车一级加速接触器	100		
51	2A	慢车一级减速接触器	101		
52	3A	慢车二级减速接触器	102		
53	4A	慢车三级减速接触器	103		

第三节 PLC 与计算机控制电梯

一、PLC 控制

PLC 机是可编程序控制器的简称。它是一种数字运算操作的电子系统，专为在工业环境下应用而设计，它采用可编程的存储器，用于存储执行逻辑运算、顺序控制、定时、计数和算术运算等操作指令。并通过数字式或模拟式输出控制各种类型的机械或生产过程。已成为现代十分重要和应用场合最多的工业控制器。

PLC 机控制的优点：结构紧凑简单、可靠性高、稳定性好、编程简单、使用方便、维护检查方便、采用模块化结构、扩展容易和使用范围灵活等。

电梯的电气控制由传统的继电器逻辑线路控制到计算机控制，这之间是由 PLC 过渡的，时间虽然短暂，但它开拓了一个新的领域。目前，PLC 机在电梯上多用于控制简单的货梯、杂物梯和自动扶梯。

二、计算机控制

计算机在电梯控制上的应用，使得电梯控制系统体积减小、节省能源、可靠性提高。可编程使灵活性增大，更在实现复杂功能的控制上显出优越性。

（一）计算机在电梯上应用的功能及特点

1. 功能　计算机的功能是很多的，运用到电梯控制系统上主要是用来：

（1）取代全部或部分的继电器；

（2）取代传统选层方法，结合旋转编码器实现数字选层；

（3）解决调速问题；

（4）实现复杂的调配管理。

2. 特点

（1）采用无触点逻辑线路，以提高系统的可靠性，降低维修费用，提高产品质量；

（2）可改变控制程序，灵活性大。可适应各种不同的要求，实现控制自动化；

（3）可实现故障显示及记录，使维修简便，减少故障时间，提高运行效率；

（4）用计算机调速，提高电梯的舒适感；

（5）用计算机实现群控管理，合理调配电梯，可以提高电梯运行效率，节约能源；

（6）计算机控制装置体积小，可减少控制装置占地面积。

（二）计算机控制的主要方式

计算机控制电梯的方式是根据电梯的功能要求，以及电梯的不同类型进行设计的。因此，控制方式各有不同。

1. 单片机控制方式-即只有一个 CPU（中央处理单元）

利用单片机控制电梯具有成本低、通用性强、灵活性大及易于实现复杂控制等优点。可以设计出专门的电梯计算机控制装置。

（1）用单片机控制的调速系统。例如，用 TP801 组成的控制系统所控制的调速系统，如图 9-20 所示，或用来控制管理系统等。

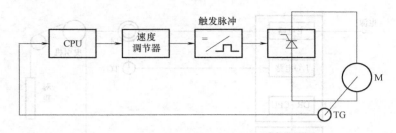

图 9-20 单片机控制的调速系统

（2）用单片机组成的电梯控制系统。如图 9-21 所示。

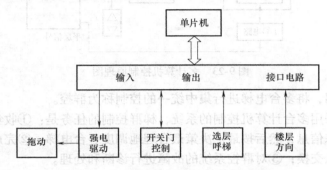

图 9-21 单片机的电梯控制系统

2. 双计算机控制方式 采用双计算机组成交流电梯控制系统，可使电梯性能大大改善，使舒适感提高，平层精确，可靠性提高。

此种方式是由控制系统 CPU 和拖动系统 CPU 以及部分继电器组成整个电梯的控制系统。可以实现起制动闭环、稳速开环控制，也可实现全闭环控制。相对于双速电梯，运行的舒适感和平层精度大大提高，如图 9-22 所示。

3. 三计算机控制方式 也称为多计算机控制方式。例如，上海三菱的 VFCL 系统，即采用三个 CPU 来控制电梯，它的基本控制原理如图 9-23 所示。

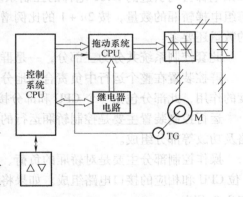

图 9-22 双计算机控制方式

VFCL 系统由三部分组成，即 DR-CPU 驱动部分，CC-CPU 控制和管理部分和 ST-CPU 串行传输部分。

VFCL 系统的驱动部分 DR-CPU，采用 VVVF 方式对曳引机进行速度控制，效率高、节能，并具有减少电动机发热等优点。

控制和管理部分均由 CC-CPU 控制，控制部分的主要功能是对选层器、速度图形和安全检查电路三方面进行控制。管理部分的主要功能是负责处理电梯的各种运行。

VFCL 系统的 ST-CPU 系统是串行传输系统，它的优点是无论楼层多高，传输线只有 6 根。主要是利用载波传输。

4. 群控电梯的计算机控制方式 为了提高建筑物内多台电梯的运行效率，节省能耗，

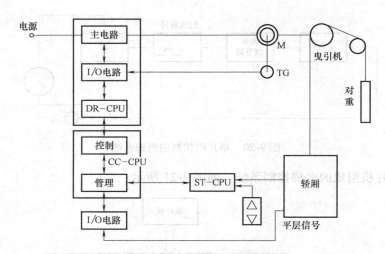

图 9-23　多计算机控制原理图

减少乘客的候梯时间，将多台电梯进行集中统一的控制称为群控。

群控目前都是采用多台计算机控制的系统，梯群控制的任务是：①收集层站呼梯信号及各台电梯的工作状态信息，然后按最优决策最合理地调度各台电梯；②完成群控管理机与单台梯控制微机的信息交换；③对群控系统的故障进行诊断和处理。

使用计算机对群控电梯进行控制，方式也各有不同，使用计算机的数量也有所不同。例如某电梯公司引进的 E401 电梯的控制系统，使用 16 位微处理器，使用 CPU 的数量是根据每组电梯轿厢的数量，按 $2n+1$ 的比例增加，如果再加上人工语言合成和直观显示等，CPU 的数量还要多。

此套控制系统共分为三部分，一是群控装置，二是运行控制装置，三是轿厢操作控制。

群控装置在整个运行中负责合理地分配轿厢，对呼梯进行登记和显示，主要是分派和调度的作用，此部分包括一个 CPU 和部分接口电路。

运行控制装置主要是控制轿厢运行的速度、方向和制动。它由一只 16 位 CPU、接口电路及功放等部分组成。

操作控制部分主要是对轿厢的负荷、命令、位置进行处理，包括语音合成等。使用一只 8 位 CPU 和相应的接口电路组成。如果将语音合成和直观显示部分包括进去，每个轿厢又增加 2 个 CPU。

此种控制还包括位置传感器、转速传感器、负荷传感器，以便向控制系统、拖动系统提供信息，使电梯平稳运行，并完成各种特殊功能的控制。

第十章

安全保护与防护

电梯是载人的垂直交通工具，从它诞生起就一直将安全运行放在首位。电梯的安全，首先是对人员的保护，同时也要对电梯本身和所载物资以及安装电梯的建筑物进行保护。

电梯可能发生的危险一般有：人员被剪切、挤压、撞击和被困；人员被电击、轿厢超越极限行程发生冲顶或撞底；轿厢超速或因断绳造成坠落；发生火灾；由于机械损伤、磨损、锈蚀等引起材料失效、强度丧失而造成结构破坏等。所以电梯和零部件从设计、制造、安装等各个环节都要考虑防止危险的发生。同时维护保养和使用也十分重要，很多事故就是由于维护保养不到位使电梯状态不良和不正确的使用造成的。

电梯的安全性除了在结构的合理性、可靠性、电气控制和拖动的可靠性方面充分考虑外，还针对各种可能发生的不安全状态，设置专门的安全保护与防护措施，一旦出现某种不安全状态，安全装置及时起作用，确保电梯的安全。

第一节　防止超越行程的保护

为防止电梯由于控制方面的故障，轿厢超越顶层或底层端站继续运行，必须设置保护装置以防止轿厢冲顶或撞底的严重后果的发生。但防止越程的保护装置只能防止在运行中控制故障造成的越程，若是由于曳引绳打滑、制动器失效或制动力不足造成轿厢越程，则该保护装置无能为力。

防止越程的保护装置一般由设在井道内上下端站相应位置的强迫换速开关、限位开关和极限开关组成，俗称端站三级保护。

图 10-1 所示为目前广泛使用的电梯端站安全保护开关的位置示意图。这些开关或碰轮都安装在固定于导轨的支架上，由安装在轿厢上的打板（碰铁）触动而动作。强迫换速开关、限位开关和极限开关均为电气开关，尤其是限位和极限开关必须符合电气安全触点要求。

一、强迫换速开关

顾名思义强迫换速开关的意思是不管何种原因，只要碰上它电梯必须换速。它是电梯防止越程的第一道防护，一般设置在端站正常换速开关之后。也就是在端站有两套换速装置，一套是正常换速装置，另一套是强迫换速装置。

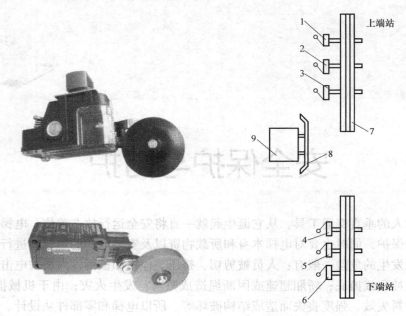

图 10-1　端站开关

1、6—极限开关　2、5—上、下开关　3、4—上下强缓开关　7—导轨　8—碰铁　9—轿厢

当强迫换速开关被撞动起作用时，轿厢立即进入减速运行。在高速电梯中，根据不同运行段的运行速度，可分别设置对应的强迫换速开关（即有多个强迫换速开关），分别用于短行程和长行程的强迫换速。

对于曳引驱动的电梯，强迫换速开关动作的方式：

1）直接利用处于井道顶部或底部的轿厢与相应开关碰撞或位置传感器；

2）间接利用旋转编码器与程序控制相结合。

二、限位开关

限位开关是防止越程的第二道保护，当轿厢在端站超越平层而触动限位开关时，立即切断方向控制回路，进而切断制动器回路进行制停，从而使电梯停止运行。但此时仅仅是防止向危险方向的运行，电梯仍能向反安全方向运行。

限位开关安装在超越上下端站 50 ~ 200mm 的位置上。

限位开关必须符合电气安全触点要求，不能使用普通的行程开关和磁开关、干簧管开关等传感装置。

三、极限开关

极限开关是防止越程的第三道保护。当限位开关动作后电梯仍不能停止运动时，极限开关起作用。

（一）总则

（1）电梯应设极限开关。极限开关应设置在尽可能接近端站时起作用而无误动作危险的位置上。

（2）极限开关应在轿厢或对重（如有）接触缓冲器之前起作用，并在缓冲器被压缩期间保持其动作状态。

（二）极限开关的动作

（1）正常的端站停止开关（装置）和极限开关应采用分别的动作装置；

（2）限位开关和极限开关均安装在超越上下端站 50～200mm 的位置上。但它们必须采用分别的动作装置，且不能同时动作；

（3）对于强制驱动的电梯，极限开关的动作应由下述方式实现：

1）利用与电梯驱动主机的运动相连接的一种装置；

2）利用处于井道顶部的轿厢和平衡重（如有）；

3）如果没有平衡重，则利用处于井道顶部和底部的轿厢。

（4）对于曳引驱动的电梯，极限开关的动作应由下述方式实现：

1）直接利用处于井道顶部和底部的轿厢；

2）利用一个与轿厢连接的装置，如钢丝绳、皮带或链条。该连接装置一旦断裂或松弛，则一个符合规定的电气安全装置应使电梯驱动主机停止运转。

（三）极限开关的作用方法

（1）极限开关应通过下列方法断开：

1）采用强制的机械方法直接切断电动机和制动器的供电回路；

2）通过符合规定的电气安全装置。

例如，通过一个电气安全装置，切断向两个接触器线圈直接供电的电路。由交流或直流电源直接供电的电动机，必须用两个独立的接触器切断电源，接触器的触点应串联于电源电路中。电梯停止时，如果其中一个接触器的主触点未打开，则最迟到下一次运行方向改变时，必须防止轿厢再运行。

（2）极限开关动作后，电梯应不能自动恢复运行，也就是电梯在上下两个方向上均不能运行。

（3）极限开关必须符合电气安全触点要求，不能使用普通的行程开关和磁开关、干簧管开关等传感装置。

第二节　防止电梯超速和坠落的保护

当电梯由于控制失灵不起作用时，曳引力不足、制动器失灵或制动力不足以及曳引绳断裂或绳头端接装置损坏等原因都会造成轿厢超速和坠落，这是一种危险状态。因此，针对此状况应设置保护装置或保护装置的组合及其触发机构来防止坠落、下行超速，或曳引式电梯的上行和下行的超速。

防止轿厢超速和坠落的保护主要由执行保护装置和触发装置组成，他们是一个不可分割的整体。

曳引式和强制式电梯应按照表 10-1 设置保护装置。

表 10-1　防止轿厢超速和坠落的保护装置

危险状况	执行保护装置	触发装置
轿厢坠落和轿厢下行超速	安全钳	限速器
对重或平衡重的坠落	安全钳	限速器，或对于额定速度不大于 1.0 m/s 的电梯： -由悬挂装置的破断触发； -由安全绳触发
上行超速(仅曳引式电梯)	轿厢上行超速保护装置	包括在轿厢上行超速保护装置中

一、触发装置

目前触发方式有限速器触发、悬挂装置的断裂触发、安全绳、轿厢向下移动触发（钢丝绳触发和杠杆触发）。

（一）限速器触发装置

限速器是传统的、典型的电梯运行速度的反映和操纵触发安全钳的保护装置。对于有机房电梯，限速器一般安装在机房，对于无机房电梯，限速器一般安装在井道顶部。安全钳是限速器的执行装置，一般安装在轿厢下部底梁两侧或对重底部两侧。

限速器—安全钳联动原理如图 10-2 所示。限速器钢丝绳通过限速轮一端与轿厢操作拉

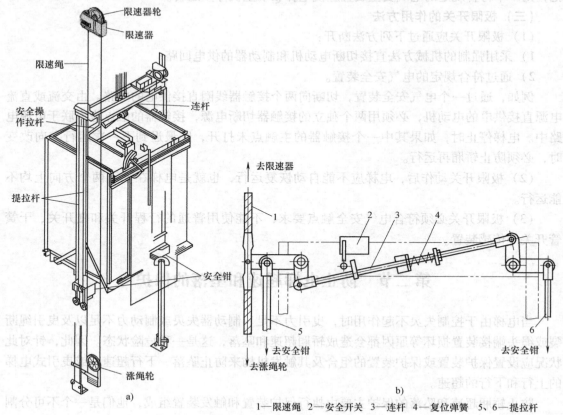

1—限速绳　2—安全开关　3—连杆　4—复位弹簧　5、6—提拉杆

图 10-2　限速器—安全钳联动原理图

a）联动图　b）限速器、安全钳连杆示意图

杆的绳头连接，另一端下到底坑通过涨绳轮返回到提拉杆的绳头再次连接形成闭环，当轿厢运行时限速器绳随轿厢一起运行并带动限速器绳轮旋转，把轿厢运行的线速度转化为限速器绳轮的旋转速度，因此，限速器绳轮旋转速度就是轿厢的速度。

一种状态：当轿厢上行或下行超过额定速度的某一速度值时，首先，限速器上的电气装置起作用，通过电气触点使制动器失电进行制动使电梯停止运行。当电梯超速时，电气装置动作后仍不能使电梯停止，当电梯速度再达到一定值后，限速器机械动作卡住限速绳，通过限速绳及提拉杆拉动安全钳夹住导轨将轿厢制停。

另一种状态：当曳引绳断绳造成轿厢（或对重）坠落时，同理也由限速器的机械动作拉动安全钳，使轿厢制停在导轨上。限速器和安全钳的动作是一种机械强制性的制动，制动后，必须将轿厢（或对重）提起，并经称职人员检测调整后方能恢复使用。

1. 种类与结构原理

（1）种类。限速器种类很多，如图 10-3 所示。按结构常见的限速器有甩块式限速器、抛球式限速器、摆杆式限速器等；按作用方向有单向限速器和双向限速器；按限速器在动作时对钢丝绳夹绳的方式有夹紧式和曳引式。夹紧式又可分为刚性夹紧和弹性夹紧。

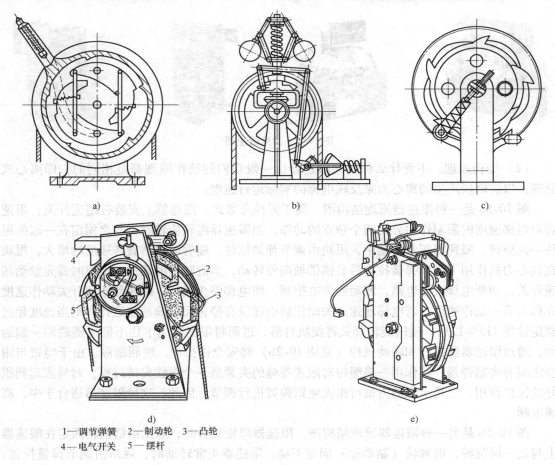

1—调节弹簧　2—制动轮　3—凸轮
4—电气开关　5—摆杆

图 10-3　限速器种类
a) 甩块式（刚性夹紧）　b) 抛球式（弹性夹紧）　c) 下摆杆式（曳引力）　d) 上摆杆式　e) 双向式

　　刚性夹紧式限速器对钢丝绳的夹持力是不可调的，绳索一旦被夹住，就会越夹越紧，因此称为刚性夹紧式。刚性夹持式对钢丝绳的损伤比较大，仅适用于低速电梯，一般限速器上没有超速开关，正常情况下，绳钳与钢丝绳之间应有 3mm 以上的间隙，绳钳上端的压缩弹簧在绳钳夹持钢丝绳时能起到一点缓冲作用。现已被淘汰。

　　弹性夹紧式限速器的绳钳对限速器绳的夹紧是一个弹性夹持过程，对绳索起到很好的保护作用时，再有卡绳的力量可由夹绳钳弹簧进行调节，其是目前广泛使用的一种型式。

　　当要求电梯对上行方向的超速也起保护作用时，双向限速器即具有双向动作功能。

　　图 10-4 所示为当前电梯中几种常见限速器图片。

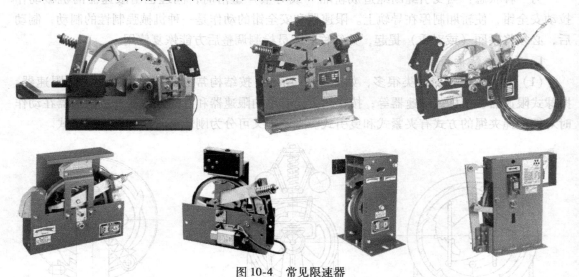

图 10-4　常见限速器

　　（2）结构原理。不管什么种类的限速器，一般它们的动作原理都是相同的，即离心式原理，以旋转所产生的离心力来反映电梯的实际运行速度。

　　图 10-5a 是一种限速器原理结构图，属于弹性夹紧式。限速器上安装有超速开关，限速器对电梯速度的限制作用分为两个独立的动作。当限速器绳轮旋转时，与之固定在一起的甩块一同旋转，限速器正常转动中，甩块由调节弹簧拉住，随着限速器旋转速度的增大，甩块在离心力的作用下克服弹簧拉力沿着锚销轴向外转动，当旋转速度超过一定值时首先触动超速开关，切断电梯安全电路，制动器失电抱闸，使电梯停止运行。限速器超速开关动作速度亦称为第一动作速度。若电梯超速开关动作后电梯没有停止而继续超速运行，则当速度超过额定速度 115% 以后，碰闩旋转开关将楔块打落，进而将限速器绳卡住不能再随轿厢一起运动，通过限速器绳拉杆和联动机构（见图 10-2b）将安全钳拉动，轿厢制停。由于绳钳与钳座之间有夹紧弹簧，其作用一是绳钳对限速器绳的夹紧是一个弹性夹持过程，对绳索起到很好的保护作用，二是卡绳的力量可由夹绳钳弹簧进行调节，因此，这种限速器适合于中、高速电梯。

　　图 10-5b 是另一种限速器原理结构图。限速器绳轮旋转时，棘爪由锚销轴固定在限速器上与之一同旋转，而棘轮（制动轮）固定不动。限速器正常转动时，棘爪由调节弹簧拉住，随着限速器旋转速度的增大，棘爪的离心力也在增大，克服弹簧拉力沿着锚销轴向外转动，当限速器旋转速度超过额定速度 115% 以后，棘爪的离心力摆脱了弹簧的束缚，向外转动卡

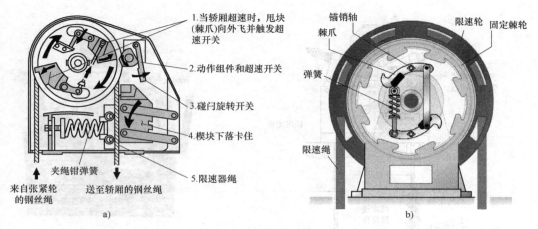

图 10-5 限速器原理结构图

a）弹性夹紧式 b）摩擦力式

在棘轮上，使限速器停止转动。依靠限速绳与限速轮之间的摩擦力（曳引力）驱动拉杆和联动机构将安全钳提拉起来，轿厢制停。其适用于低速电梯。

2. 限速器的要求

（1）限速器动作速度。操纵轿厢安全钳的限速器的动作速度应至少等于额定速度的115%，但应小于下列各值：

1）对于除了不可脱落滚柱式以外的瞬时式安全钳，为 0.80m/s；

2）对于不可脱落滚柱式瞬时式安全钳，为 1.00m/s；

3）对于额定速度小于等于 1.00m/s 的渐进式安全钳，为 1.50m/s；

4）对于额定速度大于 1.00m/s 的渐进式安全钳，为 $\left(1.25v+\dfrac{0.25}{v}\right)$ m/s（v 为电梯额定速度）。

（2）动作速度的选择。对于额定速度大于 1m/s 的电梯，建议选用上述的上限值动作速度。对于额定载重量大，额定速度低的电梯，应专门为此设计限速器，并建议选用上述的下限值动作速度。若对重也设有安全钳，则对重限速器的动作速度应大于轿厢限速器的动作速度，但不得超过 10%。

（3）响应时间。为确保在达到危险速度之前限速器动作，限速器动作点之间对应于限速器绳移动的最大距离不应大于 250mm。

（4）限速器绳与张紧装置。

1）限速器钢丝绳应符合 GB 8903—2005 的规定，因为限速器的旋转是由限速器钢丝绳与限速器绳轮产生的摩擦力来驱动的。为了不使限速器绳在绳轮上产生滑移，精确地反映轿厢的运行速度，必须使限速器绳具有一定的张紧力，所以，限速器绳的张紧装置必不可少。

图 10-6 所示为一种限速器绳的张紧装置，它由张紧轮、配重铁、电气开关和支架等组成。通过支架固定在导轨上，张紧轮和配重铁可沿着转轴转动，正常情况下，张紧轮通过限速器绳提拉保持在水平位置上，同时张紧轮和配重铁使得限速器绳具有一定的张紧力。当限速器绳伸长或断绳时，使电气开关动作，切断电气安全回路，确保限速器正常。

2）限速器绳的最小破断拉力相对于限速器动作时产生的限速器绳的提拉力的安全系数

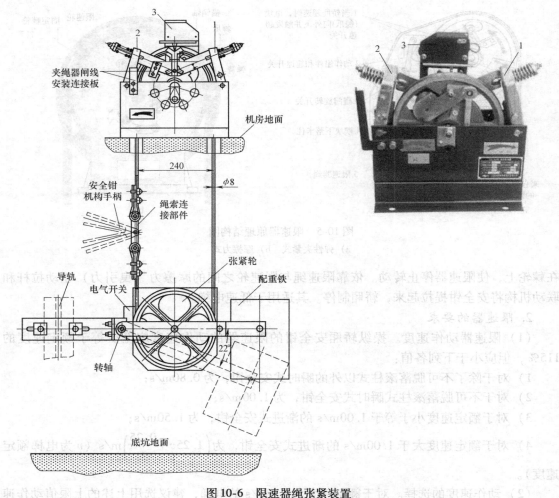

夹绳器闸线
安装连接板

机房地面

240

φ8

安全钳
机构手柄

绳索连
接部件

导轨

电气开关

转轴

张紧轮

配重铁

22°

底坑地面

图 10-6　限速器绳张紧装置

1、2—左右夹绳装置　3—电气开关

不应小于 8。对于摩擦型限速器，考虑摩擦系数 μ_{max} = 0.2 时的情况。

3）限速器绳的公称直径不应小于 6mm，限速器绳轮的节圆直径与绳的公称直径之比不应小于 30。

4）限速器绳应采用具有配重的张紧轮张紧，张紧轮或其配重应具有导向装置。限速器可以作为张紧装置的一部分，但其动作速度不能因张紧装置的移动而改变。

5）在安全钳作用期间，即使制动距离大于正常值，也应保持限速器绳及其端接装置完好无损。

6）限速器绳应易于从安全钳上取下。

（5）限速器绳的张紧力。

1）限速器动作时，限速器绳的提拉力不应小于以下两个值的较大者：

① 使安全钳动作所需力的 2 倍；

② 300N。

若达不到这个要求，则很可能会发生限速器动作时限速器绳在限速器绳轮上打滑提不动安全钳，而轿厢继续超速向下运动。

2）对于没有夹绳、压绳装置而只靠摩擦力来产生提拉力的限速器，为了提高制动力其轮槽应：

① 经过额外的硬化处理；

② 具有符合规定的切口槽（GB 7588—2003）。

（6）限速器的电气安全装置。限速器必须有非自动复位的电气安全装置，应满足下列要求：

1）在轿厢上行或下行的速度达到限速器动作速度之前，限速器或其他装置上符合规定的电气安全装置使电梯驱动主机停止运转。但是，如果额定速度不大于 1.0m/s，则该电气安全装置最迟可在限速器达到其动作速度时起作用。

2）如果安全钳释放后，限速器未能自动复位，则在限速器未复位时，符合规定的电气安全装置应防止电梯的起动。但是，在紧急电动运行规定的情况下，该装置应不起作用。

3）限速器绳断裂或过分伸长时，一个符合规定的电气安全装置使驱动主机停止运转。

4）限速器动作后，应由称职人员使电梯恢复使用。

（7）限速器的方向标记。限速器上应标明与安全钳装置动作相应的旋转方向。

（8）限速器的响应时间。限速器动作前的响应时间应足够短，不允许在安全钳装置动作前达到危险速度。

（9）限速器的可接近性。限速器应满足下列条件：

1）限速器在任何情况下，都应是可接近的，以便于检查和维护；

2）如果限速器设置在井道内，则应能从井道外面接近；

3）当下列三个条件均满足时，上述要求不再适用：

① 能够从井道外使用远程控制（除无线方式外）的方式来实现限速器动作，这种方式应不会造成限速器的意外动作，且非被授权人员不能接近远程控制的操纵装置；

② 能够从轿顶或从底坑接近限速器进行检查和维护；

③ 限速器动作后，提升轿厢、对重（或平衡重）能使限速器自动复位。如果从井道外采用远程控制的方式使限速器的电气部分复位，则不应影响限速器的正常功能。

（10）限速器动作的可能性。在检查或测试期间，应有可能在低于规定的速度下通过某种安全的方式使限速器动作来触发安全钳动作。

如果限速器是可调节的，则限速器上调节甩块或摆锤动作幅度（也是限速器动作速度）的弹簧，在调整后必须有防止螺帽松动的措施，并加封记，压绳机构、电气触点触动机构等调整后，也要有防止松动的措施和明显的封记，以防在未破坏封记的情况下重新调整。

（11）限速器上应设置铭牌，标明①限速器制造商名称；②型式试验证书编号；③限速器型号；④所整定的动作速度。

最好还应标明限速器绳的最大张力。

（12）限速器是安全部件，应按要求进行验证，应有型式实验合格证和报告。

（13）投入使用后的电梯，其限速器应两年进行一次校验。

（二）悬挂装置的断裂触发

如果安全钳通过悬挂装置的断裂触发，则应满足下列条件：

（1）触发机构的提拉力不应小于以下两个值的较大者：

1）使安全钳动作所需力的 2 倍；

2）300N。

（2）当使用弹簧触发安全钳时，应使用带导向的压缩弹簧。

（3）在测试过程中，应不需进入井道就能进行安全钳和触发机构的测试。为了能实现该测试，应设置一种装置，在轿厢下行过程中（正常运行状态下），通过悬挂钢丝绳张紧的松弛使安全钳动作。如果该装置是机械的，则操作该装置所需的力不应超过 400N。在测试完成后，应检查确认未出现对电梯正常使用有不利影响的损坏或变形。

注：允许该装置放置在井道内，但在测试时将其移到井道外。

（三）安全绳触发

如果安全钳通过安全绳触发，则应满足下列条件：

（1）安全绳的提拉力不应小于以下两个值的较大者：

1）使安全钳动作所需力的 2 倍；

2）300N。

（2）安全绳应符合 GB 8903—2005《电梯用钢丝绳》的规定。

（3）安全绳应靠重力或弹簧张紧，该弹簧即使断裂也不影响安全性能。

（4）在安全钳作用期间，即使制动距离大于正常值，安全绳及其端接装置也应保持完好无损。

（5）安全绳断裂或松弛时，一个符合规定的电气安全装置使驱动主机停止运转。

（6）安全绳滑轮与任何悬挂钢丝绳或链条的轴或滑轮组分别设置，并设置符合规定的防护装置。

（四）轿厢向下移动触发

（1）钢丝绳触发。如果安全钳通过与其连接的钢丝绳触发，则应满足下列条件：

1）在正常停站后，按照要求的力，卡绳机构夹住一根连接在安全钳上的符合规定的钢丝绳（如限速器绳）；

2）卡绳机构应在轿厢正常运行期间释放；

3）卡绳机构应靠带导向的压缩弹簧和（或）重力动作；

4）在所有情况下能进行紧急操作；

5）卡绳机构上符合规定的电气安全装置应最迟在夹紧钢丝绳的瞬间使驱动主机停止运转，并防止轿厢继续正常向下运行；

6）在轿厢向下运行期间，应采取预防措施避免在电源中断的情况下由钢丝绳引起安全钳的意外动作；

7）钢丝绳系统和卡绳机构应在安全钳动作期间不会发生损坏；

8）钢丝绳系统和卡绳机构应不会因轿厢向上运行而发生损坏。

（2）杠杆触发。如果安全钳通过与其连接的杠杆触发，则应满足下列条件：

1）在正常停站后，连接在安全钳上的杠杆伸展到与设置在每一层站的固定挡块相啮合的位置；

2）在轿厢正常运行期间，杠杆应收回；

3）杠杆向伸展位置的移动应由带导向的压缩弹簧和（或）重力来实现；

4）在所有情况下能进行紧急操作；

5）在轿厢向下运行期间，应采取预防措施避免在电源中断的情况下由杠杆引起安全钳的意外动作；

6）杠杆和固定挡块系统在下列情况下均不会损坏：

① 在安全钳动作期间，即使在制动距离较长的情况下；

② 轿厢向上运行；

7）电梯正常停靠后，如果杠杆不在伸展位置，则一个电气装置应防止轿厢的任何正常运行，轿门应关闭，电梯退出运行；

8）当杠杆不在收回位置时，一个符合规定的电气安全装置应防止轿厢的任何正常向下运行。

二、安全钳装置

安全钳由触发装置触发，是一种以机械动作将轿厢（或对重）强行制停在导轨上的机械装置。

图10-7 所示为几种安全钳外形图。

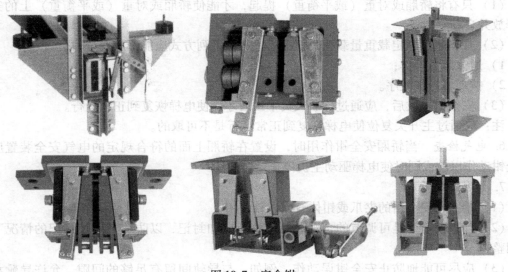

图10-7 安全钳

（一）安全钳的要求

1. 总则

（1）安全钳应能在下行方向动作，并且能使载有额定载重量的轿厢或对重（或平衡重）达到限速器触发速度时制停，或者在悬挂装置断裂的情况下，能夹紧导轨使轿厢、对重（或平衡重）保持停止。根据国标的规定，可使用具有上行动作附加功能的安全钳。

（2）安全钳是安全部件，应根据 GB 7588—2003 的要求进行验证。

（3）安全钳上应设置铭牌，标明①安全钳制造商名称；②型式试验证书编号；③安全钳的型号；④如果是可调节的，则应标出所允许的载荷范围，或者在使用说明书（手册）中说明与载荷范围关系的情况下标出调试参数。

2. 安全钳的使用条件

（1）轿厢安全钳。

1）应是渐进式的；

2）如果电梯额定速度小于或等于0.63m/s，可以是瞬时式的。对于液压电梯，仅在破裂阀触发速度或节流阀（或单向节流阀）最大速度不超过0.80m/s时，才能使用不由限速器触发的不可脱落滚柱式以外的瞬时式安全钳。

（2）如果轿厢、对重或平衡重具有多套安全钳，则他们均应是渐进式的。

（3）如果额定速度大于1.0m/s，对重（或平衡重）安全钳应是渐进式的，其他情况下，可以是瞬时式的。

3. 动作方法　轿厢和对重（或平衡重）安全钳的动作应由各自的限速器来控制。

若额定速度小于或等于1m/s，对重（或平衡重）安全钳可借助悬挂机构的断裂或借助一根安全绳来动作。

4. 减速度　载有额定载重量的轿厢或对重（或平衡重）在自由下落的情况下，渐进式安全钳制动时的平均减速度应为$0.2 \sim 1.0g_n$。

5. 释放

（1）只有将轿厢或对重（或平衡重）提起，才能使轿厢或对重（或平衡重）上的安全钳释放并自动复位。

（2）在不超过额定载重量载荷的情况下，采取下列方式应能释放安全钳：

1）通过紧急操作；

2）按现场操作程序。

（3）安全钳释放后，应通过称职人员干预后才能使电梯恢复到正常运行。

注：仅通过主开关复位使电梯恢复到正常运行是不可取的。

6. 电气检查　当轿厢安全钳作用时，设置在轿厢上面的符合规定的电气安全装置应在安全钳动作以前或同时使电梯驱动主机停止运转。

7. 结构要求

（1）禁止将安全钳的夹爪或钳体充当导靴使用；

（2）如果安全钳是可调节的，则最终调整后应加封记，以防在未破坏封记的情况下重新调整；

（3）应尽可能地防止安全钳误动作，例如，与导轨间留有足够的间隙，允许导靴水平移动。

（4）不应使用电气、液压或气动操纵装置来操纵安全钳。

（5）无论安全钳是通过悬挂装置的断裂还是安全绳来触发，都应假定安全钳的触发速度与所对应的限速器的触发速度一致。

8. 轿厢地板的倾斜　轿厢空载或者载荷均匀分布的情况下，安全钳动作后轿厢地板的倾斜度不应大于其正常位置的5%。

（二）结构原理

安全钳装置包括安全钳本体、安全钳提拉联动机构和电气安全开关。工作原理如图10-8所示，当限速器动作将限速器绳卡住后，由于轿厢继续下行的相对运动，使绳头将主动杠杆向上提起。此时一方面通过转轴提起左侧的提拉杆，将安全钳动作元件（如楔块）拉起使左侧安全钳动作。同时通过横拉杆使从动杠杆沿转轴转动提起右侧提拉杆，使右侧安全钳楔块拉起动作。并通过连杆上的凸缘或打板，使电气安全开关动作，切断安全电路使电动机停止运转。

提拉联动机构中，垂直提拉杆安装在主动和从动杠杆上，下端连接在安全钳动作元件或动作机械上。通过上部的螺帽可调节安全钳动作元件（如楔块）与导轨的间隙，也就可以调节安全钳动作的灵敏度和两侧安全钳动作的同步度。杠杆下的压簧将垂直提拉杆向下压，以防安全钳动作元件在电梯正常运行时跳动，造成安全钳误动作。连杆中的正反扣螺母（"花篮"）用以调节拉杆长度，复位压簧是联动机构的动作后复位的动力。提拉联动机构的可调部位在调整后均应进行封记。

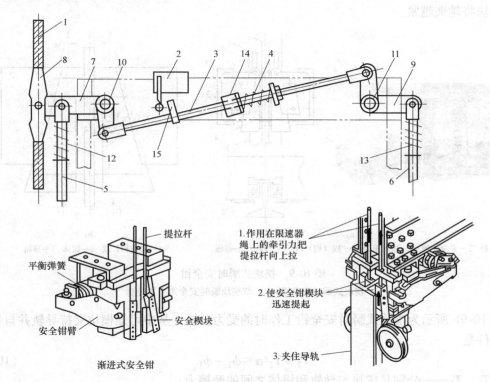

图 10-8　安全钳工作原理

1—限速器钢丝绳　2—安全开关　3—连杆　4—复位弹簧　5、6—提拉杆　7—主动杠杆
8—绳头　9—从动杠杆　10、11—转轴　12、13—压簧　14—正反扣螺母　15—打板

电气安全开关应符合安全触点的要求，规定要求安全钳动作后需经称职人员调整后电梯方能恢复使用，所以电气安全开关一般应是非自动复位的，安全开关应在安全钳动作以前或同时动作，所以必须认真调整主动杠杆上的打板与开关的距离和相对位置，以保证安全开关准确动作。

提拉联动机构传统电梯都安装在轿顶，现在电梯多安装在轿底，此时应将电气安全开关设在从轿顶上可以恢复的位置。

（三）分类

安全钳按结构和工作原理可分为瞬时式安全钳和渐进式安全钳。

1. 瞬时式安全钳　瞬时式安全钳的钳座是简单的整体式结构，因此又称刚性安全钳。瞬时式安全钳的动作元件有楔块，也有滚柱，其工作特点是：制停距离短，基本都是瞬时制停，动作时轿厢承受很大的冲击，导轨表面也会受到损伤。滚柱形瞬时安全钳的制停时间约为 0.1s 左右，而双楔块瞬时安全钳的制停时间最少只有 0.01s 左右，整个制停距离只有几毫米至几十毫米。轿厢的最大制停减速度约在 5~10g 左右。所以标准规定瞬时式安全钳只能用于额定速度不大于 0.63m/s 的电梯。

图 10-9 所示为一种楔块式瞬时安全钳，钳体一般由铸钢制成，安装在轿厢的下梁上。每根导轨由两个楔形钳块（动作元件）夹持，也有只用一个楔块单边动作的。安全钳的楔块一旦被拉起与导轨接触，楔块便自锁，安全钳的动作就与限速器无关，并在轿厢继续下行时，楔块将越夹越紧。

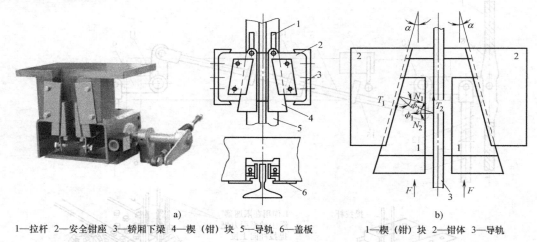

a)　　　　　　　　　　　　　　　b)

1—拉杆　2—安全钳座　3—轿厢下梁　4—楔（钳）块　5—导轨　6—盖板　　　　1—楔（钳）块　2—钳体　3—导轨

图 10-9　楔块式瞬时安全钳

a) 楔块式瞬时安全钳　b) 双楔块瞬时安全钳夹紧分析

图 10-9b 所示为楔块式瞬时安全钳工作时的受力分析，从中可知楔块夹持导轨并自锁的必要条件是

$$T_2 > T_1 : \alpha \leqslant \phi_2 - \phi_1 \tag{10-1}$$

式中　T_2、T_1——分别是楔块与导轨和钳体之间的摩擦力；

　　　　α——楔块的楔形角，一般取 6°~8°；

　　ϕ_2、ϕ_1——分别为楔块与导轨和钳体之间的摩擦角。

为了增加楔块与导轨之间的摩擦系数，常将楔块与导轨接触的面加工成花纹状并淬硬。为了减小楔块背面与钳体的摩擦，有时在它们之间加一排表面经硬化处理的滚柱，这样也便于安全钳释放时楔块复位。

滚柱式瞬时安全钳的动作元件是个表面淬硬滚花的滚柱，置于钳体的楔形槽内。工作时滚柱被拉起，当表面与导轨接触后即与限速器动作无关。滚柱随着轿厢向下移动的过程中，一面向上滚动，一面挤压钳体作水平移动消除另一侧与导轨的间隙，并使轿厢制停。

瞬时式安全钳在动作时，轿厢的动能和势能主要由安全钳的钳体变形和挤压导轨所消耗。其中楔块式安全钳近 80% 的能量由钳体变形吸收，而滚柱式安全钳近 80% 的能量靠挤压导轨吸收。

瞬时安全钳的制停距离可由下式计算:

$$h = v^2/2a + 0.1 + 0.03\,(m) \tag{10-2}$$

式中　h——从限速器动作到轿厢制停其所运行的距离;

　　　v——限速器的动作速度,单位为 m/s;

　　　a——安全钳平均制动减速度,单位为 m/s^2;

　0.1m——相当于安全钳响应时间内的运行距离;

　0.03m——动作元件与导轨接触后的运行距离。

2. 渐进式安全钳　按安全钳的楔块型式,一般有偏心式、单锲块式、滚子式及双锲块式等,其中双锲块式安全钳在作用过程中轿厢两侧受力均匀,对导轨的损伤较小,因此应用最为广泛,目前大都采用此种楔块型式。

渐进式安全钳与瞬时式安全钳在结构上的主要区别在于动作元件是弹性夹持的,其动作时动作元件靠弹性夹持力夹紧在导轨上并滑动,靠与导轨的摩擦消耗轿厢的动能和势能。国标要求轿厢制停的平均减速度在 0.2～1.0g 之间,所以安全钳动作时,轿厢必须有一定的制停距离。

额定速度大于 0.63m/s 或轿厢装设数套安全钳装置,都应采用渐进式安全钳。对重安全钳若速度大于 1.0m/s,也应用渐进式安全钳。

图 10-10 是一种夹钳式渐进安全钳结构。动作元件为两个楔块,但其与导轨接触的表面没有加工成花纹状而是开了一些槽,背面有滚轮组以减少楔块与钳座的摩擦。

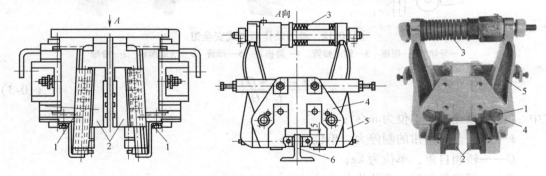

图 10-10　夹钳式渐进安全钳
1—滚柱组　2—楔块　3—蝶形弹簧组　4—钳座　5—钳臂　6—导轨

当限速器动作楔块被拉起夹在导轨上时,由于轿厢仍在下行,楔块就继续在钳座的斜槽内上滑,同时将钳座向两边挤开。当上滑到限位停止时,楔块的夹紧力达到预定的最大值,形成一个不变的制动力,使轿厢的动能与势能消耗在楔块与导轨的摩擦上,轿厢以较低的减速度平滑制动。最大的夹持力由钳臂尾部的弹簧调定。图 10-11 所示为其结构原理图。

图 10-12 所示为一种比较轻巧的单面动作渐进安全钳。限速器动作时通过提拉联动机构将活动楔块上提,与导轨接触并沿斜面滑槽上滑。导轨被夹在活动楔块与静楔块之间,其最大的夹紧力由蝶形弹簧决定。弹簧用于安全钳释放时钳块复位。

GB 7588—2003 规定,在装有额定载重量的轿厢自由下落的情况下,渐进式安全钳制动时的平均减速度应为 $0.2～1.0g_n$。此时减速度与安全钳制停力的关系为

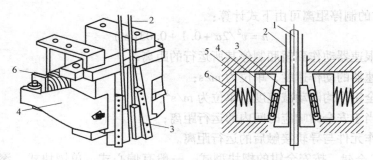

图 10-11　楔块渐进式安全钳原理图

1—导轨　2—拉杆　3—楔块　4—钳座　5—滚珠　6—弹簧

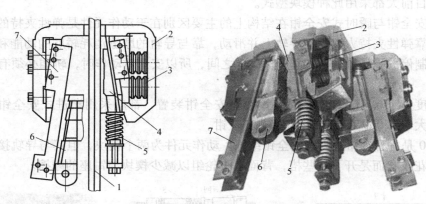

图 10-12　单面动作渐进式安全钳

1—导轨　2—钳座　3—蝶形弹簧　4—静楔块　5—弹簧　6—活动楔块　7—滑槽

$$a = \frac{2F - (G + Q) \cdot g}{G + Q} \tag{10-3}$$

式中　a——减速度，单位为 m/s^2；

　　　F——一个安全钳的制停力，单位为 N；

　　　G——轿厢自重，单位为 kg；

　　　Q——额定载重量，单位为 kg。

若假设安全钳制停是匀减速过程，则制停距离可由下式计算：

$$S_{\min} = \frac{v^2}{2a_{\max}} + A_1 \, (m) \tag{10-4}$$

$$S_{\max} = \frac{v^2}{2a_{\min}} + A_2 \, (m) \tag{10-5}$$

式中　v——限速器动作速度，单位为 m/s；

　　　$a_{\max}$——制停最大允许减速度 9.8 m/s^2；

　　　$a_{\min}$——制停最小允许减速度 1.96 m/s^2。

A_1，A_2——是从限速器动作至钳块夹持导轨开始减速期间轿厢的运行距离。美国电梯规范
　　　　　中 $A_1 = 0.122m$，$A_2 = 0.256m$。

渐进式安全钳在选用时必须要注意安全钳标明的使用速度，允许的总质量和配用的导轨
顶面宽度。

当电梯曳引钢丝绳为两根时，应设保护装置，当有一根断裂或过度松弛时，安全触点动作使电梯停止运行。这也是防止发生断绳轿厢坠落的保护装置。

三、轿厢上行超速保护装置

（一）要求

随着社会的发展，人们对电梯运行要求越来越高，不但要保证电梯下行不超速，也要保证上行不超速。曳引驱动电梯上应装设符合下列条件的轿厢上行超速保护装置。

1. **构成和要求**　上行超速保护装置包括速度监控和减速元件，速度监控元件应能检测出上行轿厢的速度，并能使轿厢制停，或至少使轿厢速度降低至对重缓冲器的设计范围内。该装置应在下列工况有效：①正常运行；②手动救援操作，除非可以直接观察到驱动主机或通过其他措施限制轿厢速度低于额定速度的115%。

上行超速保护装置的下限动作速度是电梯额定速度的115%，上限是对重（或平衡重）安全钳的限速器动作速度，应大于轿厢安全钳的限速器动作速度，但不得超过10%。

即动作速度 v_2：$1.15v \leq v_2 \leq 1.1v_1$

v_1——下行超速限速器机械部分的动作速度。

减速元件应能使轿厢制停，或至少使其速度降低至对重缓冲器的设计范围内。

2. **制动性能要求**　在上行超速时使轿厢减速停止，或使其速度降低到对重缓冲器的设计范围内；该装置应能在没有那些在电梯正常运行时控制速度、减速或停车的部件参与下，达到该制动要求，除非这些部件存在内部的冗余度。该装置在使空载轿厢制停时，减速度不应大于 $1g_n$。

3. **作用方式和部位**　该装置应作用于：

1）轿厢上，例如图10-13双向安全钳；

2）对重上，例如对重安全钳；

3）曳引钢丝绳系统上（悬挂钢丝绳或补偿绳），例如图10-14夹绳器；

4）曳引轮处（例如曳引轮制动器或曳引轮轴制动器），例如图10-15；

5）只有两个支撑的曳引轮轴上。

4. **电气安全装置**　上行超速保护装置动作时，应使符合规定的一个电气安全装置动作。

注意：该电气安全装置就相当于安全钳装置上的电气开关。可以安装在对重限速器上或是对重安全钳上。依此要求，作用于曳引机曳引轮处的制动器用作上行超速保护时，也应有一个在制动器制动时动作的开关。

5. **释放和复位问题**　该装置动作后，释放该装置应不需要进入井道；该装置释放后，应通过称职人员干预才能使电梯恢复到正常运行；释放后，该装置应处于工作状态。

如果该装置需要外部能量来驱动，则当能量不足时应使电梯停止并保持在停止状态。此要求不适用于带导向的压缩弹簧。

6. **外部驱动能量**　GB 7588—2003 规定：如果该装置需要外部能量来驱动，则当能量不足时应使电梯停止并保持在停止状态。此要求不适用于带导向的压缩弹簧。

7. **使轿厢上行超速保护装置动作的速度监测部件应是**：①符合要求的限速器；②符合与限速器同样要求的其他装置。

8. **上行超速保护装置的试验** 轿厢上行超速保护装置是安全部件，应按照国标规定进行验证。安装在曳引轮处的制动器可以用作上行超速保护装置，但必须按要求进行型式试验，并出具上行超速保护装置制动部分的型式试验报告和证书。速度监控元件按照限速器的要求进行试验，制动减速元件按照国家质检总局发布的《轿厢上行超速保护装置型式试验细则》进行试验。

9. 轿厢上行超速保护装置上应设置铭牌，标明：①制造商名称；②型式试验证书编号；③所整定的动作速度；④轿厢上行超速保护装置的型号。

（二）结构原理

速度监控元件：一般为限速器，为了和减速元件的类型相匹配，限速器的种类也是多种多样，有普通单向机械动作限速器、双向机械动作限速器、单向机械动作双电气触点限速器等。

减速元件：一般按照作用部位的不同，可以分成上行安全钳、导轨制动器、对重安全钳、钢丝绳制动器、曳引轮制动器等多种型式。

1. **限速器——上行安全钳** 上行安全钳和导轨制动器都是制动在轿厢侧导轨上的上行超速保护装置减速元件，一般为双向安全钳，此种安全钳一般有两种型式。一种为双向分体式安全钳，由分别安装于轿架上梁和下梁的两组安全钳组成，分别在轿厢下行和上行超速时，由双向限速器触发动作，制停轿厢。另一种为双向一体式安全钳，轿厢上下行超速时的制停装置设计于同一钳体内。同样需要双向限速器进行触发。需要指出的是在选择双向限速器时，需同时计算上行和下行两个方向的提拉力，必须同时满足要求。

上行安全钳配用双向机械动作限速器，如图 10-13 所示。

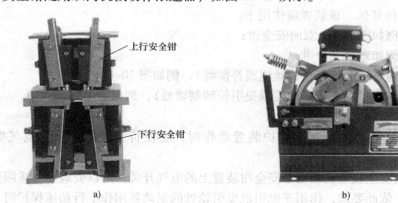

上行安全钳

下行安全钳

a)   b)

图 10-13 双向限速器——安全钳

a) 双向安全钳 b) 双向限速器

在上行安全钳设计时，应该考虑：若上行安全钳装在轿厢的下梁部位，则其动作时，整个轿厢承受的是拉力，而安全钳动作时轿厢承受的是压力。

导轨安装时，其上端位置通常是悬空的，其位置依靠压导板的压紧力来保证。压导板的压紧力是否能够承受上行安全钳的夹紧力，也应予以详细计算分析，从而防止上行安全钳动作时压导板的摩擦力不足，拉出导轨。

2. **限速器——对重安全钳** 若使用对重安全钳作为上行超速保护装置的减速元件，则配用普通单向机械动作限速器即可。

渐进式安全钳选型时，应考虑电梯运行的系统质量，包括曳引钢丝绳、补偿绳/链和随行电缆的质量，在安全钳减速过程中轿厢的平均减速度应不大于1g。

瞬时式安全钳是不能作为上行超速制停元件的。

3. 限速器——钢丝绳制动器　钢丝绳制动器，也称夹绳器，通过弹簧或液压驱动来夹紧曳引钢丝绳或者补偿钢丝绳以制停轿厢达到上行超速保护的目的，如图10-14所示。

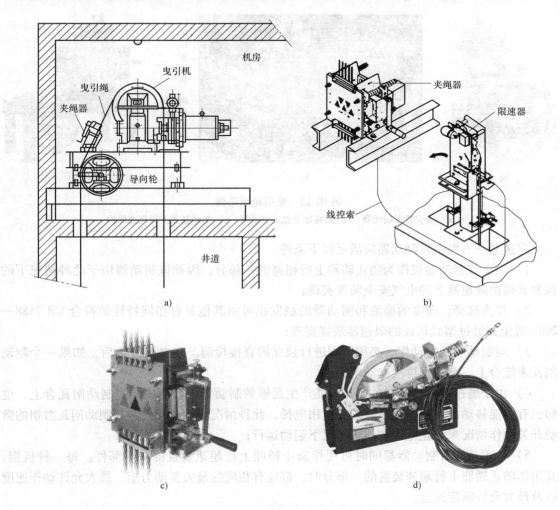

图10-14　限速器——钢丝绳制动器

a）夹绳器示意图　b）电气触发式钢丝绳制动器　c）夹绳器　d）限速器

安装位置：

机房曳引轮或者导向轮附近（容易手动复位），或安装在井道内（外能量复位）。

动作触发方式：有机械触发和电气触发两种方式。机械触发（配用双向机械动作限速器），配用的限速器均应保证有足够安全的机械力和行程裕量来动作钢丝绳制动器；电气触发式钢丝绳制动器（配用单向机械动作双电气触点限速器）也应保证有足够安全的电磁铁力和行程裕量来动作钢丝绳制动器，如图10-14b所示。

4. 限速器——曳引轮制动器　图10-15a所示为一种曳引轮制动器，其是指直接作用在曳引轮或作用于最靠近曳引轮且与曳引轮轴同轴上的制动器。此种装置目前常见的有两种，一种为独立于曳引轮的附近制动装置，如图10-15b所示的有齿轮曳引机的曳引轮同轴上的制动器（制动在高速轴上的不能作为减速元件）。另一种是制动器兼上行超速保护装置，如图10-15c所示，由于机械和传动设计上的考虑，此种结构通常用于无齿轮和行星齿轮曳引机及永磁同步曳引机。

工作制动器

涡轮轴带盘式制动器

a)　　　　　　　　　　b)　　　　　　　　　　c)

图 10-15　曳引轮制动器

a）曳引轮带制动器　b）蜗轮轴带盘式制动器　c）制动器兼上行超速保护

限速器——曳引轮制动器应满足以下条件：

1）由于该制动器仅作为防止轿厢上行超速的一部分，因此该制动器用于此种情况下的触发必须由限速器上的电气安全装置实现；

2）作为选择，速度的检测和制动器的触发也可由其他具有相同特性的符合GB 7588—2003规定并经过型式认证的限速器装置实现；

3）对制动闸瓦的动作，必须分别进行独立的直接检测。在电梯停止后，如果一个制动闸瓦未能合上，则禁止再次起动电梯；

4）由于磨损的原因，导致闸瓦不能产生足够的制动力，会造成即使制动闸瓦合上，电梯也有可能移动的现象，这时应禁止使用电梯，此种情况可通过检查监测制动闸瓦磨损的微动开关动作情况来防止电梯在此种情况下起动运行；

5）并不是所有制动器都同时可用作防止轿厢上行超速装置的一个部件。每一种机型，其用作防止轿厢上行超速装置的一部分时，都应有相应的最大制动力矩、最大允许动作速度以及最大允许额定速度。

第三节　轿厢意外移动保护装置

轿厢意外移动保护装置是指在层门未被锁住且轿门未关闭的情况下，由于轿厢安全运行所依赖的驱动主机或驱动控制系统的任何单一部件失效引起轿厢离开层站的意外移动。因此，电梯设置了具有防止该移动或使移动停止的装置。GB 7588—2003规定：电梯应具有防止意外移动或使移动停止的保护装置。

除悬挂钢丝绳、链条和驱动主机的曳引轮、卷筒（或链轮）以及液压软管、液压硬管和液压缸的失效外，曳引轮的失效还包含曳引能力的突然丧失，不具有符合规定的开门情况下的平层、再平层和预备操作的电梯，并且其制停部件是符合规定的驱动主机制动器，不需要检测轿厢的意外移动。

轿厢意外移动制停时由于曳引条件造成的任何滑动，均应在计算和（或）验证制停距离时予以考虑。

轿厢意外移动保护装置应满足下列条件：

（1）该装置应能够检测到轿厢的意外移动，并应制停轿厢且使其保持停止状态。

（2）在没有电梯正常运行时控制速度或减速、制停轿厢或保持停止状态的部件参与的情况下，该装置应能达到具有防止电梯移动或使移动停止的要求，除非这些部件存在内部的冗余且自监测正常工作。

注：符合规定的制动器认为是存在内部冗余的。

在使用驱动主机制动器的情况下，自监测包括对机械装置正确提起（或释放）的验证和（或）对制动力的验证。对于采用对机械装置正确提起（或释放）验证和对制动力验证的，制动力自监测的周期不应大于 15 天；对于仅采用对机械装置正确提起（或释放）验证的，则在定期维护保养时应检测制动力；对于仅采用对制动力验证的，则制动力自监测周期不应大于 24 小时。

在使用正常运行时，用于减速和停止的两个串联工作的电磁阀的情况下，自监测是指在空载轿厢静压下对每个电磁阀正确开启或闭合的独立验证。

如果检测到失效，则应关闭轿门和层门，并防止电梯的正常启动。对于自监测，应进行型式试验。

（3）该装置的制停部件应作用在：

1）轿厢；

2）对重；

3）钢丝绳系统（悬挂钢丝绳或补偿绳）；

4）曳引轮；

5）只有两个支撑的曳引轮轴上；

6）液压系统（包括上行方向上独立供电的电动机或泵）。

该装置的制停部件，或保持轿厢停止的装置可与用于下列功能的装置共用：①下行超速保护；②上行超速保护。该装置用于上行和下行方向的制停部件可以不同。

（4）该装置应在下列距离内制停轿厢，如图 10-16 所示。

1）与检测到轿厢意外移动的层站的距离不大于 1.20m；

2）层门地坎与轿厢护脚板最低部分之间的垂直距离不大于 0.20m；

3）当设置井道围壁时，轿厢地

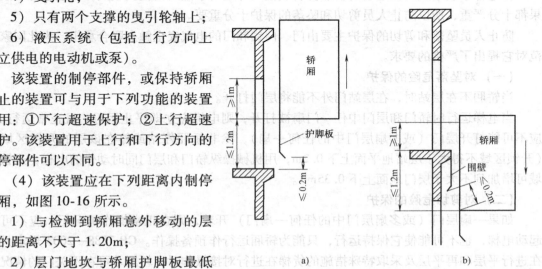

图 10-16　制停距离

a）向上移动　b）向下移动

坎与面对轿厢入口的井道壁最低部件之间的距离不大于 0.20m；

4）轿厢地坎与层门门楣之间或层门地坎与轿厢门楣之间的垂直距离不小于 1.0m。轿厢载有不超过 100% 额定载重量的任何载荷，在平层位置从静止开始移动的情况下，均应满足上述值。

（5）制停过程中，该装置的制停部件不应使轿厢减速度超过：

1）空轿厢向上意外移动时为 $1.0g_n$；

2）向下意外移动时为自由坠落保护装置动作时允许的减速度。

（6）最迟在轿厢离开开锁区域时，应由符合规定的电气安全装置检测到轿厢的意外移动。

（7）该装置动作时，应使符合规定的电气安全装置动作。

注：可与（6）中的开关装置共用。

（8）当该装置被触发或当自监测显示该装置的制停部件失效时，应由称职人员使其释放或使电梯复位。

（9）释放该装置应不需要接近轿厢、对重或平衡重。

（10）释放后，该装置应处于工作状态。

（11）如果该装置需要外部能量来驱动，则当能量不足时应使电梯停止并保持在停止状态。此要求不 适用于带导向的压缩弹簧。

（12）开门状态下的轿厢意外移动保护装置是安全部件，应按国标规定进行型式试验。

（13）轿厢意外移动保护装置的完整系统或子系统上，应设置铭牌，标明：①轿厢意外移动保护装置制造商名称；②型式试验标志及试验单位；③轿厢意外移动保护装置型号。

第四节　防止人员剪切、坠落和防夹的保护

在电梯事故中人员被运动的轿厢剪切或坠入井道的事故所占比例较大，而且这些事故后果都十分严重，所以防止人员剪切和坠落的保护十分重要。

防止人员坠落和剪切的保护主要由门、门锁和门的电气安全触点联合承担，为此国家规范对它提出了严格的要求。

（一）对坠落危险的保护

当轿厢不在层站时，在层站门外不能将层门打开。

当电梯运行时轿门和层门中任一门扇被打开，则电梯应立即停止运行。且正常运行时，应不可能打开层门（或多扇层门中的任何一扇），除非轿厢停站或停在该层的开锁区域内（开锁区域不得大于层站地平面上下 0.2m，用机械操纵轿门和层门同时动作的电梯，开锁区域可增加到不大于层门地面上下 0.35m）。

（二）对剪切危险的保护

如果一扇层门（或多扇层门中的任何一扇门）开着，则在正常操作情况下，应不可能起动电梯，也不可能使它保持运行，只能为轿厢运行作预备操作。GB 7588—2003 规定只有在进行平层和再平层及采取特殊措施的货梯在进行对接操作时，轿厢才可在不关门的情况下短距离移动，其他情况，包括检修运行均不能开门运行。

装有停电应急装置和故障应急装置的电梯，在轿门层门未关好或被开启的情况下，应不

能自动投入应急运行移动轿厢。

（三）防止门撞击人的保护

1. 一般乘客电梯均为动力驱动的门，运动的门是有一定动能的，为了避免在关门过程中发生人和物被门撞击或将被撞击，动力驱动的自动门应满足下列要求：

（1）层门和（或）轿门及其刚性连接的机械零件的动能，在平均关门速度下的计算值或测量值不大于 10J。

（2）在门关闭过程中，人员通过入口时，保护装置应自动使门重新开启。该保护装置的作用可在关门最后 20mm 的间隙时被取消。并且：

1）该保护装置（如光幕）的保护范围，至少能覆盖从轿门地坎上方 25～1600mm 的区域；

2）该保护装置的分辨率，应能检测识别出直径不小于 50mm 的障碍物；

3）为了抵制关门时的持续阻碍，该保护装置可在预定的时间后失去作用；

4）在该保护装置故障或不起作用的情况下，如果电梯保持运行，则门的动能应限制在最大 4J（轻推模式），从而减少人员受伤的概率，并且在门关闭时应总是伴随一个听觉信号（注：轿门和层门可以共用一个保护装置）。

（2）阻止关门的力不应大于 150N，该力的测量不应在关门开始的 1/3 行程内进行。

（4）关门受阻应启动重开门；重开门并不意味着门应完全开启，但应允许多次重开门以去除障碍物。

（5）阻止折叠门开启的力不应大于 150N。该力的测量应在门处于下列折叠位置时进行，即折叠门扇的相邻外缘之间或折叠门扇外缘与等效部件（如门框）之间的距离为 100mm 时。

（6）如果折叠轿门进入凹口内，则折叠轿门的任何外缘与凹口的交叠距离不应小于 15mm。

（7）如果在主动门扇的前缘或主动门的边缘和固定门框的结合部位采用了迷宫或折弯（如为了限制火势蔓延），凹槽和凸出不应超过 25mm；对于玻璃门，主动门扇前缘的厚度不应小于 20mm。玻璃的边缘应经过打磨处理，以免造成伤害。

（8）除了规定的透明视窗外，对于玻璃门，应采用措施将开门力限制在 150N，并且发生门阻碍时停止门的运行。

（9）为了避免拖拽儿童的手，对于动力驱动的水平滑动玻璃门，如果玻璃尺寸大于国标的规定，则应采取下列减小该风险的措施：

1）使用磨砂玻璃或磨砂材料，使面向使用者一侧的玻璃不透明部分的高度至少达到 1.10m；

2）从地坎到至少 1.60m 高度范围内，能感知手指的出现，并能停止门在开门方向的运行；

3）从地坎到至少 1.60m 高度范围内，门扇与门框之间的间隙不应大于 4mm。因磨损该间隙值可达到 5mm。任何凹进（如具有框的玻璃等）不应超过 1mm，并应包含在 4mm 的间隙中。与门扇相邻框架的外边缘的圆角半径不应大于 4mm。

2. 常见门保护装置　门保护装置主要有接触式的和非接触式两种类型，如图 10-17 所示。

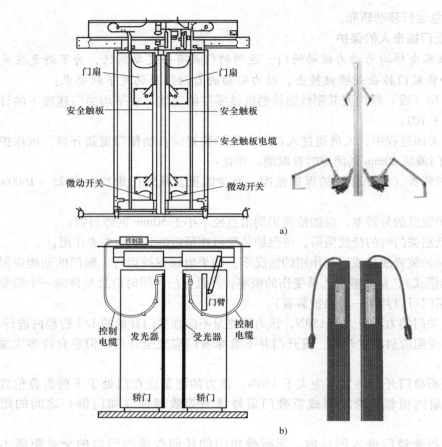

图 10-17　门保护装置
a) 接触式　b) 非接触式

（1）接触式的。图 10-17a 所示接触式门保护装置，主要是安全触板，两块铝制的触板由控制连杆连接悬挂在轿门开口边缘，开门状态时由于自重触板凸出门扇边缘 30mm，因此关门时若有人或物碰撞任一扇门，则控制连杆触动微动开关，将关门回路切断同时接通开门回路，使门立即打开。碰撞安全触板的力要求不超过 5N。

这种传统的门保护装置在新的 GB 7588.1—2015 中没提到，将被彻底淘汰。因为，安全触板是一种开环的门保护产品，无法实现"故障安全"，电梯系统也无法判断安全触板是否失效，因此仍有夹伤人的风险。

（2）非接触式的。非接触门保护装置常见的有光电式和磁感应式。光电式保护装置是在轿门两边各设一组水平的光电开关，为防止可见光的干扰一般用红外光。既有俗称猫眼式的单速光，亦有在整个开门高度中由几十根红外光交叉形成的红外光幕，就像一个无形的门帘，遮断其中任一个光线，门就会立即开启，如图 10-17b 所示。

感应式保护装置是借助磁感应的原理，由三组电磁场组成一个三维的保护区域，当人和物进入保护区域造成电磁场的变化时，就能通过控制机构使正在关门过程中的门重新打开，或使开启的门不能关闭。

（四）锁紧要求

见第五章第二节"1. 层门锁紧装置"中内容。

（五）紧急开锁与门自闭要求

见第五章第二节"五、人工开锁和门自闭装置"中内容。

（六）验证门紧闭状态的要求

见第五章第二节"1. 层门锁紧装置"中内容。

（七）门关闭后门扇之间、门与周边结构之间的缝隙不得大于规定值。 尤其层门滑轮下的挡轮要经常调整，以防中分门下部的缝隙过大。

第五节　缓冲装置

电梯由于控制失灵、曳引力不足或制动器失灵等发生轿厢或对重蹲底时，缓冲器将吸收轿厢或对重的动能，避免刚性撞击，提供最后的保护，以保证人员和电梯设备的安全。

缓冲器分蓄能型缓冲器和耗能型缓冲器。前者主要以弹簧和聚氨酯材料等为缓冲元件，后者主要是油压缓冲器。

一、技术条件与要求

（一）轿厢与对重缓冲器

（1）缓冲器应设置在轿厢和对重的行程底部极限位置。缓冲器固定在轿厢上或对重上时，在底坑地面上的缓冲器撞击区域应设置高度不小于 300mm 的障碍物（缓冲器支座）。如果符合国标规定的隔障延伸至距底坑地面 50mm 以内，则对于固定在对重下部的缓冲器不必在底坑地面上设置障碍物。

（2）强制驱动电梯，除满足（1）的要求外，还应在轿顶上设置能在行程顶部极限位置起作用的缓冲器。

（3）蓄能型缓冲器（包括线性和非线性）只能用于额速小于或等于 1m/s 的电梯。

（4）耗能型缓冲器可用于任何额定速度的电梯。

（5）非线性蓄能型缓冲器和耗能型缓冲器是安全部件，应根据规定进行验证。

（6）除线性缓冲器外，在缓冲器上应设置铭牌，标明：

1）缓冲器制造商名称；

2）型式试验证书编号；

3）缓冲器型号；

4）液压缓冲器的液压油规格和类型。

（7）对于液压电梯，当棘爪装置的缓冲装置用于限制轿厢在底部的行程时，仍需设置符合（1）规定的缓冲器支座，除非棘爪装置的固定支撑座设置在轿厢导轨上，并且棘爪收回时轿厢不能通过。

（8）对于液压电梯，当缓冲器完全压缩时，柱塞不应触及缸筒的底座。对于保证多级油缸同步的装置，如果至少一级油缸不能撞击其下行程的机械限位装置，则该要求不适用。

（二）缓冲器的行程

蓄能型缓冲器

（1）线性缓冲器。

1）缓冲器可能的总行程应至少等于相应于115%额定速度的重力制停距离的2倍，即

缓冲器的行程 $S_p = \dfrac{2 \times (1.15v)^2}{2g_n} = 0.1348v^2 \approx 0.135v^2$

式中　v——电梯额定速度，单位为 m/s；

　　　g_n——重力加速度，单位为 m/s^2。

在任何情况下，此行程不得小于65mm。

2）缓冲器应在静载荷为轿厢质量与额定载重量之和（或对重质量）的2.5~4倍时能达到1）规定的行程。

（2）非线性缓冲器。

1）当载有额定载重量的轿厢或对重自由下落并以115%额定速度撞击缓冲器时，非线性蓄能型缓冲器应符合下列要求：

① 按照 GB 7588—2003 确定的减速度不应大于$1.0g_n$；

② $2.5g_n$ 以上的减速度时间不应大于0.04s；

③ 轿厢或对重反弹的速度不应超过1.0m/s；

④ 缓冲器动作后，应无永久变形；

⑤ 减速度最大峰值不应大于$6.0g_n$。

2）术语"完全压缩"是指缓冲器被压缩掉90%的高度，不考虑可能限制缓冲器压缩行程的固定件。

（3）耗能型缓冲器。

1）缓冲器可能的总行程应至少等于115%额定速度的重力制停距离，即$0.0674v^2$（m）。

2）对于额定速度大于2.50m/s的电梯，如果按 GB 7588—2003 的要求对电梯在其行程末端的减速进行监控，按规定计算缓冲器行程时，可采用轿厢（或对重）与缓冲器刚接触时的速度代替115%额定速度。但在任何情况下，行程不应小于0.42m。

3）耗能型缓冲器应符合下列要求：

① 当载有额定载重量的轿厢自由下落并以115%额定速度或按照"2)"规定所降低的速度撞击轿厢缓冲器时，缓冲器作用期间的平均减速度不应大于$1g_n$；

② 减速度超过2.5g（g 为重力加速度9.8m/s^2）以上的作用时间不应大于0.04s；

③ 缓冲器动作后，应无永久变形。

4）在缓冲器动作后，只有恢复至其正常伸长位置后电梯才能正常运行，检查缓冲器的正常复位所用的装置应是一个符合规定的电气安全装置。

5）液压缓冲器的结构应便于检查其液位。

二、结构原理

（一）弹簧缓冲器

1. 结构组成　如图 10-18a 所示，弹簧缓冲器一般由缓冲橡皮、缓冲座、弹簧、弹簧座

等组成，用地脚螺栓固定在底坑基座上。

为了适应大吨位轿厢，压缩弹簧可由组合弹簧叠合而成。行程高度较大的弹簧缓冲器，为了增强弹簧的稳定性，应在弹簧下部设有导套或在弹簧中设导向杆，如图 10-18b 所示。

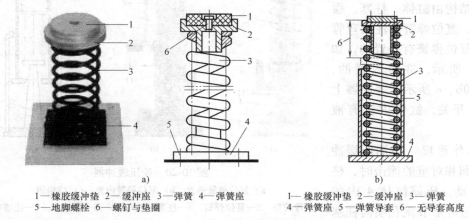

1—橡胶缓冲垫　2—缓冲座　3—弹簧　4—弹簧座
5—地脚螺栓　6—螺钉与垫圈

1—橡胶缓冲垫　2—缓冲座　3—弹簧
4—弹簧座　5—弹簧导套　6—无导套高度

a)　　　　　　　　　　　　　　　　　b)

图 10-18　弹簧缓冲器
a) 弹簧缓冲器构造　b) 带有导向弹簧缓冲器

2. 原理特点　弹簧缓冲器是一种线性蓄能型缓冲器，因为弹簧缓冲器在受到冲击后，它将轿厢或对重的动能和势能转化为弹簧的弹性势能。由于弹簧的反作用力，使轿厢或对重得到缓冲、减速。但当弹簧压缩到极限位置后，弹簧要释放缓冲过程中的弹性势能使轿厢反弹上升，撞击速度越大，反弹速度越大，并反复进行，直至弹力消失、能量耗尽，电梯才完全静止。

因此弹簧缓冲器的特点是缓冲后存在回弹现象，存在着缓冲不平稳的缺点，所以弹簧缓冲器仅适用于低速电梯。

（二）聚氨酯缓冲器

如图 10-19 所示，聚氨酯缓冲器属于非线性蓄能型缓冲器，它是利用聚氨酯材料的微孔气泡结构来吸能缓冲的，在冲击过程中相当于一个带有多气囊阻尼的弹簧，能迅速地将冲击动能转化为弹性势能，使电梯在失控的情况下，能柔和平稳地软着陆，更大限度地保护了乘员和电梯设备的安全。

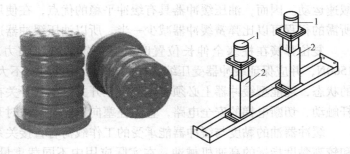

图 10-19　聚氨酯缓冲器
1—聚氨酯　2—缓冲器调整支架

聚氨酯缓冲器具有结构简单、体积小、重量轻、安装简单、无须维修、弹性好、恢复快、耐冲击、耐高/低温、耐油、耐弱酸/弱碱、抗压性能好等特点。在缓冲过程无噪声、无火花、防爆性好，安全可靠、平稳。缺点是材料老化后变脆，受到挤压后即粉碎，失去其缓冲作用。

聚氨酯缓冲器由于压缩行程较小，对顶层空间偏小的电梯井道有较好的适用性，因此在低速电梯和液压电梯中得到较为广泛应用。在液压电梯的配置中大量替代了油压缓冲器。

（三）油压缓冲器

1. 结构组成 一种油压缓冲器的结构如图 10-20c 所示。它的基本结构由缸体、柱塞、缓冲橡胶垫、复位弹簧和注油弯管等组成。复位弹簧有外置的，如图 10-20a 所示，亦有内置的，如图 10-20b、c 所示。缓冲器上装有电气开关，缸体内注有液压油。

2. 工作原理 当油压缓冲器受到轿厢和对重的撞击时，柱塞向下运动，压缩缸体 4 内的油，油通过环形节流孔喷向柱塞腔。当油通过环形节流孔时，由于流动截面积突然减小，就会形

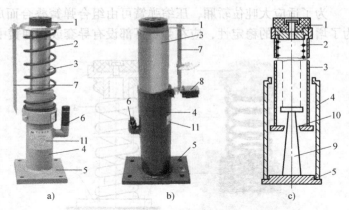

图 10-20 油压缓冲器
a) 复位弹簧外置 b) 复位弹簧内置 c) 结构图
1—橡胶垫 2—复位弹簧 3—柱塞 4—缸体 5—油缸座 6—注油弯管
7—开关压杆 8—电气开关 9—锥形柱 10—环形节流孔 11—铭牌

成涡流，使液体内的质点相互撞击、摩擦、将动能转化为热量散发掉，从而消耗了电梯的动能，使轿厢或对重逐渐缓慢地停下来。

因此油压缓冲器是一种耗能型缓冲器，它是利用液体流动的阻尼作用，缓冲轿厢或对重的冲击。当轿厢或对重离开缓冲器时，柱塞在复位弹簧的作用下，向上复位，油重新流回油缸，恢复正常状态。

由于油压缓冲器是以消耗能量的方式实行缓冲的，因此无回弹作用。同时，由于变量棒（锥形柱）的作用，柱塞在下压时，环形节流孔的截面积逐步变小，能使电梯的缓冲接近匀减速运动。因而，油压缓冲器具有缓冲平稳的优点，在使用条件相同的情况下，油压缓冲器所需的行程可以比弹簧缓冲器减少一半。所以油压缓冲器适用于各种速度电梯。

复位弹簧在柱塞全伸长位置时具有一定的预压缩力，在全压缩时，反作用力不大于1500N，并应保证缓冲器受压缩后柱塞完全复位的时间不大于120s。为了验证柱塞完全复位的状态，耗能型缓冲器上必须有电气安全开关。电气开关在柱塞开始向下运动时即被开关压杆触动，切断电梯的安全电路，直到柱塞向上完全复位时开关才接通。

缓冲器油的黏度与缓冲器能承受的工作载荷有直接关系，一般要求采用有较低的凝固点和较高黏度指标的高速机械油。在实际应用中不同载重量的电梯可以使用相同的油压缓冲器，而采用不同的缓冲器油，黏度较大的油用于载重量较大的电梯。

三、安装要求

缓冲器一般安装在底坑的缓冲器座上。若底坑下是人能进入的空间，则对重在不设安全钳时，对重缓冲器的支撑应一直延伸到底坑下的坚实地面上。

轿底下梁碰板、对重架底的碰板至缓冲器顶面的距离称缓冲距离，即图 10-21 中的 S_1 和 S_2。对蓄能型缓冲器应为 200～350mm；耗能能行缓冲器应为 150～400mm。

油压缓冲器的柱塞铅锤度偏差应不大于 0.5%。缓冲器中心与轿厢和对重相应碰板中心

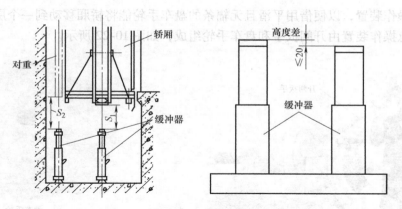

图 10-21 安装要求

的偏差应不超过 20mm。同一基础上安装的两个缓冲器的顶面高度差，应不超过 2mm。

第六节 紧急报警照明和救援装置

电梯发生人员被困在轿厢内时，通过报警或通信装置应能将情况及时通知管理人员并通过救援装置将人员安全救出轿厢。

一、紧急报警装置和对讲系统

为使乘客能向轿厢外求援，轿厢内应装设乘客易于识别和触及的报警装置。

（1）该装置应由应急电源供电。

（2）报警装置应符合 GB/T 24475—2009 要求的远程报警系统，确保有一个双向对讲系统与救援服务持续联系。在启动此对讲系统之后，被困乘客应不必再做其他操作。

（3）如果电梯行程大于 30m 或轿厢内与进行紧急操作处之间无法直接对话，则在轿厢内和进行紧急操作处应设置紧急电源供电的对讲系统或类似装置。

（4）轿厢内也可设内部直线报警电话或与电话网连接的电话。此时轿厢内必须有清楚易懂的使用说明，告诉乘员如何使用和应拨的号码。

二、紧急照明装置

（1）轿厢内应有自动再充电的紧急照明电源，在正常照明电源中断的情况下，它能至少供 1W 灯泡用电 1h。

（2）在正常照明电源一旦发生故障的情况下，应自动接通紧急照明电源，并且能看清报警装置和有关的文字说明。

（3）如果与紧急报警装置共用一个应急电源，则其电源应有相应的额定容量。

三、救援装置

援救轿厢内的乘客应从轿厢外进行，尤其应遵守紧急操作的规定。

（一）手动紧急操作装置

如果向上移动装有额定载重量的轿厢所需的操作力不大于 400N，则电梯驱动主机应装设手动紧急操作装置，以便借用平滑且无辐条的盘车手轮能将轿厢移动到一个层站。

手动紧急操作装置由开闸扳手和盘车手轮组成，如图10-22所示。

开闸扳手

盘车手轮

图10-22　手动紧急操作装置

（1）对于可拆卸的盘车手轮，应放置在机房内容易接近的地方。盘车手轮应漆成黄色，开闸板手应漆成红色。对于同一机房内有多台电梯的情况，如盘车手轮有可能与相配的电梯驱动主机搞混时，应在手轮上做适当标记。

（2）当盘车手轮装上时，一个符合规定的电气安全装置（开关）应不能使电梯驱动主机动作。

（3）在机房内应易于检查轿厢是否在开锁区。例如，这种检查可借助于曳引绳或限速器绳上的标记。

无齿轮曳引机由于采用的是电机直接驱动曳引轮，制动力矩很大，因此无法用手轮直接盘车，需通过齿轮比等来减小盘车时需用的力，因此需专门设计一种装置才能达到盘车的目的。图10-23所示为几种手动紧急操作装置图片。

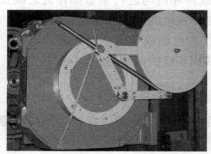

图10-23　几种手动紧急操作装置

（二）紧急电动运行控制

对于人力操作提升装有额定载重量的轿厢所需力大于400N的电梯驱动主机，其机房内应设置一个符合规定的紧急电动运行开关。电梯驱动主机应由正常的电源供电或由备用电源供电（如有）。

由正常的电源供电，同时应满足下列条件：

（1）操作紧急电动运行开关后，应允许持续按压具有防止意外操作保护的按钮控制轿厢运行，并应清楚地标明运行方向。

（2）紧急电动运行开关操作后，除由该开关控制的轿厢运行外，应防止其他任何的轿厢运行。

（3）按照下列要求，检修运行一旦实施，紧急电动运行应失效：

1）检修运行过程中，如果紧急电动运行开关动作，则紧急电动运行无效，检修运行的上行、下行和"运行"按钮仍保持有效；

2）紧急电动运行过程中，如果检修运行开关动作，则紧急电动运行变为无效，而检修运行上行、下行和"运行"按钮变为有效。

（4）紧急电动运行开关本身或通过另一个符合要求的电气开关应使下列电气装置失效：

1）用于检查绳或链松弛的电气安全装置；

2）轿厢安全钳上的电气安全装置；

3）检查超速的电气安全装置；

4）轿厢上行超速保护装置上的电气安全装置；

5）缓冲器上的电气安全装置；

6）极限开关。

（5）紧急电动运行开关及其操纵按钮应设置在易于直接或通过显示装置观察驱动主机的位置。

（6）轿厢速度不应大于 0.3m/s。紧急电动运行装置应具有 IP XXD（见 GB 4208—2008）的最低防护等级。旋转控制开关应采取措施防止其固定部件旋转，单独依靠摩擦力应认为是不足够的。

由备用电源供电（如有），同时应满足下列条件：

当以蓄电池为应急装置的电源时，在停电或电梯故障时自动接入。电源向电动机送入低频交流电（一般为 5Hz），并通电使制动器释放。在判断负载力矩后，按力矩小的方向慢速将轿厢移动至最近的层站，自动开门将人放出。应急装置在停电、中途停梯、冲顶、蹲底和限速器安全钳动作时均能自动接入，但若是门未关或门的安全电路发生故障，则不能自动接入移动轿厢。

（三）轿厢安全窗和轿厢安全门

（1）援救轿厢内乘客应从轿厢外进行，尤其应遵守紧急操作的规定。

（2）如果轿顶具有援救和撤离乘客的轿厢安全窗，则其净尺寸不应小于 0.4m×0.5m（注：如果空间允许，则建议使用 0.5m×0.7m 的轿厢安全窗）。

（3）在有相邻轿厢的情况下，如果轿厢之间的水平距离不大于 1m，则可使用轿厢安全门。该情况下，每个轿厢应具有确定被救援人员所在轿厢位置的方法，以便停到可实施救援的平面。救援时，如果两个轿厢安全门之间的距离大于 0.35m，则应提供一个连接到轿厢并具扶手的便携式（或移动式）过桥或设置在轿厢上的过桥，过桥的宽度不应小于 0.5m，并且具有足够的空间，以便开启轿厢安全门。过桥应设计成至少能支撑 2500N 的力。如果采用便携式（或移动式）过桥，则该过桥应存放在有救援需要的建筑中。在使用手册（使用说明书）中应说明过桥的使用方法。轿厢安全门的高度不应小于 1.8m，宽度不应小于 0.4m。

（4）如果装设轿厢安全窗或轿厢安全门，则它们应遵守下列条件：

1）轿厢安全窗或轿厢安全门应具有手动锁紧装置。

① 轿厢安全窗应能不用钥匙从轿厢外开启，并应能用三角钥匙从轿厢内开启。轿厢安全窗不应向轿厢内开启。轿厢安全窗在开启位置不应超出轿厢的边缘。

② 轿厢安全门应能不用钥匙从轿厢外开启，并应能用三角钥匙从轿厢内开启。轿厢安全门不应向轿厢外开启。轿厢安全门不应设置在对重（或平衡重）运行的路径上，或设置在妨碍乘客从一个轿厢通往另一个轿厢的固定障碍物（轿厢间的横梁除外）的前面。

2）轿厢安全窗或安全门的锁紧应通过一个符合规定的电气安全装置来实现。如果轿厢安全门未锁紧，则该装置也应使相邻的电梯停止。待重新锁紧后，电梯才能恢复运行。

第七节　停止装置和检修控制装置

一、停止装置

1. 电梯应具有停止装置（一般称急停开关），用于停止电梯并使电梯保持在非服务状态，包括动力门。停止装置应设置在以下位置。

（1）底坑内。底坑的停止装置应在打开门进入底坑时和在底坑地面上可见且容易接近，并符合下列规定：

1）底坑深度小于或等于1.6m时，应设置在：

① 底层端站地面以上最小垂直距离0.4m且距底坑地面最大垂直距离2m；

② 距层门框内侧边缘最大水平距离0.75m。

2）底坑深度大于1.6m时，应设置2个停止装置：

① 上部的停止装置设置在底层端站地面以上最小垂直距离1m且距层门框内侧边缘最大水平距离0.75m；

② 下部的停止装置设置在距底坑地面以上最大垂直距离1.2m的位置，并且从避险空间能够操作。

3）如果通过底坑通道门而非层门进入底坑，则应在距通道门门框内侧边缘最大水平距离0.75m，距离底坑地面1.2m高度的位置设置一个停止装置。如果在同一层站具有两个可进入底坑的层门，则应确定其中一个层门是进入底坑的门，并设置进入底坑的设备。注：停止装置可与2）所要求的检修控制装置组合。

（2）滑轮间内。设置在滑轮间内接近每个入口位置。

（3）轿顶上。轿顶的停止开关应面向轿门，距检修或维护人员入口不大于1m的易接近位置。该装置也可设在紧邻距入口不大于1m的检修运行控制装置位置。

（4）检修控制装置上。

（5）电梯驱动主机上。除非在1m之内可直接操作主开关或其他停止装置。

（6）紧急和测试操作屏上。除非1m之内可直接操作主开关或其他停止装置。

2. 停止装置应由符合规定的电气安全装置组成，应符合电气安全触点的要求。停止装置应为双稳态，意外操作不能使电梯恢复运行。停止装置要求是红色的，停止装置上或其附近应标明"停止"，若是刀闸式或拨杆式开关，应以把手或拨杆朝下为停止位置。

3. 轿厢内不应设置停止装置。

二、检修控制装置

1. 设计要求

（1）为便于检查和维护，应在下列位置永久设置易于操作的检修控制装置：

1）轿顶上；

2）底坑内；

3）在符合有关规定的情况下，轿厢内；

4）在符合有关规定的情况下，平台上。

（2）检修控制装置应该包括：

1）满足要求的电气安全装置的开关（检修运行开关）。该开关应是双稳态的，并应防止意外操作；

2）"上"和"下"方向按钮，清楚地标明运行方向以防止误操作；

3）"运行"按钮，以防止误操作；

4）满足要求的停止装置，检修控制装置也可与从轿顶上控制门机防止意外操作的附加开关相结合。

（3）检修运行控制装置应至少具有 IPXXD（见 GB 4208—2008）防护等级。旋转控制开关应采取措施防止其固定部件旋转，单独依靠摩擦力应认为是不够的。

2. 功能要求

（1）检修运行开关。检修开关处于检修位置时，应同时满足下列条件：

1）使正常的运行控制失效；

2）使紧急电动运行失效；

3）不能进行平层和再平层操作；

4）防止动力驱动的门的任何自动运行，门的动力驱动关闭操作应依靠：

① 操作电梯运行方向按钮；

② 轿顶上控制门机的能防止意外操作的附加开关。

5）轿厢速度不大于 0.63m/s；

6）轿顶上任何站人区域或底坑内的任何站人区域上方的净垂直距离不大于 2.0m 时，轿厢速度不大于 0.30m/s；

7）不能超越轿厢正常行程的限制，即不能超过电梯正常运行的停止位置；

8）电梯检修运行时所有的安全装置，如限位和极限、门的电气安全触点和其他的电气安全开关及限速器安全钳等均有效，所以检修运行是不能开着门走梯的；

9）如果多个检修控制装置切换到"检修"状态，操作任一检修控制装置，均应不能使轿厢运行，除非同时操作所有检修控制装置上的相同按钮；

10）在规定的情况下，轿厢内的检修开关应使电气安全装置失效。

（2）恢复电梯的正常运行。只有操作检修开关到正常运行位置，才能使电梯重新恢复正常运行。此外，通过操作底坑检修控制装置，使电梯恢复至正常运行，还应满足下列条件：

1）进出底坑的层门已关闭并锁紧；

2）底坑内所有的停止装置已复位；

3）井道外电气复位装置的操作应：

① 通过进出底坑层门的三角钥匙；

② 仅授权人员可接近，例如，设置在靠近进出底坑层门附近的锁住的柜内。

当与检修运行有关的电路出现单一电路故障时，应采取预防措施防止轿厢的所有意外运行。

（3）按钮。检修运行模式下的轿厢运行应仅依靠持续按压方向按钮和"运行"按钮进行。应能用一只手同时操作"运行"按钮和一个方向按钮。

检修运行电气安全装置应通过下列方案之一旁路：

1）串联连接的方向按钮和"运行"按钮，这些按钮应为 GB 14048.5—2008 中规定的下列类型：

① AC-15 用于交流电路的触点；

② DC-13 用于直流电路的触点。

在所适用的机械和电气负载下，应至少能承受 1 000 000 次动作循环。

2）监测方向按钮和"运行"按钮正确操作的符合要求的电气安全装置。

（4）检修控制装置。检修控制装置上应给出下列信息：

1）检修运行开关上（或附近）应标明"正常"和"检修"字样；

2）通过颜色辨别运行方向，见表 10-2。

表 10-2　检修控制装置颜色要求

控制	按钮颜色	符号颜色	符号
上行	白	黑	↑
下行	黑	白	↓
运行	蓝	白	↑↓

第八节　消防功能

一、安全要求和/或防护措施

为了乘客的安全，发生火灾时对电梯的基本要求就是退出正常服务，并自动返回基站。退出正常服务的输入信号来自于建筑物的火灾自动探测和报警系统或来自于电梯本身的手动召回装置。

（一）如果设置手动召回装置，则应满足下列要求：

1）是双稳态的；

2）清楚地标示该装置的状态，以避免任何错误；

3）适当地标示该装置的用途；

4）安装在建筑物的管理中心或主指定层（一般安装在出入口所在层）；

5）当易接近时，应有防误操作保护，例如，装在可敲碎的玻璃面板后或设置在安全的区域。

（二）电梯的停止装置

（1）如果电梯因故障停止，则从火灾探测系统向电梯控制系统发出的信号不应导致电梯的起动。

（2）检修运行控制和紧急电动运行控制不应受到火灾探测系统的影响。

（3）禁止标志。在所有层站靠近电梯的明显处，应设置一个符合国标要求的禁止标志，该标志的直径应至少为50mm。

（三）电梯收到火灾探测信号时的特性

在火灾情况下，电梯的响应原则是使轿厢返回到指定层并允许所有乘客离开电梯。

（1）当收到来自火灾自动探测和报警系统或手动召回装置的火灾信号时，电梯应有下列响应：

1）所有的层站控制和轿厢控制，包括"重开门按钮"均应变为无效；

2）所有已登记的召唤都应被取消；

3）电梯应按下列方式执行由接收到的信号所触发的指令：

① 动力驱动的自动门的电梯，如果是停在层站处，则应关门，中间不停层直接运行到指定层；

② 手动门或动力驱动的非自动门的电梯，如果正开着门停在层站，则应在该层站保持原状态；如果门关着，则电梯应中间不停直驶运行到指定层；

③ 正在驶离指定层的电梯，应在最近的可停靠层正常停止，不开门，然后立刻改变方向，返回到指定层；

④ 正在驶向指定层的电梯，应继续运行且中间不停层直接运行到指定层；

⑤ 如果电梯由于安全装置动作而停止运行，则应保持原状态。

（2）可能受热或烟雾影响的门保护装置（光幕或安全触板）应无效，以允许关门。

（3）电梯群控中的一台电梯发生故障，应不影响其他电梯向指定层的运行。

（4）动力驱动的自动门的电梯到达指定层后应停止，打开轿门和层门，并且电梯退出正常服务。

（5）对于手动门的电梯，轿厢到达指定层后，电梯门应解锁，并且电梯退出正常服务。

（6）电梯可通过下列方式恢复到正常运行状态：

1）火灾自动探测系统的复位信号；

2）手动召回装置复位，该装置应设计或其复位仅能由被授权人员操作。

即使火灾探测（报警）系统仍为激活状态。

二、"消防功能"与"消防员电梯"的区别

（1）以上所述是指普通电梯所具有的"消防功能"，而非"消防员电梯"。

普通电梯受材料、结构等的限制，在供电中断、高温、潮湿等火灾工况下很可能停梯困人，不能用于火灾时的人员疏散与消防支持。普通电梯的"消防功能"实际上是"紧急情况返基站功能"，即发现有火警时，立即操作设在基站的消防开关。消防功能启动后，电梯不响应外呼和内选信号，轿厢直接返回指定撤离层，开门待命。

普通电梯"火灾时不得使用"。

（2）消防电梯是指在火灾工况可使用的一种特殊电梯，应符合 GB 26465—2011《消防

电梯制造与安装安全规范》规定。

第九节　机械安全防护

一、机械伤害的防护

电梯很多运动部件在人接近时可能会产生撞击、挤压、绞碾等危险，在工作场地由于地面的高低差也可能会产生摔跌造成机械伤害等危险，所以应采取防机械伤害的防护。

人在操作、维护中可以接近的旋转部件，尤其是传动轴上突出的键销和螺钉，钢带、链条、皮带，齿轮、链轮，电动机的外伸轴，甩球式限速器等应有安全网罩或栅栏，以防无意中触及。

曳引轮、盘车手轮、飞轮等光滑圆形部件可不加防护，但这些部件应涂成黄色，至少部分地涂成黄色以示提醒。

轿顶和对重的反绳轮，必须安装防护罩。防护罩要能防止人员的肢体或衣服被绞入，还要能防止异物落入和钢丝绳脱出。

二、轿厢与对重（或平衡重）下部空间的防护

电梯井道最好不设置在人们能到达的空间上面。如果轿厢与对重（或平衡重）之下确有人能够到达的空间，则井道底坑的底面至少应按 5000N/m² 载荷设计，且将对重缓冲器安装于（或平衡重运行区域下面）一直延伸到坚固地面上的实心桩墩；或对重（或平衡重）上装设安全钳。

三、井道内的防护

（1）对重（或平衡重）的运行区域应采用刚性隔障防护，该隔障从电梯底坑地面上不大于 0.3m 处向上延伸到至少 2.5m 的高度，如图10-24所示。其宽度应至少等于对重（或平衡重）宽度两边各加 0.1m。

特殊情况下，为了满足底坑安装的电梯部件的位置要求，允许在该隔障上开尽量小的缺口。

（2）在装有多台电梯的井道中，不同电梯的运动部件之间应设置隔障。

1）这种隔障应至少从轿厢、对重（或平衡重）行程的最低点延伸到最低层站楼面以上 2.5m 高度。宽度应能防止人员从一个底坑通往另一个底坑。

2）如果轿厢顶部边缘和相邻电梯的运动部件（轿厢、对重（或平衡重））之间的水平距离小于 0.5m，则这种隔障应该贯穿整个井道。

其宽度应至少等于该运动部件或运动部件需要保护部分的宽度每边各加 0.1m。

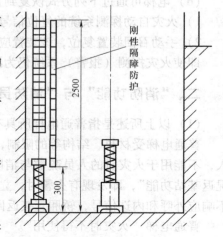

图 10-24　隔障防护

四、机房护栏防护

机房地面高度不一且相差大于 0.5m 时，应设置楼梯或台阶，并设置护栏防护。

五、轿顶设护栏防护

在轿顶边缘与井道壁水平距离超过 0.3m 时，应在轿顶设护栏防护，并应满足下列要求。

（1）护栏应由扶手、0.1m 高的护脚板和位于护栏高度一半处的中间栏杆组成。

（2）考虑到护栏扶手外缘水平的自由距离，扶手高度应为：

1）当自由距离不大于 0.85m 时，不应小于 0.7m；

2）当自由距离大于 0.85m 时，不应小于 1.1m。

（3）扶手外缘和井道中的任何部件（对重（或平衡重）、开关、导轨、支架等）之间的水平距离不应小于 0.1m。

（4）护栏的入口，应使人员安全和容易地通过，以进入轿顶。

（5）护栏应装设在距轿顶边缘最大为 0.15m 之内。

第十节　电气安全保护

对电梯的电气装置和线路必须采取安全保护措施，以防止发生人员触电和设备损毁事故，按 GB 7588—2003 要求，电梯应采取以下电气安全保护措施：

一、直接触电的防护

在机房和滑轮间内，应采用防护罩壳以防止直接触电。其防护等级不低于 IP2X。

绝缘是防止发生直接触电和电气短路的基本措施。绝缘电阻应测量每个通电导体与地之间的电阻，要求导体之间和导体对地之间的绝缘电阻应大于 $1000\Omega/V$，当标称为安全电压时，绝缘电阻应大于或等于 0.25MΩ；当标称电压大于 250V 且小于或等于 500V 时，绝缘电阻应大于或等于 0.50MΩ；当标称电压大于 500V 时，绝缘电阻应大于或等于 1.0MΩ；

对于控制电路和安全电路，导体之间或导体对地之间的直流电压平均值和交流电压有效值均不应大于 250V。

在机房、滑轮间、底坑和轿顶各种电气设备必须有罩壳，所有电线的绝缘外皮必须装入罩壳内，不得有带电金属裸露在外。罩壳的外壳防护等级应不低于 IP2X，可防止直径大于 12.5mm 的固体异物进入，也就是手指不能伸入。

控制电路和安全电路导体之间及导体对地的电压等级应不大于 250V。机房、滑轮间、轿顶、底坑应有安全电压的插座，由不受主开关控制的安全变压器供电，其电源与线路均应与电梯其他供电系统和大地隔绝。

二、间接触电的防护

间接触电是指人接触正常时不带电而故障时带电的电气设备外露可导电部分，如金属外壳、金属线管、线槽等发生的触电。在电源中性点直接接地的供电系统中，防止间接触电最常用的防护措施是将故障时可能带电的电气设备外露可导电部分与供电变压器的中性点进行电气连接。在电气设备发生绝缘损坏和导体搭壳等故障时，通过与变压器中性点之间的电气连接和相线形成故障回路，在故障电流达到一定值时，使串在回路中的保护装置动作切断故障电源，达到防止发生间接触电的保护目的。

外露可导电部分与变压器中性点的电气连接一般有两种，一种是通过大地，称为接地，一种是直接由金属导线连接，一般称为接零。我国城镇的供电一般都是 TN 系统。T 即变压器副边的中性点直接接地，N 意为系统内的电器设备外露可导电部分应与中性点直接（通过导线）连接，故均应接零，而不应单独接地。

TN 系统一般有三种型式，即 TN-C、TN-S 和 TN-C-S 系统。图 10-25a 所示为我国早期的 TN-C 系统，即常称的三相四线制，其特点是整个系统的中性导体和保护导体是合一的；图 10-25b 是现采用的 TN-S 系统，对于早期建筑采用 TN-C 系统的，电梯要求电源进入机房后应改为 TN-C-S 系统，如图 10-25c 所示。

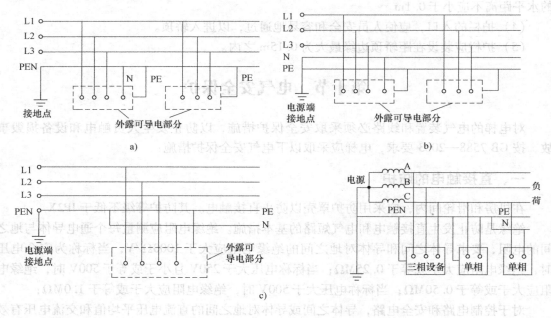

图 10-25　TN 系统

a) TN-C 系统　b) TN-S 系统　c) TN-C-S 系统

TN-S 系统，即常称的三项五线制、由三根相线和一根中线（零线 N）及一根保护线（接地线 PE）组成。电器设备外露可导电部分与 PE 线相接。由于 PE 线是专用保护线，因此正常运行时 PE 线没有电流，而且在用电设备之前也不可能误安装可使其断开的装置，所以安全保护性能较好。零线和接地线应始终分开。

PE 线的连接不能串联，应将所有电器设备的外露可导电部分单独用 PE 线接到控制柜或电源柜的 PE 总接线柱上。PE 线应用黄绿双色的专用线，截面一般应等于被保护设备电源线中相线的截面。PE 线的连接必须可靠，在金属线管或线槽的连接处应作电气连接处理。布在开关或线槽以外可能受振动的 PE 线可采用绞线，并妥善固定。

PE 线只是在电气设备发生绝缘损坏、搭壳等故障时，提供一个阻抗较小的故障回路，要切断故障电源还必须靠自动切断装置。一般是利用电路的短路保护装置，即熔断器或自动空气断路器（空断开关），在故障电流的作用下切断故障电源。为防止间接触电和避免触电者发生严重的伤害。IEC 标准要求固定电器设备发生故障应在 5s 内切断故障电流，而移动电器或手持电器则要求在 0.05s 内切断故障电流。因此必须使空断开关和熔断器的瞬时动作电流不大于故障电流。若做不到这一点就要采取其他措施，如加装漏电保护装置以保证保护系统的可靠性。

三、电气故障防护

以下任一种电气设备故障不能使电梯产生危险，否则应采取措施使电梯立即自动停止运行。

1）无电压；

2）电压降低；

3）导线（体）中断；

4）对地或对金属物件的绝缘损坏；

5）电气元件的短路或断路，如电阻装、电容器、晶体管、灯等；

6）接触器或继电器可动衔铁不吸合或不完全吸合；

7）接触器或继电器的可动衔铁不释放；

8）触点不断开；

9）触点不闭合；

10）电源断相或错相；

11）电动机过载（包括温升）。

四、电气安全装置

在电梯的控制系统中由电气安全装置的执行机构——安全开关和（或）安全电路组成的电路叫安全回路，是安全等级要求最高的电路。该电气安全装置的动作功能是由组成安全回路器件（如开关）的工作或者是其状态的改变来反映的。

（一）电气安全装置（见表 10-3）

表 10-3 电气安全装置

序号	所检查的装置	备注
1	借助于断路接触器主开关的控制	
2	底坑停止装置	
3	滑轮间停止装置	
4	检查底坑梯子的存放位置	
5	检查通道门、安全门和检修门的关闭位置	
6	检查轿门的锁紧状况	
7	检查机械装置的非工作位置	
8	检查机械装置的工作位置	
9	检查检修门和活板门的锁紧位置	
10	检查所有进入底坑的门的打开状态	
11	检查工作平台的收回位置	
12	检查可移动止停装置的收回位置	

（续）

序号	所检查的装置	备注
13	检查可移动止停装置的伸展位置	
14	检查层门锁紧装置的锁紧位置	
15	检查层门的关闭位置	
16	检查无锁门扇的关闭位置	
17	检查轿门的关闭位置	
18	检查轿厢安全窗和轿厢安全门的锁闭位置和销紧	
19	轿顶停止装置	
20	检查轿厢或对重的提升	
21	检查钢丝绳或链条的异常相对伸长（使用两根钢丝绳或链条时）	
22	检查强制式和液压电梯的钢丝绳或链条的松弛	
23	检查补偿装置的防跳装置	
24	检查补偿绳的张紧	
25	检查轿厢安全钳的动作	
26	限速器的超速检测	
27	检查限速器的复位	
28	检查限速器绳的张紧	
29	检查安全绳的断裂或松弛	
30	检查触发杠杆的收回位置	
31	检查棘爪装置的收回位置	
32	棘爪装置与耗能型缓冲器配套使用的电梯,检查缓冲器恢复至其正常伸出位置	
33	检查轿厢上行超速保护装置	
34	检测门开启情况下轿厢的意外移动	
35	检查门开启情况下轿厢意外移动保护装置的动作	
36	检查缓冲器恢复至其正常伸长位置	
37	检查可拆卸盘车手轮的位置	
38	用电流型断路接触器的主开关的控制	
39	检查减行程缓冲器的减速状况	
40	检查平层、再平层和预备操作	
41	检修运行开关	
42	检查与检修运行配合使用的按钮	
43	紧急电动运行开关	
44	层门和轿门触点旁路装置	
45	检修运行停止装置	
46	电梯驱动主机上的停止装置	
47	测试和紧急操作面板上的停止装置	
48	检查轿厢位置传递装置的张紧（极限开关）	
49	检查液压缸柱塞位置传递装置的张紧（极限开关）	
50	极限开关	

（二）电气安全装置类型

（1）一个或几个安全触点，它们直接切断主接触器或其继电接触器的供电。

（2）安全电路，包括下列一项或几项：

1）一个或几个安全触点，它们不直接切断主接触器或其继电接触器的供电；

2）不是安全触点的触点；

3）符合表 10-1 要求的元件。

4）符合要求的可编程电子安全相关系统。

任何电梯电气安全装置的设计应符合这两种类型中的一种。

（三）电气安全装置其他要求

（1）电气装置不应与电气安全装置并联。

例外：①开门运行时对门锁的旁接；②紧急电动运行时对几个安全开关的短接；③对接操作时对门系统的短接。

（2）与电气安全回路上不同点的连接只允许用来采集信息。这些连接装置应该满足对安全电路的要求。

（3）内、外部电感或电容的作用不应引起电气安全装置失效。

解释：①连接到电气安全回路上的不同点，用于收集信息的监测电路，不是安全电路；②连接到电气安全回路中不同点的装置不被认为是安全装置。

（4）某个电气安全装置的输出信号，不应被同一电路中位于其后的另一个电气装置发出的信号所改变，以免造成危险后果。

（5）在含有两条或更多平行（并联）通道组成的安全电路中，一切信息，除奇偶校验所需要的信息外，应仅取自一条通道。

（6）记录或延迟信号的电路，即使发生故障，也不应妨碍或明显延迟由电气安全装置作用而产生的驱动主机停止，即停止应在与系统相适应的最短时间内发生。

（7）内部电源装置的结构和布置，应防止由于开关作用而在电气安全装置的输出端出现错误信号。

（四）电气安全装置的作用与动作

（1）电气安全装置的作用。

1）电气安全装置动作时，应防止主机启动或立即使其停止，制动器供电也应被切断；

2）电气安全装置应直接作用在控制驱动主机供电的设备上；

3）由于输电功率的原因，使用接触器式继电器控制主机时，它们应视为直接控制主机起动和停止的供电设备。

（2）电气安全装置的动作。电气安全装置动作时应立即使驱动主机停止，并防止驱动主机起动。

按照国标的要求，电气安全装置应直接作用在控制驱动主机供电的设备上。

如果使用继电器或接触器式继电器控制驱动主机的供电设备，应按要求对这些继电器或接触器式继电器进行监测。

（五）安全触点

（1）安全触点应符合 GB 14048.5—2008 中有关的规定，并至少满足 IP4X（见 GB 4208—2008）的防护等级和机械耐久性（至少 106 动作循环）的要求，或者满足以下要求。

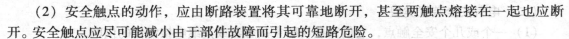

（2）安全触点的动作，应由断路装置将其可靠地断开，甚至两触点熔接在一起也应断开。安全触点应尽可能减小由于部件故障而引起的短路危险。

注：当所有触点的断开元件处于断开位置时，且在有效行程内，动触点和施加驱动力的驱动机构之间无弹性元件（例如弹簧）施加作用力，即为触点获得了可靠的断开。

（3）如果安全触点保护外壳的防护等级不低于 IP4X（见 GB 4208—2008），则安全触点应能承受 250V 的额定绝缘电压。如果其外壳防护等级低于 IP4X（见 GB 4208—2008），则应能承受 500V 的额定绝缘电压。

安全触点应是下列类型：①AC-15，用于交流电路的安全触点；②DC-13，用于直流电路的安全触点。

（4）如果保护外壳的防护等级不高于 IP4X（见 GB 4208—2008），则其电气间隙不应小于 3mm，爬电距离不应小于 4mm，触点断开后的距离不应小于 4mm。如果保护外壳的防护等级高于 IP4X（见 GB 4208—2008），则其爬电距离可降至 3mm。

（5）对于多分断点的情况，在触点断开后，触点之间的距离不应小于 2mm。

（6）导电材料的磨损，不应导致触点短路。

（六）安全电路

安全电路的要求——故障分析、风险评价：

（1）安全电路的故障分析应考虑完整的安全电路的故障，包括传感器、信号传输路径、电源、安全逻辑和安全输出。

（2）安全电路应满足国标"电气故障的防护和故障分析"有关出现故障时的要求。

（3）此外，还应满足下列要求：

1）如果某个故障（第一故障）与随后的另一个故障（第二故障）组合导致危险状况，则最迟应在第一故障元件参与的下一个操作程序中使电梯停止。

只要第一故障仍存在，电梯的所有进一步操作都应是不可能的。

在第一故障发生后而在电梯按上述操作程序停止前，不考虑发生第二故障的可能性。

2）如果两个故障组合不会导致危险状况，而他们与第三故障组合就会导致危险情况时，则最迟应在前两个故障元件中任一个参与的下一个操作程序中使电梯停止。

在电梯按上述操作程序停止前，不考虑发生第三故障而导致危险情况的可能性。

3）如果存在三个以上故障同时发生的可能性，则安全电路应有多个通道和一个用来检查各通道状态相同的监测电路。

如果检测到状态不同，则应使电梯停止。

对于两通道的情况，最迟应在重新起动电梯之前检查监测电路的功能。如果功能发生故障，则电梯重新起动应是不可能的。

4）恢复已被切断的动力电源时，如果电梯在 GB 7588—2003 中规定的情况下能被强制再停止，则电梯无须保持在已停止的位置。

5）在冗余型安全电路中，应采取措施，尽可能限制由于某一原因而在一个以上电路中同时出现故障的危险。

第十一章

无机房电梯

无机房电梯是 20 世纪 90 年代进入我国的，目前，无机房电梯已成了电梯的一个重要分支，也成了各电梯制造厂研制的热点，结构如图 11-1 所示。

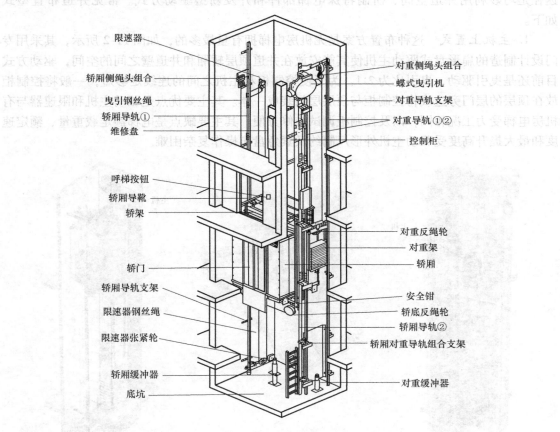

图 11-1　无机房电梯结构

无机房电梯不是简单地将电梯的机房去掉，而是电梯设计观念和技术上的变革和进步。无机房电梯的应用，节省了建筑物的空间，减少了建筑成本。省掉建筑物顶端的机房给建筑物的外观设计带来更大的灵活性。更重要的是随之应用的一些新技术、新部件，使电梯的性能进一步提高，更加节省能源，更加环保。无机房电梯是电梯工业的一个重要的发展方向。

如今，各大电梯公司推出的无机房电梯，要么申请了专利，如通力电梯公司采用碟形无齿同步曳引机制造的无机房电梯；要么采用了自己的专有技术，如奥的斯公司推出的 GEN2 无机房电梯，采用钢丝带取代了钢丝绳，使得主机的驱动轮直径也相应减少，曳引机体积更小。

除了无机房和有机房的区别之外，由于无机房电梯的驱动原理、控制系统、层门系统、轿厢系统等大都与有机房电梯相同或相似，所以本章仅对它们的不同点和关键点加以介绍和分析。

一、井道布置

无机房电梯的首要难题是在不设机房的条件下，如何将轿厢、对重、驱动主机、控制柜、限速器等关键部件布置在一般电梯井道内。如果取消机房后，通过加大井道截面尺寸或者增加井道顶层高度来解决这一问题，那将得不偿失。解决无机房井道布置这个难题的主要途径是巧妙利用井道空间、研制特殊电梯部件和开发新型驱动方式。常见井道布置型式如下。

1. 主机上置式　这种布置方案是无机房电梯拥有量最多的，如图11-2所示，其采用专门设计制造的扁形盘式驱动主机使其能安放在井道顶层轿厢和井道壁之间的空间，驱动方式目前还是曳引驱动，曳引比为2:1。为了使控制柜和主机之间的连线足够短，一般将控制柜放在顶层的层门旁边或将控制柜与顶层层门装成一体。其主要优点是驱动主机和限速器与有机房电梯受力工况相同，以及控制柜调试维修方便。其主要缺点是电梯额定载重量、额定速度和最大提升高度受驱动主机外形尺制约及紧急盘车操作复杂困难。

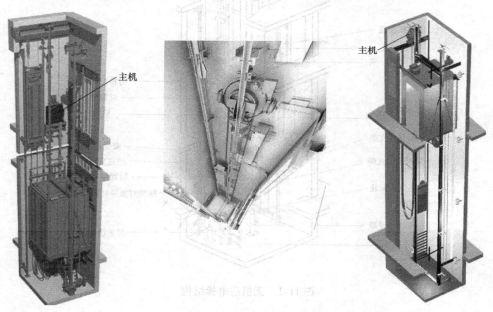

主机

主机

图 11-2　主机上置式

2. **主机下置式**　这一方案是将驱动主机安放在底坑内，放在底坑轿厢和对重之间的投影空间上，而把控制柜挂在靠近底坑的轿厢和井道壁之间，如图11-3所示。驱动方式目前还是曳引驱动，曳引比为2:1。其最大优点是增加电梯额定载重量、额定速度，最大提升高度不受驱动主机外形尺寸限制且紧急盘车操作方便容易。这种放置方式给检修和维护也提供了方便。其主要缺点是由于驱动主机和限速器受力工况与普通电梯不同，因此必须进行改进设计。

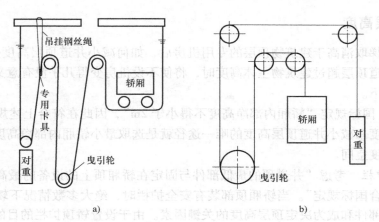

图11-3　主机下置式
a) 2:1　b) 1:1

3. **主机放在轿厢上**　主机放在轿厢的顶部，控制柜放在轿厢侧面，这种布置方式，随行电缆的数量比较多。

4. **主机和控制柜放在井道侧壁的开孔空间内**　这一方案是将驱动主机和控制柜安放在顶层井道侧壁预留开孔之内。这种方式对主机和控制柜的尺寸无特殊要求。其最大优点是可以增加电梯额定载重量、额定速度和最大提升高度，并且能够选配普通电梯使用的驱动主机和限速器，而且安装维修和紧急盘车操作也较方便。主要缺点是需要适当增加顶层预留开孔井道侧壁的厚度和在井道壁开孔外侧装设检修门。

5. **开发新型驱动方式**　已经开发问世的新型驱动方式主要有直线电动机直接驱动轿厢或对重、摩擦传动机构直接驱动轿厢，以及钢丝带曳引驱动轿厢和对重。它们共同的思路是通过压缩驱动主机尺寸或者简化传动机构环节来处理井道布置问题。

二、对特殊电梯部件的要求

无机房电梯取消机房后，为了满足不同井道布置的需要，对特殊电梯部件的要求有：

1）高效率、易维护、运行平稳舒适、噪声低、振动小、结构紧凑、功率密度高，并可满足不同工况的新型驱动主机；

2）具有结构紧凑、体积小、抗干扰、检修方便、较高灵活性、方便性和可靠性的控制柜；

3）构造简单且能减小宽度和高度外形尺寸的连体轿厢轿架；

4）为了减小井道顶层高度而可以进行伸缩安装的轿顶护栏；

5）符合 GB 7588—2003《电梯制造与安装安全规范》规定和可以设在井道不同位置的新型限速器；

6）能够装在轿架梁的上端或下端的单提拉安全钳系统；

7）既符合 GB 7588—2003《电梯制造与安装安全规范》缓冲行程的规定又具有最小安装尺寸的新型缓冲器；

8）简单方便和安全可靠的紧急操作装置。

三、顶层高度

无机房电梯取消高于建筑物顶层的专用机房后，如何减小井道顶层高度是第二个难题。这是因为当井道顶层超过建筑物主体高度时，将使不设机房变得几乎没有意义。与顶层高度有关的部件如下。

1. 轿厢 国标规定"轿厢内部净高度不得小于 2m"，因此在符合上述规定的前提下通过压缩轿厢高度来减小井道顶层高度的唯一途径就是选取最小轿厢内部净高度和尽量减小吊顶所占轿厢高度空间。

2. 轿顶护栏 考虑"井道顶的最低部件与固定在轿厢顶上的设备的最高部件之间的自由距离，应符合国标规定"。当轿厢顶部装有安全护栏时，绝大多数情况下轿顶护栏将是轿厢顶上的最高部件和成为决定顶层高度的关键因素。由于设置轿顶护栏的目的是为了安装或检修电梯时防止操作人员坠入井道，而电梯正常运行时轿顶不允许站人，因此可把轿顶护栏设计成插接式，当进行安装检修操作时把活动部分提高到安全高度并销接，而在开始正常运行前再将活动部分退回到较低位置。

3. 井道顶最低部件 井道顶层的高度与井道顶最低部件有关。井道顶最低部件通常是指安装检修吊钩、悬挂装置承重梁和钢丝绳固定装置等，为了减小井道顶层的高度，应当把井道顶部的部件安放在井道顶层轿厢与井道壁之间。

4. 极限开关 国标规定"电梯应设有极限开关，并应设置在尽可能接近端站时起作用而无误动作危险的位置上，极限开关应在轿厢或对重接触缓冲器之前起作用，并在缓冲器被压缩期间保持其动作状态。"而确定曳引驱动电梯顶部间距的前提是对重完全压在它的缓冲器上，因此极限开关的安装位置与轿厢在顶层时，对重与缓冲器的安装距离有关，所以应该在条件允许情况下减小顶层极限开关起作用的安装距离，以便减小轿厢位于顶层时对重与缓冲器的安装距离，最终达到减小井道顶层高度的目的。

5. 对重 为了对重利用井道截面，无机房电梯通常将对重与驱动主机布置在轿厢与井道壁的同侧空间之内。当电梯额定载重量较小且相应的井道截面尺寸有限时，常常通过增加对重高度来压缩其需要占据的井道垂直方向投影面积，这样会出现对重而不是轿厢决定顶层高度的情况。解决这一问题的方法有二：其一，与前顶层极限开关理由相同而减小底层极限开关的起作用安装距离；其二，在不改变对重与缓冲器安装距离的条件下降低对重缓冲器的安装高度。

四、连体轿厢

传统轿厢的轿架和轿厢体是分体的，因此结构尺寸较大。由于把轿厢和轿架做成一体，不仅能够压缩外部尺寸，而且可以简化轿厢轿架的结构，所以连体轿厢是无机房电梯应该采用的一项先进技术。

1. 立梁嵌接轿壁　为了压缩轿架的外部尺寸，便于无机房电梯的井道布置，把轿架立梁与轿厢轿壁嵌接在一起，其设计优点有三：其一，可使轿架导轨方向尺寸减小 100mm 以上；其二，立梁与轿壁嵌接后刚度互补且强度提高；其三，型钢立梁的槽形空间可以安放轿厢操纵盘和开设轿厢自然通风孔。

2. 上梁拼装轿顶　连体轿厢轿架把型钢上梁与几块成型钢板组成拼装轿顶的好处如下：一是可以减小轿厢轿架的高度尺寸；二是上梁与轿顶拼成一体后刚度互补且结构简化；三是型钢上梁的槽形空间可以安放轴流风机并用作线槽进行布线。

3. 可装压重轿底　把轿厢内外轿底做成一体后放在曳引悬挂横梁上是连体轿厢轿架的另一个特点，好处有三：其一，压缩了轿底的高度尺寸；其二，简化结构并减轻重量；其三，内外轿底合一后刚度增大和强度提高，便于装设压重。无机房电梯为了选配小型驱动主机，通常采用 2:1 曳引驱动，但在某些特殊情况下可能发生轿厢无法下行而曳引绳打滑的情况，因此在轿底装设压重是解决这一问题的有力措施。

4. 万向缓冲导靴　由于轿厢和轿架做成一体后在它们中间取消了减震装置，因此装在连体轿厢轿架上的导靴应该承担相应作用，所以应选用具有多个方向缓冲作用的产品。目前多数轿厢导靴在导轨轨顶方向装有预紧力可调的弹簧，而在导轨轨侧方向只设减震橡胶垫。对于连体轿厢轿架来说，为了弥补取消的减震装置，应该选用至少在轿厢导轨轨顶和两个轨侧三个工作面方向具有预紧力可调的导靴，以加大对轿厢的减振作用。如果选用万向缓冲导靴可能减振效果更好，这是在目前电梯配件产品中可以选配到的。

5. 曳引悬挂横梁　采用 2:1 曳引的连体轿厢轿架，一般通过减振橡胶垫将其安放在悬挂横梁上，这样驱动主机即可通过绕过装在悬挂横梁上的两个返绳轮的钢丝绳驱动轿厢沿着导轨上下运动。为了防止减振装置在轿厢超载或冲顶墩底时，不被压坏或者错位，应该在连体轿厢轿架和悬挂横梁之间设置限位和防跳螺栓。另外为了减缓轿厢运行时的垂直和水平振动，减振橡胶垫应该具有稳定的工作刚度和较长的使用寿命。

五、驱动方式

开发各种新型驱动方式是无机房电梯的一个重要发展方向。普通电梯由于能把驱动主机安放在具有足够空间的机房内，因此通常采用 1:1 钢丝绳曳引驱动。对于无机房电梯来说，如不采用新的驱动方式，则是很难解决井道布置这一难题的，因此出现下述各种驱动方式。

1. 钢丝绳曳引驱动　这种驱动方式与传统钢丝绳曳引驱动有两大变化：一是采用 2:1 曳引比，使曳引驱动转矩减小为二分之一及曳引轮转速提高一倍后来压缩驱动主机外形尺寸；二是研制扁形盘式同步无齿驱动主机，以便能够安放在井道上端轿厢和井道壁之间。这种方式以通力电梯为代表。

2. 钢丝带曳引驱动　这种驱动方式的重大改进是采用扁形钢丝带代替圆形钢丝绳，这样在同样绳径比条件下，大大减小了曳引轮直径，再加上采用 2:1 曳引比：使曳引驱动转矩进一步减小且曳引轮转速更加提高，因此大大压缩了驱动主机外形尺寸，以致可以容易地将其安放在井道顶层轿厢和井道壁之间。这种方式以奥的斯电梯为代表。

3. 直线电动机驱动　这种驱动方式可以不要对重，将永久磁铁直接安装在轿厢上，而把线圈固定在对应侧的井道壁上，通过组成的直线电动机直接驱动轿厢上下运动。另外也可将线圈安装在对重上而把永久磁铁固定在对应侧的井道壁上，通过组成的直线电动机间接驱动轿厢上下运动。

4. **摩擦轮驱动**　这种驱动方式是把带有摩擦轮的驱动主机直接安装在轿厢底部，使其与特制的轿厢导轨接触，并借助压轮施加一定的正压力，这样通过驱动主机带动摩擦轮旋转时产生的摩擦力来驱动轿厢沿着导轨上下运动。

六、控制系统

由于无机房电梯不设机房，因此它的控制系统和普通电梯相比具有更高的灵活性、方便性和可靠性。

1. **灵活性**　为了便于电气布线，无机房电梯的控制柜通常安放在靠近驱动主机的位置，主要有三种型式：其一，当驱动主机安装在井道顶层时，控制柜放在顶层并与层门做成连体型；其二，当驱动主机安装在井道底坑内时，控制柜放在井道底层轿厢与井道壁之间并做成壁挂型；其三，当驱动主机安装在井道壁开孔空间内时，控制柜放在同一开孔并做成轻便型。

2. **方便性**　无机房电梯控制系统的方便性主要是指下述几个方面：第一，电气设备的选型与安装应有利于井道内动力电路、安全电路、照明电路和控制电路的井道布线；第二，控制框外形应能满足连体型、壁挂型和轻便型的特殊尺寸要求；第三，控制柜的设计应能适应连体型、壁挂型和轻便型的特殊安装要求；第四，不管控制柜放在什么位置和采用哪种型式都能进行检修操作。

3. **可靠性**　无机房电梯的井道布置比普通电梯紧凑得多，这增加了控制系统的检修难度，因此应该具有更高的可靠性。设计中应特别注意下述问题：一是控制系统选用的电气设备和元器件应该具有较长的使用寿命和较高的工作可靠性，以便减少检修工作量；二是放在井道附近的控制柜容易和电气线路产生干扰，因此在控制系统设计中应采取更加得力的软件和硬件抗干扰措施；三是应该采用串行通信先进技术，以便减少井道电缆和导线的数量并提高信号交换的可靠性。

七、紧急操作

国标规定"如果向上移动额定载重量的轿厢，所需的操作力不大于400N，电梯驱动主机应装设手动紧急操作装置，以便借用平滑且无辐条的盘车手轮能将轿厢移动到一个层站。"无机房电梯由于井道布置困难，一般不采用应急备用电源进行紧急操作，因此如何装设手动紧急操作装置也是无机房电梯的一大难题。具体难度有三点：其一，紧急操作装置如何简单方便地与驱动主机接合或脱开；其二操作人员站在何处紧急盘车操作；其三，如何检查轿厢是否进入开锁门区。

1. **顶层井道外盘车**　当把驱动主机安放在井道顶层内时，在顶层层门处开洞，操作人员站在顶层层门外通过专用机构打开驱动主机制动器，然后利用轿厢和对重的重量差驱动轿厢运动，同时通过层门洞口观察轿厢是否进入开锁门区。这一方法的主要问题是当轿厢和对重接近平衡载荷时，不能确保轿厢产生运动。另外利用制动器控制轿厢运动的操作也不够安全。

2. **底坑井道内盘车**　当把驱动主机安放在井道底坑内时，操作人员进入底坑进行盘车操作与在机房操作一样简单方便，但问题是当停车故障正好发生在轿厢处于底层开锁区上方时，操作人员无法进入底坑。如能在底坑处装设检修门，则此问题可迎刃而解。

3. 井道壁外平台盘车　当把驱动主机安放在井道壁开孔空间内时，操作人员可以打开检修门站在平台上，进行盘车操作。这一方法的问题是当检修门能装在建筑物内侧时，操作人员可借助临时平台进行操作，但如果检修门必须装在建筑物外侧时，则需要在建筑物外面设置爬梯和简易悬臂平台。

八、通风照明

无机房电梯不设机房后如何处理井道通风、机房通风和机房照明是容易忽略的问题。

1. 井道通风　"在井道顶部应设置通风孔，其面积不得小于井道水平断面面积的1%。通风孔可直接通向室外，或经机房或滑轮间通向室外。"有机房电梯的井道顶部通常设有电缆导线、曳引钢丝绳、限速器绳等开口，其面积总和一般可达到1%井道断面面积的通风要求，因此无须开设专用通风孔。对于无机房电梯来说，取消机房后应该在井道顶部开设专用通风孔，否则将满足不了GB 7588—2003规定，另外也会增大电梯的运行噪声。

2. 机房通风　对于有机房曳引驱动电梯来说，"机房应有适当的通风，以保护电动机、设备以及电缆等，使它们尽可能地不受灰尘、有害气体和潮气的损害。"和"机房内的环境温度应保持在5~40℃之间。"对于无机房曳引驱动电梯来说，驱动主机通常采用顶层内上置、底坑内下置和井道壁开孔内侧置，可以把井道看作机房，因此设计中必须考虑井道通风。即可满足GB 7588—2003对机房提出的通风和温度要求。

3. 机房照明　"机房应设有固定式电气照明，地板表面上的照度应不小于200lx。照明电源应符合要求。在机房内靠近入口的适当高度处应设有一个开关，以便进入时能控制机房照明。机房内应设置一个或多个电源插座。"其主要目的是为电梯在机房内进行安装、调试、维修和紧急盘车操作提供足够的照明。对于无机房电梯来说，应该根据驱动主机和控制柜的安装位置参照上述规定设计照明电源、电源开关和电源插座，以保证驱动主机、控制柜、限速器等部件能在足够条件下进行安装、调试、维修和紧急盘车操作。

九、主要参数

由于无机房电梯不设机房，所以额定载重量、额定速度和最大提升高度三个主要参数受到了井道布置的制约。目前，国内无机房电梯最高速度可达2.5m/s，提升高度70m，载重量1600kg。

1. 额定载重量　曳引驱动无机房电梯的关键技术之一是如何压缩驱动主机的外形尺寸，以便解决井道布置的困难。曳引转矩是决定驱动主机尺寸的主要因素之一，而它直接与载重量和曳引轮直径有关。国标规定了曳引钢丝绳的公称直径不小于8mm和曳引轮的节圆直径与钢丝绳的公称直径之比不小于40。在满足上述规定和载重量相同的前提下，减小曳引转矩的方法有三种：其一，采用2:1曳引比，使钢丝绳拉力减小一半；其二，8mm钢丝绳曳引驱动，使曳引轮节圆直径减到320mm；其三，采用钢丝带曳引驱动，使曳引轮直径减到更小。

2. 额定速度　无机房电梯额定速度的大小是决定驱动主机外形尺寸的另一个重要因素。提高电梯运行的额定速度必然加大电动机和减速器的驱动功率，毫无疑问将导致驱动主机外形尺寸的增大，同样会带来井道布置的困难。另外提高额定速度后还会给无机房电梯带来如何降低振动和噪声的新问题。

3. 最大提升高度　制约无机房电梯井道布置的另一个主要参数是最大提升高度。它的影响主要反映在两个方面：一方面是增加电梯提升高度会加大轿厢悬钢丝绳、随行电缆和平衡补偿链的重量，故使曳引转矩随之增加，最终导致驱动主机外形尺寸加大和井道布置困难；另一个方面是无机房电梯的驱动主机、悬挂绳头、返绳滑轮、限速器等部件常常安装在与井道内壁固接的轿厢导轨、对重导轨或承重梁上，因此增加电梯提升高度，也会加大导轨、承重梁和井道内壁的支承力。

十、无机房电梯标准的制定

随着无机房电梯的快速发展，应着手制定无机房电梯的标准，包括安全标准；制定符合环境保护的标准，以强调节能、节省资源、不污染环境。

无机房电梯的未来发展还需考虑两个问题：

（1）对建筑物而言，要降低垂直负载，有简单而良好的防震结构。

（2）向大载重、中高提升高度发展。

第十二章

液压电梯

　　液压驱动的电梯是较早出现的一种驱动方式，是电梯的一种。具体是指轿厢由液压缸支撑，或由钢丝绳或链条悬挂，并在与垂直面倾斜度不大于15°的导轨间运行，用于运送乘客或货物至指定层站的液压电梯（hydraulic lift）。如图12-1所示，液压电梯是通过液压动力源，把油压入油缸使柱塞做直线运动，直接或通过钢丝绳间接地使轿厢运动的电梯。液压电梯是机、电、电子、液压一体化的产品，由下列相对独立但又相互联系配合的系统组成，即泵站系统、液压系统、导向系统、轿厢、门系统、电气控制系统和安全保护系统。

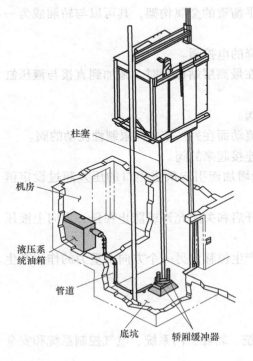

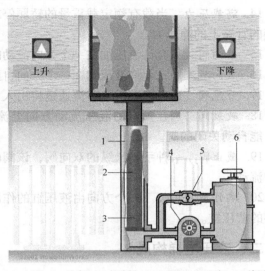

1—缸体　2—柱塞　3—储液罐　4—回转泵　5—阀门　6—液压油

图12-1　液压电梯

第一节　液压电梯结构与特点

一、有关定义术语

1. 液压电梯　靠电力驱动液压泵输送液压油到液压缸，直接或间接驱动轿厢的电梯（可以使用多个电动机、液压泵和/或液压缸）。

2. 直接作用式液压电梯　柱塞或缸筒直接作用在轿厢架的液压电梯。

3. 间接作用式液压电梯　借助于悬挂装置（绳、链）将柱塞或缸体连接到轿厢或轿厢架上的液压电梯。

4. 液压缸　组成液压驱动装置的缸筒与柱塞/活塞的组合。

5. 液压电梯驱动主机　由液压泵、液压泵电动机和控制阀组成的用于驱动和停止液压电梯的装置。

6. 机房　驱动主机和相关设备所在的房间。

7. 平衡重　为节能而设置的平衡部分轿厢自重的重量。

8. 夹紧装置　当触发时能使下行运动的轿厢停止，并在其行程中任一位置保持其静止状态，以限制沉降范围的机械装置。

9. 电气防沉降系统　防止沉降危险的措施组合。

10. 电气安全回路　串联所有电气安全装置的回路。

11. 棘爪装置　用于停止轿厢非操作下降并将其保持在固定支撑上的一种机械装置。

12. 轿厢架　与悬挂器具连接用来承载轿厢或平衡重的金属构架，其可以与轿厢成为一个整体。

13. 下行方向阀　液压回路中用于控制轿厢下降的电控阀。

14. 满载压力　当载有额定载重量的轿厢停靠在最高层站位置时，施加到直接与液压缸连接的管路上的静压力。

15. 单向阀　只允许液压油在一个方向流动的阀。

16. 单向节流阀　允许液压油在一个方向自由流动而在另一个方向限制性流动的阀。

17. 节流阀　通过内部一个节流通道将出入口连接起来的阀。

18. 破裂阀　当在预定的液压流动方向上流量增加而引起阀进出口的压差超过设定值时，能自动关闭的阀。

19. 截止阀　一种手动操纵的双向阀，该阀的开启和关闭允许或防止在任一方向上液压油的流动。

20. 单作用液压缸　一个方向由液压缸的作用产生位移，另一个方向由重力的作用产生位移的液压缸。

二、液压电梯构成

液压电梯一般由泵站系统、液压系统、导向系统、轿厢、门系统、电气控制系统和安全保护系统组成。

1. 泵站系统　泵站系统由电动机、油泵、油箱及附属元件组成，如图 12-2 所示。其功能是为油缸提供稳定的动力源和储存液压油。液压泵站按照规范要求有完备的安全保护系统：安全溢流阀、油温热保护及电动机热保护系统。

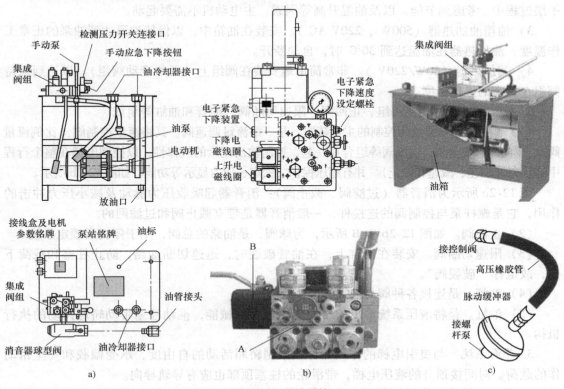

图 12-2　泵站系统

a）泵站　b）集成阀组　c）消音器

（1）电动机。一般是三相笼型浸油电动机，直接与螺杆泵连接。其结构简单、体积小、重量轻、性能可靠。

（2）油泵。一般选用潜油泵，油泵常用螺杆泵。螺杆泵直接与电动机轴连接，浸放在油箱的液压油中，输出压力一般在 0 ~ 50MPa 之间，油泵的功率与油的压力和流量成正比。螺杆泵出口处安装减振器，其目的是消除由螺杆泵造成的流体振动，避免将振动传送到油缸及电梯中。

（3）油箱。除了储油，还具有过滤油、冷却电动机、油泵及隔音消音等功能。

（4）橡胶垫。4 块橡胶垫放在油箱底部 4 角，以避免振动传到机房的地板。

（5）泵站上的铭牌及测试报告。泵站液压工作原理图加工序号、油泵排量、电动机功率及油阀参数由一块固定在泵站上的铭牌所显示。另外，泵站上还要有工厂的随机检测报告，其中包括各项检测内容及结果。

（6）接线盒。接线盒内有电动机电源线，油温保护线，电动机保护线，以及油温加热器的接线端子。电动机的各种参数（如电压、频率、功率以及额定电流值）由一块固定在接线盒上的铭牌显示。

（7）可选装置的特性。

1）热交换器接口。是由两个固定在油箱盖上的接头以及连接在接头上的进出油管构成。其中吸油管带有过滤网。

2）再平层装置。由外置电动机（2.9W/4p）及油泵组成，连接到油阀和油箱上。在再平层过程中，考虑到节能，以及油温升高等因素，主电动机不需要起动。

3）油箱油加热器（500W，220V AC）。安装在油箱中，以保持油温达到油泵的正常工作温度，油加热器在油温达到30℃时，自动断开。

4）阀加热器（60W/220V）。非常简单地安装在阀组上（无须变动阀组）。以达到保持阀组在正常的操作温度。

2. 液压系统　由集成阀组、止回阀、限速切断阀、油管和油缸等组成。

（1）集成阀组。是液压控制的主要装置，是一组流量调速阀。其将流量控制阀（比例流量阀）、单向阀、安全阀、溢流阀等组合在一起，控制输出流量的规律性，以控制电梯在整个行程中的状态（加速、减速和停止）。并有超压保护、锁定、压力显示等功能，如图12-2b所示。

图12-2c所示为消音器（过滤阀、截止阀）：消音器起吸收压力脉动及减小压力冲击的作用，它是螺杆泵与控制阀的连接件，一般消音器是带有截止阀和过滤网的。

（2）止回阀。如图12-2b中B所示，为球阀，是油路的总阀，用于停机后锁定系统。

（3）限速切断阀。安装在油缸上，在油管破裂时，迅速切断油路，防止柱塞和载荷下落，故也称"破裂阀"。

（4）油管。是连接各种阀与油缸的连接管路。

（5）油缸。是将液压系统输出的压力能转化为机械能，推动柱塞带动轿厢运动的执行机构。

3. 导向系统　与曳引电梯的作用一样，限制轿厢活动的自由度，承受偏载和安全钳动作的载荷。对间接顶升的液压电梯，带滑轮的柱塞顶部也应有导轨导向。

4. 轿厢　结构和作用与曳引电梯相同，但侧面顶升的液压电梯的轿厢架结构由于受力情况不同而有所不同。

5. 门系统　与曳引电梯相同。

6. 电气控制系统　包括控制柜、操纵盘、召唤装置和楼层显示。其中控制柜中除处理各种内选、召唤指令、位置信号、安全信号外，还有液压系统控制电路。对闭环控制要发出理想运行曲线和利用PID（比例、积分、微分）线路对系统流量进行控制。即通过油温、油压、电子传感器及控制回路控制调节油阀的工作状态，使电梯运行的平层距离和总运行时间在油温和压力发生变化时得到有效控制。

7. 安全保护系统　与曳引电梯一样，有防止端站越程、超速、断绳、人员坠落、剪切等保护装置。

三、功能特点

（一）建筑方面

（1）不需要在井道上方设立要求和造价都很高的机房。

（2）机房设置灵活。液压传动系统是依靠油管来传递动力的，因此机房位置可设置在离井道20m内的范围内，且机房占有面积也仅$4 \sim 5m^2$。

（3）井道利用率高。通常液压电梯不设置对重装置，故可提高井道面积利用率。

（4）井道结构强度要求低。由于液压电梯轿厢自重及载荷等垂直负荷，均通过液压缸

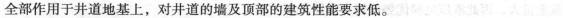

全部作用于井道地基上，对井道的墙及顶部的建筑性能要求低。

（二）技术性能方面

（1）运行平稳、乘坐舒适。液压电梯传递动力均匀平稳，且比例阀能实现无级调速，电梯运行速度曲线变化平缓，因此舒适感优于调速电梯。

（2）安全性好、可靠性高、易于维修。液压电梯不仅装备有普遍曳引式电梯具备的安全装置，还设有：

1）溢流阀，可防止上行运动时系统压力过高；

2）应急手动阀，电源发生故障时，可使轿厢应急下降到最近的楼层位置自动开启厅、轿门，使乘客安全走出轿厢；

3）手动泵，当系统发生故障时，可操纵手动泵打出高压油使轿厢上升到最近的楼层位置；

4）管路破裂阀，当液压系统管路破裂轿厢失速下降时，可自动切断油路；

5）油箱油温保护，当油箱中油温超过某一值时，油温保护装置发生信号，暂停电梯使用，当油温下降后方可起动电梯。

（3）载重量大。液压系统的功率重量比大，因此同样规格电梯，可运载的重量大。另外，可采用多个油缸同时作用提升超大载重的轿厢。

（4）噪声低。液压系统可采用低噪声螺杆泵，同时泵、电动机可设计成潜油式结构，构成一个泵站整体，大大降低了噪声。液压系统可远离井道设置，隔离了噪声源。

（5）防爆性能好。液压电梯采用低凝阻燃液压油，油箱又为整体密封，电动机、液压泵浸没在液压油中，能有效防止可燃气、液体的燃烧。

（三）使用维修方面

（1）故障率低。由于采用了先进的液压系统，且有良好的电液控制方式，因此电梯运行故障率可降至最低。

（2）故障排除简单安心。液压式电梯于停电或故障关人时可由管理人员简易操作步骤，即可救出被困人员。

（3）节能性好。液压电梯下行时，靠自重产生的压力驱动，能节省能量。

四、应用场合

国外的资料统计和市场特点的调查表明，40m 以下的建筑物采用液压电梯的总费用（包括建筑物改造、安装费、产品生产费、维修费用）最低，一般在国际市场上可比曳引式电梯便宜10%～20%。由于液压电梯的这些特点，它特别适用于提升高度小、载重量大、速度小且要求下置机房的场合。例如：

（1）宾馆、办公楼、图书馆、医院、实验室、中低层住宅。这些场合电梯的要求是乘坐舒适、噪声低、可靠性高。

（2）车库、停车场。由于汽车电梯轿厢规格大，输出功率大，因此采用对称布置的双缸液压电梯，可使轿厢处于相当平稳的运行状况。

（3）古典建筑。古典建筑增设电梯不能破坏其外貌及内在风格，因此采用液压电梯也是较好的方案。

（4）商场、餐厅、豪华建筑。上述建筑一般选用观光梯，而观光电梯很多采用液压直顶式驱动。

（5）跳水台、石油钻井台、船舶等工业装置。由于这些装置一般不能设置顶层机房且载重量大，因此液压电梯优势也较为明显。

（6）需增设电梯的旧房改造工程。由于旧房的改建受原土建结构限制，故配用液压电梯是最佳选择。

五、液压电梯驱动配置型式

液压电梯按顶升的方式分为直接顶升和间接顶升两大类。

（一）直接顶升式

直接顶升就是液压缸的柱塞直接与轿厢结构相连，因此，柱塞的运动速度就是轿厢运行速度。而柱塞与轿厢的连接可以在轿厢底部中间，也可以在侧面或后面。

1. 中心直顶式 1:1（见图 12-3）

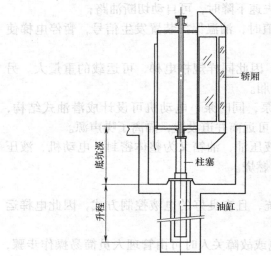

图 12-3　中心直顶式 1:1

2. 单缸后置直顶式 1:1（见图 12-4）

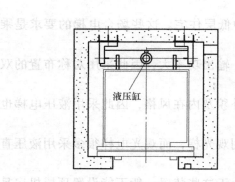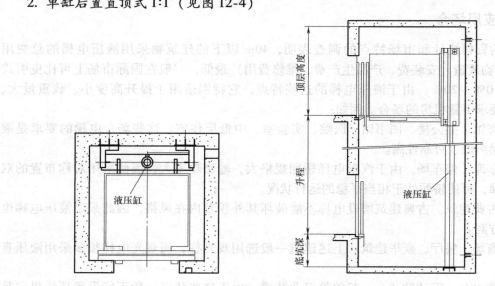

图 12-4　单缸后置直顶式 1:1

3. 双缸侧直顶式 1:1 （见图 12-5）

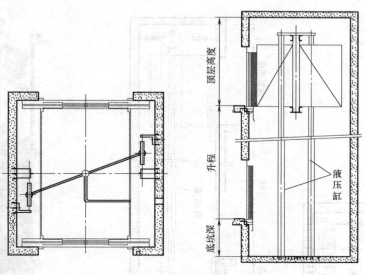

图 12-5　双缸侧直顶式 1:1

（二）间接顶升式

间接顶升是柱塞通过滑轮和钢丝绳拖动轿厢，这样可以利用液压顶升力大的优势，使其传动速比为 1:2，即柱塞上升 1m，轿厢将上升 2m。提高了电梯运行速度，也减小了缸体的长度。但提升钢丝绳应不少于两根，其一端绕过柱塞顶部的滑轮，固定在轿厢架底部。柱塞顶部的滑轮由导轨导向，也可利用轿厢导轨进行导向。

1. 后置背包式 2:1 （见图 12-6）

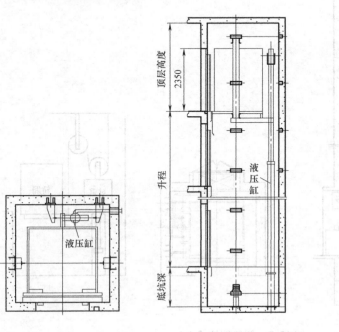

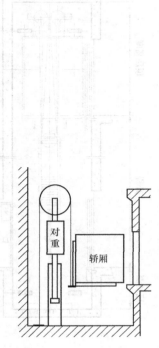

图 12-6　后置背包式 2:1

2. 侧置背包式 2:1（见图 12-7）

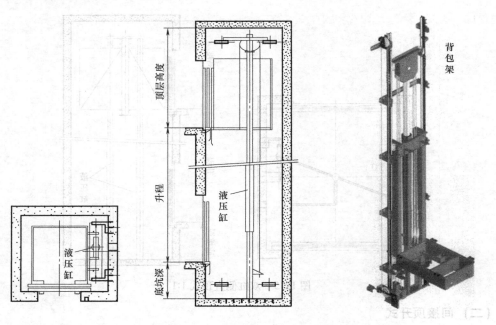

图 12-7　侧置背包式 2:1

3. 侧置倒拉式 2:1（见图 12-8）

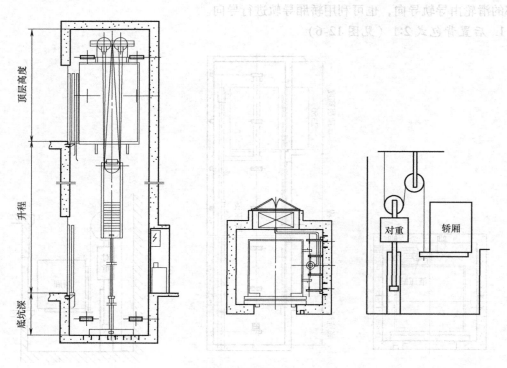

图 12-8　侧置倒拉式 2:1

4. 中心倒拉式 2:1（见图 12-9）

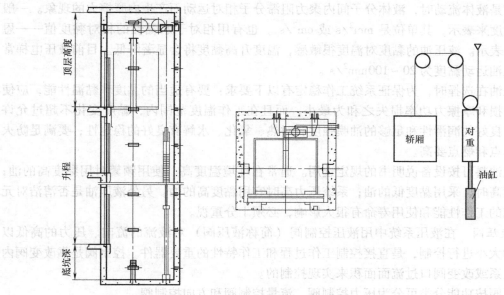

图 12-9　中心倒拉式 2:1

第二节　液压电梯工作原理

一、液压传动基础

任何一个液压系统总是由以下 5 部分组成的：① 动力元件：液压泵；② 执行元件：液压缸等；③ 控制元件：控制阀等；④ 辅助元件：油箱、油管、滤油器等；⑤ 传动介质：液体。以上缺少一种，系统就不能正常工作或功能不全。

1. 液压传动概念　液压传动是利用密封工作容积内液体的压力来完成由原动机向工作装置进行能量或动力的传递或转换。其主要特征：一是力的传递靠液体压力来实现，工作压力由负载的大小，即油缸柱塞所受的力决定；二是运动速度的传递按液体容积变化相等的原则进行。因此只要改变向油缸输出的流量，就能相应改变柱塞运动速度。根据以上工作特征可以看出液压传动所传递的力与速度可以是无关的，理论上可以实现与负载无关的运动规律和速度调节。

2. 传动介质——液体　传动介质即液体。显然缺了它就不称其为液压传动了，其重要性不言自明。液压传动所采用的油液有石油型液压油，水基液压液和合成液压液三大类。石油型液压油是由石油经炼制并增加适当的添加剂而成，其润滑性和化学稳定性（不易变质）好，是迄今液压传动中最广泛采用的介质，简称为液压油。

为使工作可靠，要求液压油有适当的黏度、良好的润滑性和化学稳定性。

液压油的密度、膨胀性和黏度是其基本物理性质，尤其黏度与液压传动有密切的关系。油液的密度随温度和压力会有较小的变化，但由于变化量较小，一般可视为不变化，即不可压缩的。液体的膨胀性一般用体积膨胀系数 β_t 表示，即单位温度变化时发生的体积相对变化量。一般矿物油温度变化 1°C，油的体积变化为 0.8‰ ~ 0.9‰ 。

黏度是液体流动时，液体分子间内聚力阻滞分子相对运动而产生内摩擦力的现象。一般用运动黏度来表示，其单位是 mm^2/s 或 cm^2/s 。也有用相对于水黏性的相对黏度值——恩氏黏度来表示。液压油的黏度对温度很敏感，温度升高黏度将会显著降低。目前液压电梯常用的液压油运动黏度为 20 ~ 100mm^2/s 。

液压油在选择时，为保证系统工作稳定有以下要求：要有适当的黏度和黏温性能，应使系统中漏损和摩擦力功率损失之和为最小，而且在工作温度范围内，黏度变化不超过允许值；要有良好的润滑性和足够的油膜强度；对热、氧化、水解有良好的稳定性；要满足防火要求，闪点和燃点要高。

一般油料可按设备说明书的规定选用。通常在环境温度高、使用频繁时用黏度高的油；运动速度高时，采用黏度低的油；系统压力高时宜用黏度高的油。另外液压油是否清洁对元件和系统的工作性能和使用寿命有很大影响，必须十分重视。

3. 液压阀　在液压系统中用液压控制阀（简称液压阀）对液流的流向、压力的高低以及流量的大小进行控制，是直接控制工作过程和工作特性的重要器件。控制阀是靠改变阀内通道的关系或改变阀口过流面面积来实现控制的。

液压阀按功能分类可分为压力控制阀、流量控制阀和方向控制阀。

压力控制阀包括溢流阀、减压阀、顺序阀；流量控制阀包括节流阀、调速阀、分路阀；方向控制阀包括单向阀、换向阀、截止阀等。

按控制方式可分为开关控制阀、比例控制阀、伺服控制阀等。

按连接方式可分为管式、板式和集成式。集成式是液压系统中使用最广的，它将不同功能的阀集中排列在阀块中，取消各各阀的单独阀体，使结构紧凑、管路简化。

按工作压力可分为中低压系列，压力 $\leqslant 63 \times 10^5 Pa$；中高压系列，压力 $\leqslant 210 \times 10^5 Pa$；高压系列，压力 $\leqslant 320 \times 10^5 Pa$。

4. 液压泵　液压泵是液压系统的动力元件，将电动机的机械能转换成液体的压力能。液压系统的液压泵都是容积泵，其工作原理是利用泵工作腔的容积变化而进行吸油和排出油。

构成容积泵的基本条件是结构上具有密封性的工作腔。工作腔能周而复始地增大和减小。当它增大时与吸油口相连，当它减小时与排油口相连，而且吸油口和排油口不能连通。

液压泵的主要参数有：

（1）压力。液压系统中的压力实为压强，是单位面积上力的大小，单位是 N/m^2。液压泵的额定压力是指在额定转速下，长期连续运转允许使用的压力。

（2）排量。指泵在单位时间内输出液体的体积，单位为 m^3/s。

（3）功率。液压泵输出的功率为输出压力和输出排量之乘积。

（4）效率。为输出功率与输入功率之比值，为泄漏造成的容积损失和液体摩擦、机械摩擦造成的机械效率之乘积。

目前，国内液压电梯常用螺杆泵，如图 12-10 所示，它是一种轴向流动的容积元件。螺杆泵依靠旋转的螺杆输送液体。其优点是在工作中不产生困油现象，流量均匀，无压力脉动，噪声和振动小，效率高，工作平稳可靠，使用寿命长。由于螺杆是一个轴对称的旋转体，可允许在高速（一般为 1500/3000r/min，有的可达 10000r/min）下运行。

液压系统常用的螺杆泵为三螺杆泵。图 12-10 所示为螺杆泵的简图。在壳体中有三根轴线平行的螺杆。在凸螺杆两边各有一根凹螺杆与之啮合。啮合线把螺旋槽分成若干密封容腔。当主动螺杆（凸螺杆）带动从动螺杆（凹螺杆）按图示方向转动时，被密封的容积带动液体沿轴向左移动。螺杆泵便按图示方向吸、排油。

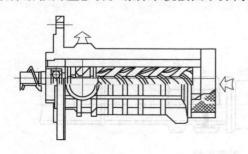

图 12-10　螺杆泵

5. 液压缸（油缸）　液压缸是将液压能转换为机械能的做直线往复运动（或摆动运动）的液压执行元件，它结构简单，工作可靠。

液压电梯最常用的是柱塞式，其次是伸缩套筒缸式，如图 12-11 所示，活塞式。

工作原理：在缸筒固定时，由液压泵连续输入液压油，当油压足以克服柱塞上部的负载时，柱塞就开始以速度 v 运动。返回则靠柱塞自重和负载的重力将油压出，使柱塞回落。油缸和柱塞一般用厚壁钢管制造。液压电梯上一般使用单作用柱塞缸，即压力油只对柱塞起单方向的推动作用。常用有一级、二级或三级伸缩油缸。

伸缩式液压缸又称多级液压缸，伸缩式液压缸可实现较长的行程，而缩回时长度较短，结构较为紧凑。当安装空间受到限制而行程要求很长时可采用这种液压缸。

6. 辅助元件：油管及管接头、油箱、滤油器等　管路是液压系统中液压元件之间传送的各种油管的总称，其可以采用刚性的，也可以采用柔性的。管接头用于油管与油管之间的连接以及油管与元件的连接。为保证液压系统工作可靠，管路及接头应有足够的强度、良好的密封，其压力损失要小，拆装要方便。油管及管接头、油箱、滤油器虽然是辅助元件，但在系统中往往是必不可少的。

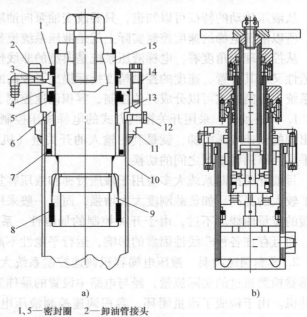

a)　　　　　　　b)

1、5—密封圈　2—卸油管接头
3—导向管　4—O形圈　6、13—支撑套
7、10—缸体　8—缓冲环　9—缓冲座
11—缸头部　12—排气阀　14—法兰
15—柱塞

图 12-11　液压缸

a）一级油缸　b）三级油缸

液压电梯机房内的泵站与井道内的油缸一般采用全胶管连接，必须经耐压试验后才能出

厂，确定所需管的总长，当距离大于 10m 时，泵站、油缸管路接口处各用一根不小于 1m 的胶管，其余用冷拔（冷轧）无缝钢管，采用电焊焊接，其焊接强度不得低于母体强度，且不允许有油液渗漏的现象。由于软管的直径比较大，材质比较硬，所以软管的弯曲半径不应小于制造厂的规定。

胶管—钢管的连接型式如图 12-12 所示。

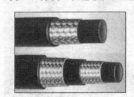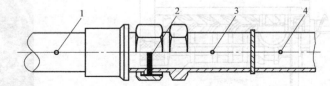

图 12-12   胶管—钢管连接
1—胶管   2—O 形密封圈   3—焊接式直通头体   4—钢管

将胶管接头旋入泵站的接头体内，两者的端面采用组合密封垫圈密封。

焊接钢管直通接头旋入胶管接头内，直通接头体与胶管接头之间用 O 形密封圈密封，直通接头体的另一端和系统中的钢管焊接。

二、液压电梯速度控制

从液压传动的特征可以知道，只要改变油泵向油缸输出的油量就可以改变电梯的运行速度。所以液压电梯的速度控制实际上就是液压系统流量的控制。

从控制理论角度看，电梯液压系统是典型的非线性、变载荷、变参数的系统，而乘坐的舒适性又对其位置、速度的控制精度指标提出了较高的要求。目前，用于电梯有多种液压控制系统。控制方式可以分成开关控制、容积调速控制、比例控制和复合控制四类。

1. 开关控制   采用开关控制方式的电梯液压控制系统大多见于早期的液压电梯，如最早出现的双速液压电梯，就是利用输入的开关量（机械量或电量）来控制系统在高速运行与平层停靠两种工况之间的切换。

目前开关控制系统大多应用于液压货梯和液压客货两用梯。同时其性能也较早期的系统有了较大的提高，如负载刚度大大增强，而且一般采用 3 个以上的输入信号来控制变化比较平缓的流量曲线。不过，由于开关控制的局限性，系统对负载变化只能有小范围的补偿能力，而且存在各种非线性因素的影响，运行平稳性不高，最高运行速度受到限制。

2. 容积调速控制   液压电梯容积调速控制系统大多为流量闭环控制，主油路中的流量传感器检测流过的实际流量，经与电路中设置的最佳流量曲线比较后，去控制变量泵或调速电动机。由于构成了流量闭环，容积调速控制液压电梯的运行平稳性能较好，负载刚度很大，采用容积调速方案的液压系统由于泵输出功率大致与电梯上行所需功率相等，所以与节流调速方案相比效率更高，能量损耗所引起的系统发热量也较小。不过，采用电梯容积调速控制系统只能减小电梯上行过程中的能耗，电梯下行时，油缸中的油液在压力作用下经过下行节流阀，会引起液压系统的温升。由于下行油路节流损失产生的热量占一个工作循环内总发热量的 80% 以上，因此这类控制系统对降低发热量作用有限。

改变油泵输出流量的另一方法是改变驱动泵的电动机转速。利用变压变频调速技术调节油泵电动机转速，并利用流速反馈进行调速。在电梯下降时，利用闭环控制的电磁比例调节阀调节流速，以达到控制下降速度的目的。

3. 比例控制　液压电梯比例控制系统是目前液压电梯应用最广泛的系统，是 20 世纪 80 年代初随着电液比例技术的发展而兴起的。这类系统利用流量—位移—力反馈、流量—电反馈等构成反馈回路，抑制了负载、非线性因素对系统性能的影响。同时理想的流量曲线被存储在电路中控制实际流量变化，加上高频响应的反馈回路，因此系统的动态性能、运行平稳性都很好。目前还开发了对速度直接反馈的液压电梯电液比例控制系统门，可以排除油温变化引起的非线性干扰，还可以采用各种现代控制策略来提高控制精度，从而使液压电梯工作性能达到最佳。

4. 复合控制　液压电梯复合控制系统主要是指融合多种控制方式的系统。目前常见的是能量回收式系统。能量回收式液压电梯可以比较彻底地解决液压系统温升问题，这类系统控制电梯上行部分采用容积调速控制或电液比例控制，而控制电梯下行部分具有独特的结构，它能将下降过程中轿厢的势能通过液压回路转化为电能。不过，这类控制系统目前成本较高，还没有形成很大的市场。但作为一种节能控制系统，有着良好的应用前景。

三、基本工作原理

（1）电梯上行时，由液压泵站提供电梯上行所需的动力压差，由液压泵站上的阀组控制液压油的流量，液压油推动液压油缸中的柱塞来提升轿厢，从而实现电梯的上行运动。

（2）电梯下行时，打开阀组，利用轿厢自重（客（货）的重量）造成的压差，使液压油回流至液压油箱中，实现电梯的下行运动（由阀组控制速度）。

四、液压系统图

（一）液压系统图（见图 12-13）

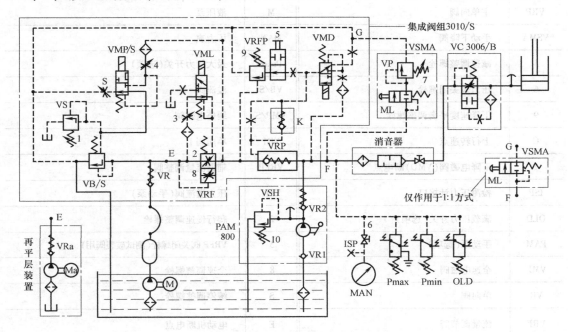

图 12-13　液压系统图

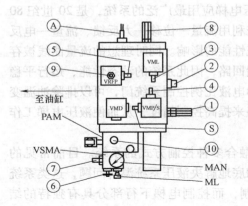

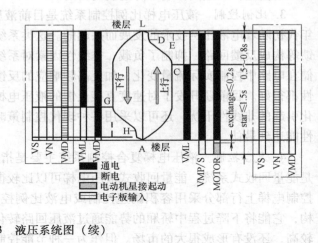

图 12-13　液压系统图（续）

（二）液压系统图符号说明

K	单向阀	VS	导向阀
ML	手动下降按钮	1	安全溢流阀压力调整螺栓
PmIN	最小压力开关（选项）	4	上行加速度调整螺栓
VMD	下降电磁阀	7	油缸压力调整螺栓（仅用于 2:1、4:2 方式）
VP	压力阀	10	油阀空气释放螺栓（手动泵）
VR2	单向阀 2	G	下行转速点
VRP	主单向阀	M	液压泵
VSMA	手动下降阀	MAN	压力表
3	减速调整螺栓	Pmax	最大压力开关（选项）
6	压力表关闭螺栓	VB/S	溢流阀
9	下降速度平衡调整螺栓	VMP/S	缓停电磁阀
C	上行转速点	VR1	单向阀 1
I	下降电磁阀（VMD）断电点	VRFP	辅助流量调整阀
ISP	检测压力计接口	VSH	压力溢流阀（手动泵）
OLD	满载压力开关（选项）	2	爬行慢速调整螺栓
PAM	手动泵（选项）	5	VRFP 阀关闭螺栓（测试破裂阀用）
VML	全速电磁阀	8	全速调整螺栓
VR	单向阀	S	缓停调整螺栓
VRF	流量调节阀	E	电动机断电点

第三节　液压电梯主要部件与功能试验

国家标准 GB 7588—2003《电梯制造与安装安全规范》和 TSG T 7004—2012《电梯监督检验和定期检验规则—液压电梯》规定了电梯的技术要求、安装验收要求及检验要求，适用于速度不大于1m/s的电梯。

液压电梯除驱动方式和结构与曳引电梯不同外，其他基本相同，本节仅对液压电梯相关的部件及内容进行解读，而与曳引电梯相同或相近的部分见有关章节。

一、主开关

如果不同电梯的部件共用一个机房，则每台电梯的主开关应当与驱动主机、控制柜等采用相同的标志。当液压电梯具备电气防沉降系统时，应当在主开关或近旁标识"当轿厢停靠在最低层站时才允许断开此开关。"因为：

（1）液压电梯的缺点之一是油温变化和油泄漏等因素会使轿厢长时间停放后发生下沉，因此需要采取措施防止轿厢沉降后可能带来的危险，电气防沉降系统就是其中一种措施（其原理见本节五）。

对正常使用状态的电梯而言，当轿厢停在底层以上的楼层时，断电后液压系统由于油温发生变化或者油泄漏可能造成轿厢下沉并离开平层区，由此在层门处出现可能的危险空间。如果电梯电源没有被切断，即使轿厢下沉，电梯的电气防沉降功能仍会起作用使轿厢保持在平层位置，从而避免在层门处出现可能的危险空间。而当轿厢在最底层层站时，切断电源供电，即使轿厢下沉，其最大的下沉距离也不会超过0.12m（检规7.2项要求），因此，在层门处也不会产生可能的危险空间。

（2）对其他的机械防沉降措施（如棘爪）的液压电梯，在正常平层状况下，不论是否断电，这些机械式的防沉降措施均能保证不会出现可能的危险空间，所以也就不需要对主开关进行上述要求的标识。

目前国内液压电梯大多均采用电气防沉降系统，要注意其控制系统进入维修状态时，电气防沉降系统是不应工作的，此时即使保持供电，仍会存在轿厢因液压系统泄漏下沉而产生危险的可能。因此，在维修过程中长时间离开作业场所时要重视轿厢的下沉可能产生的危险，如不允许开着层、轿门后离开，认为轿厢封堵住井道层门口足够安全是错误的认识。

二、溢流阀

为了防止液压系统因过载造成压力过大，在连接液压泵到单向阀之间的管路上应当设置溢流阀，一般情况下溢流阀的调定工作压力不应超过满载压力的140%。当油管比较长或因液压系统内部损耗较高输出到油缸的压力达不到额定负荷压力时，可以将溢流阀的压力数值整定得高一些，但不得高于满负荷压力的170%，在此情况下应当提供相应液压管路（包括液压缸）的计算说明。

溢流阀分为直动型溢流阀和先导型溢流阀，如图12-14a、b所示。直动型溢流阀因液压力直接与弹簧力相比较而得名。若压力较大，流量也较大，则要求调压弹簧具有较大弹簧力，使得调节能力差而且结构上也受到体积的限制，因此很少采用。

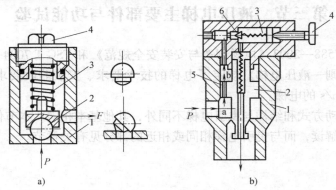

图 12-14 溢流阀

a）直动型 b）先导型

1—阀体 2—阀芯 3—调压弹簧 4—调节手柄 5—主阀芯小孔 6—先导阀芯

与直动型比较，先导型溢流阀有以下特点：

（1）阀的进口控制力通过先导阀芯和主阀芯两次比较得来，压力值主要由先导阀调压弹簧预压量确定，主阀弹簧只在复位时起作用，弹簧力小，又称为弱弹簧。

（2）先导阀流量很小，阀座孔径小，弹簧刚度不大，调节性好。

（3）易于更换和组成远控或多级。

三、紧急下降阀

为了让轿厢内的乘客在停电被困的情况下能得到及时的解救，液压泵站上手动控制的下降阀应功能可靠，能将轿厢以不大于 0.3m/s 的速度下降到平层位置。

要求：在停电状态下，机房内手动操作的紧急下降阀功能可靠。在此过程中为了防止间接作用式液压电梯（非直顶式）的驱动钢丝绳或链条出现松弛现象，手动操纵该阀应当不能使柱塞产生的下降引起松绳或松链。该阀应当由持续的手动揿压保持其动作，并有误操作防护。

（1）紧急下降阀由一个二位二通手动阀和减压阀组成，其分别连接着油箱和液压缸供油路，要通路时必须克服弹簧压力，如图 12-15 所示。紧急下降阀有两种方式，分别针对直顶式液压电梯和间接作用式液压电梯。其中在手动下降阀与油箱之间串接一个减压阀即可实

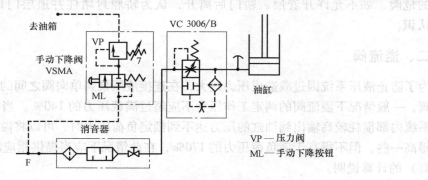

图 12-15 紧急下降阀

现"手动操纵该阀应当不能使柱塞产生的下降引起松绳或松链。"

如果在井道中部向下运行时安全钳误动作,辅助流量控制阀 VRFP 如图 12-13 所示,同样能够起到上述作用,避免引起松绳或松链。

(2)为防止意外按压紧急下降阀,需设置防止误操作的装置,其型式有多种,举例如图 12-16 所示。

图 12-16a 中小把柄上部有一个小孔,需要操作时,须先拆卸小孔上的销子,否则把柄不能被动作。图 12-16b 所示为在下降阀按钮周围增加护套。

对于间接式液压电梯还应当检查当系统压力低于最小操作压力时该阀是否处于无效状态。该试验可在安全钳联动试验中进行,当安全钳夹住导轨后轿厢停止,操纵手动下降阀,应当不能使液压缸的柱塞下降从而导致钢丝绳或链条松脱。

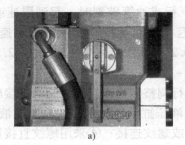
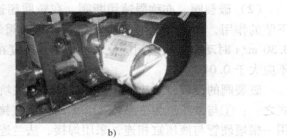

a)　　　　　　　　　　b)

图 12-16　防止误操作装置

四、手动泵

对于轿厢上装有安全钳或夹紧装置的液压电梯,应当永久性地安装一个手动泵,使轿厢能够向上移动。手动泵应当连接在单向阀或下行方向阀与截止阀之间的油路上。手动泵应当装备溢流阀,溢流阀的调定压力不应超过满载压力的 2.3 倍。

(1)未设置安全钳或夹紧装置的液压电梯发生故障时,通过手动紧急下降阀就可以实现下降方向的救援,其轿厢或平衡重被意外阻碍在井道内的风险不予考虑,因此可以不设置手动泵;而有安全钳或夹紧装置的液压电梯,因为安全钳或夹紧装置本身动作后必须向上提升轿厢才能保证复位或救援,所以必须配置手动泵。

(2)由于操纵力和空间原因,手动泵的操纵杆一般是可拆卸分离的,需要操作时再安装上,如图 12-17 所示。

手动上行

手动下行

图 12-17　手动泵

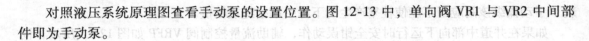

对照液压系统原理图查看手动泵的设置位置。图 12-13 中，单向阀 VR1 与 VR2 中间部件即为手动泵。

五、防止坠落、超速下降和沉降的组合措施

液压系统的泄漏会使油缸在轿厢的作用下缓慢下沉，因此应设置液压电梯从平层位置的防止沉降措施。另外，由于液压电梯结构的多样性，对于防坠落、超速措施及防沉降措施都有多种。而防坠落、超速措施与防沉降措施的组合选用必须符合相应的要求。

（一）各种措施采用的装置

1. 防止坠落或超速下降采用的装置

（1）安全钳。同曳引电梯。

（2）破裂阀。亦称限速切断阀，在轿厢超速下行或油管破裂时，起到限速或制停轿厢下坠的作用，相当于曳引梯的限速器。破裂阀最迟在轿厢下行速度达到额定速度 v_d 加上 0.30 m/s 时动作。破裂阀应使轿厢平均减速度在 $0.2 \sim 1 g_n$ 之间，减速度大于 $2.5 g_n$ 的时间不应大于 0.04 s。

破裂阀的设置位置应便于直接从轿顶或底坑进行调整和检查。破裂阀的连接应是下列方式之一：①与液压缸为一整体；②采用法兰直接与液压缸刚性连接；③放置在液压缸附近，用一根短硬管与液压缸相连，采用焊接、法兰连接或螺纹连接；④采用螺纹直接连接到液压缸上。破裂阀端部应加工成螺纹并具有台阶，台阶应紧靠液压缸端面。液压缸与破裂阀之间不允许使用其他的连接型式（如压入连接或锥形连接）。

如果液压电梯具有几个并联工作的液压缸，则可共用一个破裂阀。否则，几个破裂阀应相互连接使之同时闭合，以避免轿厢地板由其正常位置倾斜 5% 以上。

如破裂阀关闭速度由节流装置控制，则应在该装置前面尽可能接近的位置设置滤油器。

在机器空间内应具有一种手动操作装置，在无须使轿厢超载的情况下，在井道外能使破裂阀达到动作流量。应防止该装置的意外操作。该装置不应使靠近液压缸的安全装置失效。

破裂阀是安全部件，应按照国标规定进行验证。

破裂阀上应设置铭牌，标明：①破裂阀制造商的名称；②型式试验证书编号；③所整定的触发流量。

工作原理：当发生管路破裂时，液压缸出口压力迅速下降，在轿厢自重的作用下液压缸急剧下降，导致与液压缸直接连接的破裂阀出入口两端压力差突然变大，这个压力差克服了破裂阀阀芯弹簧的阻力将阀芯推出，关闭阀口。同时液压缸出口被封闭，该阀的通道自动关闭。

图 12-18a 所示为一种破裂阀的机械结构图。正常使用时，无论电梯上行还是下行，阀芯下方油路的压力和弹簧压力的合力总能克服阀芯左侧油路的压力，所以管道破裂阀一直处于常开状态。一旦油缸因某种原因急剧下滑时，液压回路流量增大，因节流的作用，阀芯两侧的油路压力差急剧上升，将推动阀芯向下移动，直至该阀完全关闭并锁死。

（3）节流阀。节流阀是通过内部一个节流通道将出入口连接起来，通过改变节流截面或节流长度来控制流体流量的阀，如图 12-19 所示。单向节流阀是指允许液压油在一个方向自由流动而在另一个方向限制性流动的阀。它将节流阀和单向阀并联组合成单向节流阀。

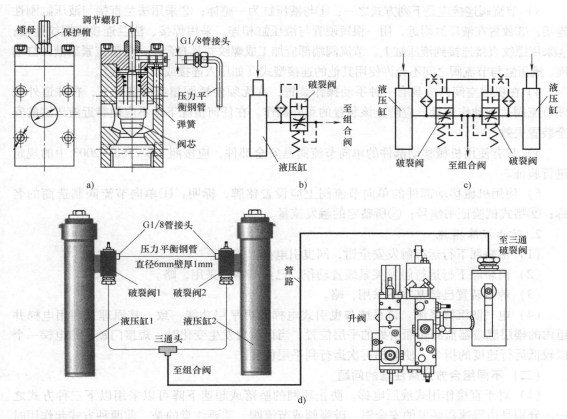

图 12-18 破裂阀

a) 破裂阀 b) 单缸 c) 双缸 d) 示意图

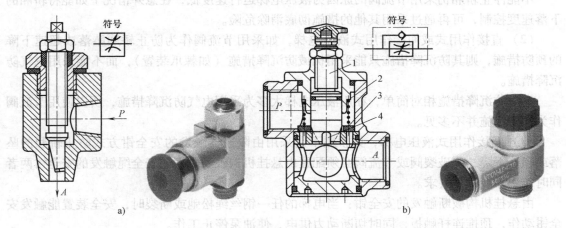

图 12-19 节流阀

a) 节流阀 b) 单向节流阀

1) 在液压系统重大泄漏的情况下, 节流阀应防止载有额定载重量的轿厢下行速度超过下行额定速度 v_d 加上 0.30m/s。

2) 节流阀的设置位置应便于直接从轿顶或底坑检查。

3）节流阀连接应是下列方式之一：①与液压缸为一整体；②采用法兰直接与液压缸刚性连接；③放置在液压缸附近，用一根短硬管与液压缸相连，采用焊接、法兰连接或螺纹连接；④采用螺纹直接连接到液压缸上。节流阀端部应加工成螺纹并具有台阶，台阶应紧靠液压缸端面。液压缸与节流阀之间不允许使用其他的连接型式（如压入连接或锥形连接）。

4）在机器空间内应具有一种手动操作装置，在无须使轿厢超载的情况下，在井道外能使节流阀达到动作流量。应防止该装置的意外操作。在任何情况下均不应使靠近液压缸的安全装置失效。

5）只有使用机械移动部件的单向节流阀是安全部件，应按照 GB 7588—2003 中的规定进行验证。

6）使用机械移动部件的单向节流阀上应设置铭牌，标明：①单向节流阀制造商的名称；②型式试验证书编号；③所整定的触发流量。

2. 防止沉降措施

（1）由轿厢下行运行触发安全钳，同曳引电梯。

（2）由轿厢下行运行触发夹紧装置动作，已经基本不采用，略。

（3）棘爪装置已经基本不采用，略。

（4）电气防沉降系统。该系统与曳引式电梯的再平层功能一致，其原理是利用电梯井道内的楼层感应器监测轿厢所处的平层位置，当该位置发生变化时，短接门锁并给电梯一个以较低运行速度的指令，使电梯再次运行到平层位置。

（二）不同组合方式需注意的问题

（1）对于直接作用式液压电梯，防止轿厢的坠落或超速下降可以采用以下三种方式之一，分别是由限速器触发的安全钳、破裂阀或节流阀，需要注意的是，前两种方式起作用时均可单独使轿厢停止，而单纯依靠节流阀是无法使轿厢停止的。

不能停止轿厢仍采用节流阀的原因为液压电梯运行速度低，在意外情况下如能将轿厢的下落速度控制，可再通过采用其他的措施彻底消除危险。

（2）直接作用式或间接作用式液压电梯，如采用节流阀作为防止轿厢坠落或超速下降的预防措施，则其防沉降措施只能采用机械防沉降措施（如棘爪装置），而不能采用电气防沉降措施。

电气防沉降措施相对简单，在用液压电梯大多为采用电气防沉降措施，所以使用节流阀作为预防措施并不多见。

（3）间接作用式液压电梯，如轿厢不是采用由限速器触发的安全钳方式防止轿厢的坠落或超速下降，则破裂阀或节流阀必须配置由悬挂机构破断触发或安全绳触发的安全钳两者同时作用才能满足要求。

由悬挂机构破断触发的安全钳：当电梯的任一钢丝绳松弛或断裂时，安全装置能触发安全钳动作，顶推连杆触板，同时切断动力供电，使油泵停止工作。

其原理：利用绳头端接装置（轿厢一侧）的弹簧在松绳（或断绳）时的回弹力，顶推连杆触板，带动连杆转动，提升安全钳楔块，使安全钳动作，如图 12-20a、b 所示。同时固定在连杆上的曲线板转动，压下安全开关（非自动复位），切断动力供电，如图 12-20c 所示。

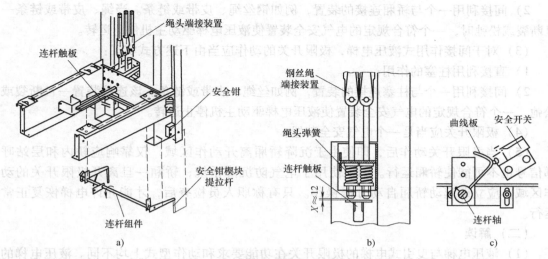

图 12-20 悬挂机构破断触发安全钳

a）安全装置 b）连杆触板 c）安全开关

对轿厢下行运行触发安全钳的装置，设计时增加了松绳试验装置，用于试验和检查安全装置的可靠性，如图 12-21 所示。它串接在底坑中的任一钢丝绳头端接装置上，通过柔性钢丝绳连接到试验拉杆上，试验拉杆固定在机房墙壁上。扳动拉杆，使压缩状态的弹簧回弹伸长，从而触发安全装置。

六、柱塞极限开关

（一）要求

（1）液压电梯应当在相应于轿厢行程上极限的柱塞位置处设置极限开关。极限开关应：

1）设置在尽可能接近上端站时起作用而无误动作危险的位置上；

2）应在轿厢或对重（如果有）接触缓冲器之前或柱塞接触缓冲停止装置之前起作用；

3）当柱塞位于缓冲停止范围内，极限开关应当保持其动作状态。

（2）对于直接作用式液压电梯，极限开关的动作应由下述方式实现：

1）直接利用轿厢或柱塞的作用；

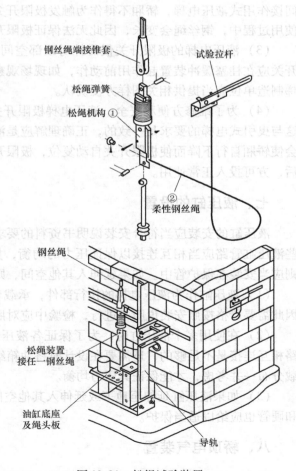

图 12-21 松绳试验装置

2）间接利用一个与轿厢连接的装置，例如钢丝绳、皮带或链条。当绳、皮带或链条一旦断裂或松弛时，一个符合规定的电气安全装置使液压电梯驱动主机停止运转。

（3）对于间接作用式液压电梯，极限开关的动作应当由下述方式实现：

1）直接利用柱塞的作用；

2）间接利用一个与柱塞连接的装置，例如丝绳、皮带或链条。该连接装置一旦断裂或松弛，一个符合规定的电气安全装置使液压电梯驱动主机停止运转。

（4）极限开关应当是一个电气安全装置。

（5）当极限开关动作后，即使由于沉降轿厢离开动作区域，仅靠响应轿内和层站呼梯信号也不可能使轿厢运行。如果使用了电气防沉降系统，轿厢一旦离开极限开关的动作区域，应立即起动轿厢自动分派操作。只有称职人员检查后，才能允许电梯恢复正常运行。

（二）解读

（1）液压电梯与曳引式电梯的极限开关在功能要求和动作型式上均不同。液压电梯的极限开关通过切断液压缸驱动来保证轿厢冲顶时失去动力。

（2）直接作用式液压电梯和间接作用式液压电梯的极限开关设置要求不一样，尤其是间接作用式液压电梯，轿厢不得作为触发极限开关动作的部件，因为间接作用式液压电梯在使用过程中，钢丝绳会变长，因此无法保证极限开关在柱塞完全伸出前动作。

（3）液压电梯的极限开关仅需针对顶部空间设置，下端站不需要设置极限开关。极限开关应在柱塞缓冲装置起作用前动作，如现场观察对柱塞是否有缓冲装置有疑问，则液压电梯制造单位应当提供相关图样方便确认。

（4）为了维修方便和安全，液压电梯极限开关在轿厢离开动作区域时，应能自动复位。这与曳引式电梯的要求是一致的，正确理解应是液压电梯发生冲顶时，因液压系统泄漏可能会使轿厢自行下降而使极限开关自动复位，极限开关自动复位后，必须经专业人员检查处置后，方可投入正常使用。

七、液压缸的设置

液压缸的安装应当符合安装说明书资料的要求。如果使用若干个液压缸顶升轿厢，则这些液压缸管路应当相互连接以保证压力的均衡，如图 12-18 所示。如果液压缸延伸至地下，则应当安装在保护管中。如果延伸入其他空间，则应当给以适当的保护。

（1）液压缸作为液压电梯的执行部件，承载着整个轿厢的受力，其安装质量非常重要，因此需要严格按照安装说明书进行，检验中应对照说明书资料进行检查。

（2）在使用多个液压缸时，为了保证各液压缸的压力均衡，单纯依靠把各液压缸的管路相互连接是不足够的，还需要在设计时将油箱给各液压缸供油的管道长度、管径大小和受载分布一并考虑，才能保证其压力均衡。

（3）如果液压缸延伸至地下或延伸入其他空间，则与液压缸直接连接的破裂阀/节流阀和硬管也应给以适当保护。

八、轿顶电气装置

要求：轿顶应当装设一个从入口处易于接近（距层站入口水平距离不大于1m）的停止

装置，停止装置的操作装置为双稳态、红色，并标以"停止"字样，并且有防止误操作的保护。如果检修运行控制装置设在从入口处易于接近的位置，则该停止装置也可以设在检修运行控制装置上。

九、沉降试验

要求：装有额定载重量的轿厢停在上端站，10min 内的下沉距离应当不超过 10mm。

沉降试验的目的是检查液压电梯整个系统泄漏的状况，考虑到液压油中可能出现的温度变化影响，虽然在静止观察时间段内液压油温变化时会引起体积或泄漏量的变化，但 10mm 的沉降量要求已经考虑了液压油温变化对轿厢位置的影响，所以在试验此项目时不必考虑液压油的温度，只要温度在允许正常运行范围内即可。

试验方法：

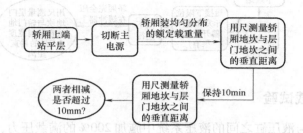

十、破裂阀动作试验

要求：对于配置破裂阀作为超速保护的液压电梯，轿厢装有额定载重量超速下行，当达到破裂阀的动作速度时，轿厢应当能被可靠制停。

根据规定的要求，机房内应有一种手动操作方法，在无须使轿厢超载的情况下，使破裂阀达到动作流量，其作用就是测试破裂阀时使用。

试验方法：

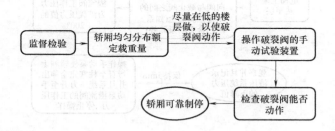

十一、缓冲器试验

1. 要求

（1）耗能缓冲器动作后，回复至其正常伸长位置液压电梯才能正常运行；缓冲器完全复位的最大时间限度为 120s。

（2）缓冲器应当将载有额定载重量的轿厢在最低停靠站下不超过 0.12m 的距离处保持静止状态。

2. **解读**　由于液压电梯的额定速度不得大于1.0m/s，所需要的缓冲器行程也较小，因此使轿厢完全压缩缓冲器后层门地坎与轿门地坎之间垂直距离不大于0.12m较易实现。由于轿厢底层平层后与缓冲器仍有小段距离，因此一般对于下行额定速度大于0.5m/s的情形时，采用较小行程的耗能型缓冲器能够更好地保证该要求。

3. **试验方法**

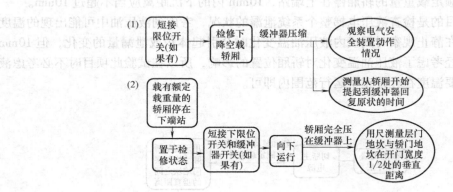

十二、超压静载试验

要求：在单向阀与液压缸之间的液压系统中施加200%的满载压力，保持5min，液压系统的压力下降值不应超过设计要求，液压系统仍保持其完整性。该试验应当在防坠落保护装置试验成功后进行。

超压静载试验的目的是了解液压电梯管路系统的承压能力和泄漏检查，试验时和试验后液压系统应完好无损，实际上也是针对现场安装管路的可靠性试验。

试验方法：

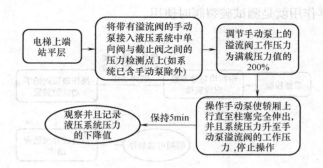

十三、液压电梯速度

液压电梯空载轿厢上行的速度不应超过额定上行速度v_m的8%，载有额定载重量的轿厢下行速度不应超过额定下行速度v_d的8%。对于上行方向运行，假设供电电源频率为额定频率，则电动机电压为设备的额定电压。

液压电梯的上行和下行速度均与轿厢的载重量和液压油的温度密切相关，为了防止在使用中速度失控风险和运行时安全保护装置的误动作，液压电梯额定速度要求的测量值是针对空载上行和额载下行两种极端状况下测量所得。不仅如此，即使液压电梯安装完成后液压系统已调整完毕，液压电梯的上行速度仍然和电动机的特性有关联（变频调速除外），所以要求在测量速度的时候需留意供电电源（电压和频率）的影响。

　　在液压电梯平稳运行区段（不包括加、减速度区段），事先确定一个不少于 2m 的试验距离，液压电梯起动以后，用行程开关或接近开关和电秒表分别测出通过上述试验距离时，空载轿厢向上运行所需要的时间和装有额定载重量轿厢向下运行所需要的时间（试验分别进行 3 次，取平均值），计算出上行速度和下行速度以及与其额定速度的偏差或采用其他等效的方法测量。

第十三章

自动扶梯与自动人行道

自动扶梯是用于升降人员，动力驱动的、倾斜的、连续运行的阶梯，其人员运载面（例如梯级踏面）持水平，如图 13-1a 所示。行人在扶梯的一端站上自动行走的梯级，便会自动被带到扶梯的另一端，途中梯级会一路保持水平。扶梯在两旁设有跟梯级同步移动的扶手，供使用者扶握。另一种和自动扶梯十分类似的行人运输工具是自动人行道，亦是动力驱动的人员输送设备，其人员运载面（例如踏面、胶带）始终与运行方向平行且保持连续，如图 13-1b 所示。两者的区别主要是自动人行道是没有梯级的。

自动扶梯与间歇式工作的曳引电梯比较，具有如下优点：①输送能力大，每小时可输送 4500～13500 人；②能连续运送人员；③可以逆转，即能向上运行，也能向下运行；④无须井道，在建筑上不需附加构筑。缺点是运行速度慢，造价较高等。

自动扶梯分普通型和公共交通型，公共交通型自动扶梯（自动人行道），适用于下列情况之一的自动扶梯或自动人行道：①是公共交通系统包括出口和入口处的组成部分；②高强度的使用，即每周运行时间约 140h，且在任何 3h 的间隔内，其载荷达 100% 制动载荷的持续时间不少于 0.5h。

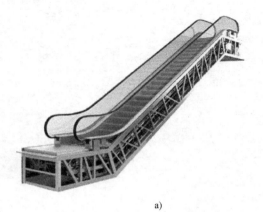

a)

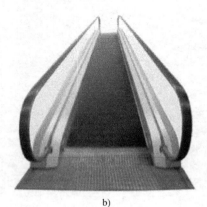

b)

图 13-1　自动扶梯与自动人行道

a）自动扶梯　b）自动人行道

第一节 结构原理

一、定义与术语

1. **自动扶梯（escalator）** 用于升降人员，动力驱动的、倾斜的、连续运行的阶梯，其人员运载面（例如梯级踏面）持水平。

2. **自动人行道（passenger conveyor）** 动力驱动的人员输送设备，其人员运载面（例如踏面、胶带）始终与运行方向平行且保持连续。

3. **倾斜角（angle of inclination）** 梯级、踏板或胶带运行方向与水平面构成的最大角度。

4. **自动扶梯提升高度（rise of escalator）** 自动扶梯进出口两楼层板之间的垂直距离。

5. **名义速度（nominal speed）** 由制造商设计确定的，自动扶梯或自动人行道的梯级、踏板或胶带在空载（例如无人）情况下的运行速度。

注：额定速度是自动扶梯和自动人行道在额定载荷时的运行速度。

6. **最大输送能力（maximum capacity）** 在运行条件下，可达到的最大人员流量。

7. **扶手装置（balustrades）** 在自动扶梯或自动人行道两侧，对乘客起安全防护作用，也便于乘客站立扶握的部件。

8. **扶手带（handrail）** 位于扶手装置的顶面，与梯级踏板或胶带同步运行，供乘客扶握的带状部件。

9. **扶手带入口保护装置（handrail entry guard）** 在扶手带入口处，当有手指或其他异物被夹入时，能使自动扶梯或自动人行道停止运行的电气装置。

10. **扶手带断裂保护装置（control guard for handrail breakage）** 当扶手带断裂时，能使自动扶梯或自动人行道停止运行的电气装置。

11. **护壁板；护栏板（interior panelling）** 在扶手带下方，装在内侧盖板与外侧盖板之间的装饰护板。

12. **围裙板（skirting）** 与梯级、踏板或胶带两侧相邻的金属围板。

13. **围裙板安全装置（skirt safety device）** 当梯级、踏板或胶带与围裙板之间有异物被夹时，能使自动扶梯或自动人行道停止运行的装置。

14. **内侧盖板（inner deck）** 在护壁板内侧，连接围裙板和护壁板的金属板。

15. **外侧盖板（outer deck）** 在护壁板外侧、外装饰板上方，连接装饰板和护壁板的金属板。

16. **外装饰板（balustrade exterior panelling）** 从两外侧盖板起，将自动扶梯或自动人行道封闭起来的装饰板。

17. **桁架（truss）** 架设在建筑结构上，供支撑梯级、踏板、胶带以及运行机构等部件的金属结构件。

18. **中心支承；中间支承；第三支承（center support）** 在自动扶梯两端支承之间，设置在桁架底部的支撑物。

19. **梯级（step）** 在自动扶梯桁架上循环运行，供乘客站立的部件。

20. 梯级踏面（step tread）　带有与运行方向相同齿槽的梯级水平部分。

21. 梯级踢板（step riser）　带有齿槽的梯级垂直部分。

22. 梯级、踏板塌陷保护装置（step or pallets sagging guard）　当梯级或踏板任何部位断裂下陷时，能使自动扶梯或人行道停止运行的电气装置。

23. 驱动链保护装置（drive chain guard）　当梯级驱动链或踏板驱动链断裂或过分松弛时，能使自动扶梯或自动人行道停止的电气装置。

24. 梯级导轨（step track）　供梯级滚轮运行的导轨。

25. 梯级水平移动距离（horizontally step run）　为使梯级在出入口处有一个导向过渡段，从梳齿板出来的梯级前缘和进入梳齿板梯级后缘的一段水平距离。

26. 踏板（pallets）　循环运行在自动人行道桁架上，供乘客站立的板状部件。

27. 胶带（belt）　循环运行在自动人行道桁架上，供乘客站立的胶带状部件。

28. 梳齿板（combs）　位于运行的梯级或踏板出入口，为方便乘客上下过渡，与梯级或踏板相啮合的部件。

29. 楼层板（floor plate）　设置在自动扶梯或自动人行道出入口，与梳齿板相连接的金属板。

30. 梳齿板安全装置（comb safety device）　当梯级、踏板或胶带与梳齿板啮合卡入异物有可能造成事故时，能使自动扶梯或自动人行道停止运行的电气装置。

31. 驱动主机；驱动装置（driving machine）　驱动自动扶梯或自动人行道运行的装置。

32. 附加制动器（auxiliary brake）　当自动扶梯提升高度超过一定值时，或者在公共交通用自动扶梯和自动人行道上增设的一种制动器。

33. 主驱动链保护装置（main drive chain guard）　当主驱动链断裂时，能使自动扶梯或自动人行道停止运行的电气装置。

34. 超速保护装置（escalator overspeed governor）　自动扶梯或自动人行道运行速度超过限定值时，能自动切断电源的装置。

35. 非操纵逆转保护装置（unintentional reversal of the direction of travel）　在自动扶梯或自动人行道运行中非人为改变其运行方向时，能使其停止运行的装置。

36. 手动盘车装置；盘车手轮（hand winding device）　靠人力使驱动装置转动的转动手轮。

37. 检修控制装置（inspection control device）　利用检修插座，在检修自动扶梯或自动人行道时的手动控制装置。

二、结构原理

自动扶梯一般由金属结构架、驱动系统、梯路系统、扶手系统、控制与安全系统和其他部分组成，如图 13-2 所示。主要零部件有桁架、驱动主机、驱动装置、张紧装置、导轨系统、梯级、梯级链或齿条、护栏、扶手带以及各种安全装置等。

一系列的梯级与两根牵引链条连接在一起，在按一定线路布置的导轨上运行即形成自动扶梯的梯路。牵引链条绕过上牵引链轮、下张紧装置并通过上下分支的若干直线、曲线区段构成闭合回路。梯级在乘客入口处做水平运动（方便乘客登梯）以后逐渐形成阶梯；接近出口处阶梯逐渐消失，梯级再度作水平运动，这些运动都是由梯级主轮、辅轮分别沿不同的梯级导轨行走来实现的。这一环路的上下分支中的各个梯级（也就是梯路）必须保持水平，以供乘客站立。上述牵引链轮通过减速器等与电动机相连以获得动力。扶梯两旁装有与梯路同步的扶手装置，以供乘客扶握之用，扶手装置同样由上述电动机驱动。

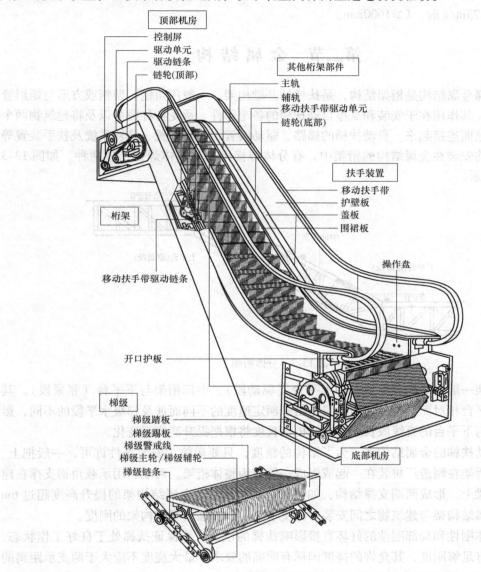

图 13-2　自动扶梯结构

三、主要参数

1. **额定速度**　自动扶梯和自动人行道在额定载荷时的运行速度，单位为 m/s。一般为 0.5m/s，0.65m/s 及 0.75m/s。

2. **倾角** α　梯级运行时与水平面构成的最大角度，一般为 30°或 35°。

3. **提升高度** H　扶梯的上基点与下基点的垂直高度差，单位为 m。

4. **梯级宽度** B　梯级名义宽度，单位为 mm。

5. 梯级水平段 L　扶梯进口处水平运行的距离，单位为 mm。

当 $v = 0.50\text{m/s}$ 时，$L \geqslant 800\text{mm}$；

当 $v \leqslant 0.65\text{m/s}$ 时，$L \geqslant 1200\text{mm}$；

当 $v \leqslant 0.75\text{m/s}$ 时，$L \geqslant 1600\text{mm}$。

第二节　金属结构

自动扶梯金属结构是桁架结构，是扶梯的基础构架，一般用角钢、型钢或方形与矩形管等焊制而成。其作用在于安装和支撑自动扶梯的各个部件、承受各种载荷以及将建筑物两个不同层高的地面连接起来。自动扶梯的梯路、驱动装置、张紧装置、导轨系统及扶手装置等所有零部件均安装在金属结构的桁架中。有分体焊接桁架与整体焊接桁架两种，如图 13-3 和图 13-4 所示。

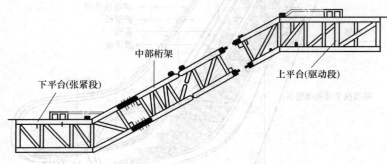

下平台(张紧段)　中部桁架　上平台(驱动段)

图 13-3　分体桁架

分体桁架一般由 3 部分组成，即上平台（驱动段）、中部桁架与下平台（张紧段）。其中，上、下平台相对而言是标准的，只是由于额定速度的不同而涉及梯级水平段的不同，影响到上平台与下平台的直线段长度。中间桁架长度将根据提升高度而变化。

一般自动扶梯的金属结构架，为了结构的精度，只要运输、安装条件许可，一般把上、中、下三段骨架在制造厂拼装在一起或焊成一体成为整体桁架。两端利用承载角钢支撑在建筑物的承重梁上，形成两端支撑结构，如图 13-4b 所示。当金属结构架的提升高度超过 6m 时，需在金属结构架与建筑物之间安装中间支承，用以加强金属结构架的刚度。

桁架整体刚性和局部刚性的好坏直接影响扶梯的性能。为保证扶梯处于良好工作状态，桁架必须具有足够刚度，其允许的挠度国标有明确的要求，最大挠度不应大于两支承距离的1/750，对于公共交通型自动扶梯应不大于两支承距离的 1/1000。必要时，扶梯桁架应设中间支承，它不仅起支撑作用，而且可随桁架的胀和缩自行调节。

桁架结构是按节点载荷进行设计计算的，设计载荷是自动扶梯的自重加上 5000N/m^2 的乘客载荷。其承载计算面积为 $S = Z_1 \times L_1$，即名义宽度与两支承之间距离的乘积。

自动扶梯要求结构紧凑，留有装配和维修空间。国内外有两种主材的结构型式，一种采用热轧 $125 \times 80 \times 10\text{mm}$ 角钢作为主梁角钢，3、6 号槽钢作为主材；另一种采用 $110 \times 80 \times 10\text{mm}$ 异型矩形管材作为主梁，$80 \times 60 \times 10\text{mm}$ 异型矩形管材作为主材。

自动扶梯的金属结构架都采用焊接方法进行拼装，其焊接的变形量和焊缝质量至关重

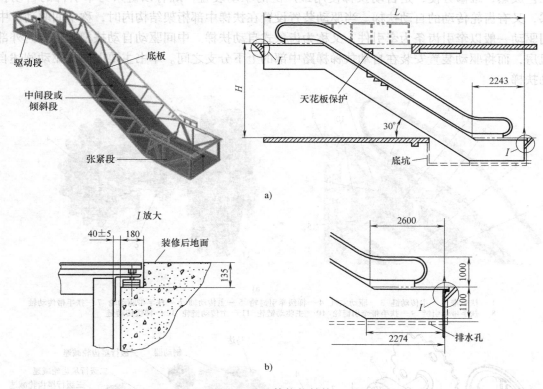

图 13-4　整体桁架结构

a）整体桁架　b）两端支承结构

要，焊成后，表面喷涂防锈漆，也可做喷漆或镀锌处理。

第三节　驱 动 系 统

自动扶梯的驱动系统主要是驱动装置，其作用是将动力传递给梯路系统及扶手系统。它主要由驱动主机、驱动链轮、梯级链轮、扶手带驱动链轮、主传动轴、传动链条及制动轮或棘轮等组成。按驱动装置在自动扶梯的位置可分为端部驱动装置和中间驱动装置两种，如图13-5 所示。当驱动装置设置在扶梯桁架结构上平台内时，称端部驱动。端部驱动结构，其

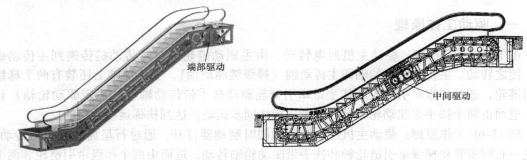

图 13-5　驱 动 种 类

工艺成熟，维修方便，是自动扶梯使用最广泛的驱动装置，既有以链条为牵引件的自动扶梯，又有齿轮传动的自动扶梯。当驱动装置设置在扶梯中部桁架结构内时，称中间驱动。中间驱动一般以牵引齿条为牵引件，又称为齿条式自动扶梯。中间驱动自动扶梯不需要内外部机房，而将驱动装置安装在自动扶梯梯路中部的上下分支之间。本书主要以端部驱动阐述自动扶梯。

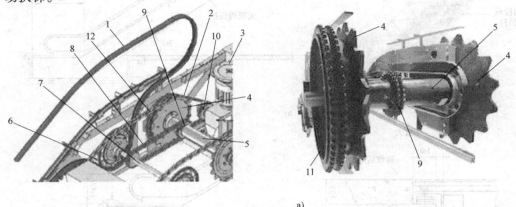

a)

1—扶手带　2—主传动链　3—驱动主机　4—梯级牵引链轮　5—主传动轴　6—扶手带驱动轮　7—扶手带传动轴
8—扶手带牵引链　9—扶手带牵引链轮　10—主驱动链轮　11—主传动链轮　12—梯级传动链

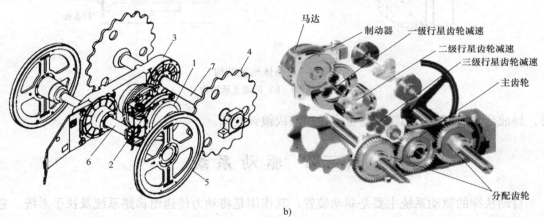

b)

1—驱动主机　2—制动器　3—行星齿轮减速器　4—梯级牵引链轮　5—扶手带驱动轮　6—扶手带驱动轮轴　7—梯级牵引链轮轴

图 13-6　工作原理

a) 传动链传动　b) 行星齿轮减速器传动

一、驱动工作原理

图 13-6a 工作原理：驱动主机通电转动，由主驱动链轮通过主传动链传递到主传动链轮，使之转动。主传动链轮的轴即主传动轴（梯级链驱动轴），主传动轴上还装有两个梯级牵引链轮，通过梯级牵引链轮和扶手带牵引链轮驱动扶手带传动轴（扶手带驱动轮轴）转动，进而由两个扶手带驱动轮驱动扶手带与梯级同步运动，达到扶梯运行的目的。

图 13-6b 工作原理：驱动主机通电转动的同时制动器打开，通过行星齿轮减速器传动，一左一右同步驱动梯级牵引链轮轴和扶手带驱动轮轴转动，进而由两个梯级牵引链轮和两个扶手带驱动轮分别驱动梯级与扶手带同步运动，达到扶梯运行的目的。

二、驱动主机

（一）结构组成

驱动主机（以链条式为例）是自动扶梯的动力装置，主要由电动机、减速器、制动器和主驱动链轮等组成，如图 13-7a 所示。就电动机的安装位置可分为立式与卧式主机，目前采用立式驱动机的扶梯居多。其优点为结构紧凑、占地少、重量轻、便于维修、噪声低、振动小，尤其是整体式驱动机，其电动机转子轴与蜗杆共轴，因而平衡性很好，且可消除振动及降低噪声；承载能力大，小提升高度的扶梯可由一台驱动机驱动，中提升高度的扶梯可由两台驱动机驱动。

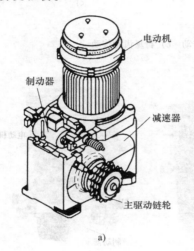
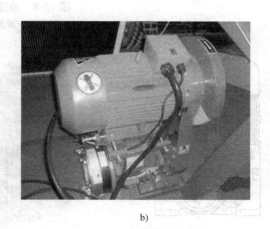

a)   b)

图 13-7 驱动主机
a) 立式 b) 卧式

（二）减速器

扶梯由于运行速度很低，通常驱动主机都带有减速器，减速器既有传统蜗轮蜗杆减速传动，亦有螺旋伞齿/锥齿减速传动，还有行星齿轮减速传动，如图 13-8 所示。

由于蜗轮蜗杆减速器具有运转平稳、噪声小及体积小等优点，虽然其效率较低，增加了能量损耗，但仍应用最多，如图 13-8a 所示。

螺旋伞齿/锥齿减速传动与传统蜗轮蜗杆减速传动相比，效率提高 15%，在同样载重情况下，消耗更少的能量，一台扶梯在正常使用情况下平均可比蜗轮蜗杆减速结构节能 30%，如图 13-8b 所示。

行星齿轮减速传动效率高、结构紧凑、传动平稳、噪声小；扶手带和梯级链驱动轮同步运行；且无链传动。但结构负载，成本高，如图 13-8c 所示。

（三）制动器

自动扶梯的制动器有工作制动器、附加制动器和辅助制动器三种。

1. 工作制动器 自动扶梯的工作制动器一般装在电动机高速轴上，如图 13-9 所示。在动力电源或控制电路失电时，能使自动扶梯经过一个几乎是匀减速的制停过程使其停止运行，并保持停止状态。自动扶梯向下运行时，制动器制动过程中沿运行方向上的减速度不应大于 $1m/s^2$。

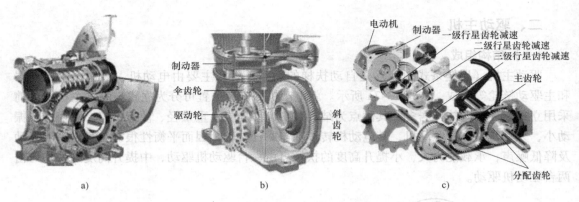

图 13-8　减速器

a）蜗轮蜗杆传动　b）螺旋伞齿/锥齿传动　c）行星齿轮传动

图 13-9　工作制动器

　　工作制动器应使用常闭式的机电制动器，其控制至少应有两套独立的电气装置来实现，这些装置还应能中断驱动主机的电源，如果扶梯停车以后，电气装置中任一个没有断开，则扶梯将不能重新起动。自动扶梯和自动人行道起动后，应有一个装置监测制动系统的释放。若能用手动释放制动器，则必须由手的持续力才能保持制动器的松开状态。

　　工作制动器的类型一般有块式制动器、带式制动器和盘式制动器。

　　（1）块式制动器。块式制动器（闸瓦式制动器）的制动力是径向的，制动块是成对作用的，制动时制动轮轴不受弯曲载荷。这种制动器结构简单，制造和安装都很方便，在扶梯上应用较多。其组成、结构原理与曳引电梯鼓式制动器相同，见"第四章第三节制动器"所述。

　　（2）盘式制动器。盘式制动器的制动力是轴向的，制动力矩的大小由制动盘的数量决定。盘式制动器的优点是：①结构紧凑，与块式制动器相比，制动轮的转动惯量相同时制动力矩大；②制动平稳，盘式制动器制动动作为平面压合接触面紧密；③制动灵敏，散热性能好。其组成、结构原理与曳引电梯盘式制动器相同，见"第四章第三节制动器"有关内容。

　　（3）带式制动器。带式制动器的制动摩擦力是依靠张紧的钢带作用在制动轮（盘）上所产生的摩擦力来制动自动扶梯的。在钢带上铆接着摩擦系数高的制动衬以增加摩擦力，其结构紧凑，包角大，但正反向运行时的制动力矩不相等。这样可使上、下方向运行时均能得到适当的制动力矩，一般上行制动扭力矩为下行制动扭力矩的三分之一，这样既可保证得到有效的制动力，同时在紧急制动时又不至于产生过大的制动力。带式制动器的制动力是径向的，因而对制动轮轴有较大的弯曲载荷。

图 13-10a 是传统自动扶梯上的一种带式制动器的工作原理：在自动扶梯通电的同时，带式制动器得电工作，通过一个专用制动电动机带动小齿轮转动，小齿轮与扇形齿轮啮合，扇形齿轮固定在转动臂上。当小齿轮使转动臂沿转轴逆时针转动时，压簧被压缩，制动带释放，此时驱动电动机正常工作，自动扶梯运行。当停梯时，制动器断电，压簧释放，产生的弹簧力使转动臂顺时针转动，通过制动带与制动轮（盘）之间的摩擦力使驱动系统制停。

图 13-10b 是自动扶梯上的又一种带式制动器，当单向电磁铁磁力器通电时，内部的衔铁吸合并克服制动弹簧的弹力带动制动弹簧螺杆运动，从而带动制动杆绕转轴按顺时针方向转动到与限位角铁接触。此时制动带脱离制动轮，自动扶梯或自动人行道起动运行。在设备运行的过程中，单向电磁铁磁力器始终处于通电吸合工作状态，只有当自动扶梯或自动人行道停止工作时，单向电磁铁断电释放，制动杆在制动弹簧的作用下恢复到制动状态，制动带重新抱闸。制动力矩的调节可通过调节制动弹簧的张力而实现。

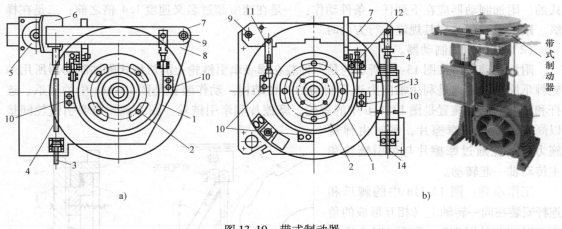

图 13-10　带式制动器

a）传动式　b）常用式

1—制动带　2—制动轮　3—导向杆　4—制动弹簧　5—小齿轮　6—扇形齿轮　7—转动臂（制动杆）　8—机架板　9—转动臂转轴　10—限位角铁　11—U 形弹簧夹　12—专用螺母　13—单向磁力器　14—制动弹簧螺杆

2. 附加制动器

（1）作用与要求。国标规定自动扶梯或倾斜角不小于 6°的倾斜式自动人行道应设置一个装置。其作用，一是应能使具有制动载荷向下运行的自动扶梯和自动人行道有效地减速停止，并使其保持静止状态，减速度不应超过 $1m/s^2$；二是使其在梯级、踏板或胶带改变规定运行方向时，自动停止运行。附加制动器就是防止工作制动器失效，对于以驱动链驱动主传动轴的自动扶梯，一旦主驱动链条突然断裂，两者之间即失去联系，并失去控制。此时，即使有安全开关使电源断电、工作制动器制动和电动机停止运转，也无法使自动扶梯停止运行。特别是在有载上升时，自动扶梯将突然反向运转和超速向下运行，导致乘客受到伤害。此时如果在主传动轴上装设一只或多只制动器，直接作用于梯级驱动系统的非摩擦元件上

（单根链条不能认为是一个非摩擦元件）使其停止运行，则可以防止意外发生。这个制动器称作附加制动器。

附加制动器动作后，只有手动复位并且操作开关或者检修控制装置才能重新起动自动扶梯和自动人行道。即使电源发生故障或者恢复供电，此故障锁定应当始终保持有效。

下列情况下应设置附加制动器：

1）工作制动器与梯级、踏板或胶带驱动装置之间不是用轴、齿轮、多排链条或多根单排链条连接的；

2）工作制动器不是使用机电式制动器且控制不是至少有两套独立的电气装置来实现的，例如，带式制动器等；

3）提升高度大于6m；

4）提升高度不大于6m的公共交通型自动扶梯和倾斜式自动人行道。

附加制动器的技术要求：附加制动器应能使具有制动载荷向下运行的自动扶梯和自动人行道有效地减速停止，并使其保持静止状态，减速度不应超过 $1m/s^2$。

附加制动器的动作要能在紧急情况下切断控制电路。如果电源发生故障或安全回路失电，则允许附加制动器和工作制动器同时动作。附加制动器可以是机械式的，也可以是机电式的。附加制动器应在下列任一条件动作：一是在速度超过名义速度1.4倍之前；二是在梯级、踏板或胶带改变其规定运行方向时。

（2）几种附加制动器。

附加制动器一：图13-11所示的是一种装在梯级牵引链轮上的机械式附加制动器所用棘轮棘爪原理图，这是利用轴向力进行制动的一种结构。动作装置是图13-11a中的棘爪、连杆和重锤。制停装置是图13-11b中的棘轮、摩擦片和牵引链轮。图中棘轮与牵引链轮间垫以高摩擦系数的摩擦片，平时由弹簧施力使棘轮通过摩擦片与牵引链轮和主传动轴一起转动。

工作原理：图13-11a中的棘爪和连杆安装在同一转轴上（相互形成的角度可以调节并固定），重锤平时由重力压在传动链上，传动链在运动时重锤在链上相对滑动。一旦传动链条断裂，重锤在重力作用下向下摆动，并带动连杆和棘爪顺时针摆动，使棘爪卡入棘轮齿内，使棘轮制动。同时棘轮通过摩擦片对牵引链轮进行制动，从而使自动扶梯停止运行，并保持停止状态。

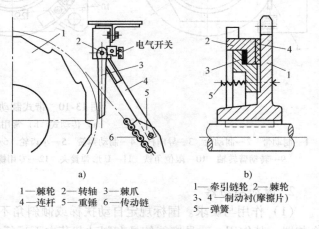

a)

1—棘轮 2—转轴 3—棘爪
4—连杆 5—重锤 6—传动链

b)

1—牵引链轮 2—棘轮
3、4—制动衬（摩擦片）
5—弹簧

图13-11 附加制动器一
a) 动作装置 b) 制停装置

附加制动器二：图13-12工作原理同附加制动器一。

以上两种附加制动器装置是主传动链断链保护装置，但自动扶梯只会在上行时发生梯级非控制的运行方向改变，也就是在上行时，若梯级驱动机构与主机失去联系（最大的可能就是传动链断裂），则梯级会在载荷和自重的作用下由向上变成向下运动。所以，该装置也起到了在梯级改变运行方向时动作，使自动扶梯可靠减速停止运动和保持静止状态的作用，但该装置没有超速保护的功能。在棘爪上轴上有一个电气安全装置，可在制动装置动作时切断安全回路，使驱动主机停止运行。

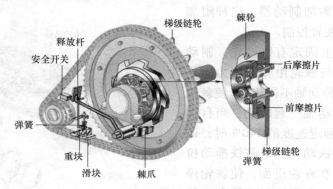

图 13-12　附加制动器二

附加制动器三：图 13-13 所示为利用径向作用力使驱动主轴制动的机电式附加制动器，这种附加制动器必须与速度监控装置和传动链条断裂保护设备同时动作。

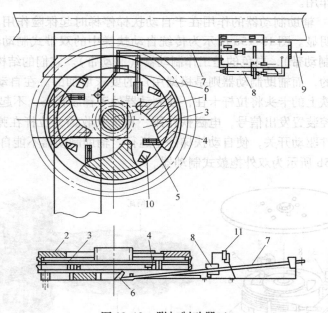

图 13-13　附加制动器三

1—驱动主轴　2—主传动链轮　3—制动盘　4—制动块　5—压簧　6—动块　7—电磁铁拉杆
8—电磁铁　9—复位弹簧　10—挡块　11—开关

如图主传动链轮固定在驱动主轴上，呈不对称扇形的多个制动块安装在制动盘上。压簧和挡块也装在制动盘上，压簧将制动块紧压在传动链轮的内侧，使制动盘在传动链轮转动时随之一起转动。当主传动链断裂或自动扶梯运行速度接近额定速度的 140% 时，通过传感装置使电磁铁动作。电磁铁拉动拉杆而带动动块转一角度，使其挡住挡块，使制动盘停止转动，通过扇形制动块的摩擦作用也使传动链轮和驱动主轴紧急制动。与此同时拉杆上的角形件与开关相撞切断主机电源，使主机停止转动。速度传感器的任务可由速度监控装置来担任，断链则应另有断链开关。

附加制动器四：双驱动主机常用于大提升高度的场所。图 13-14 所示为直接作用在驱动主轴制动的机电式附加制动器，这种附加制动器受速度监控装置控制。

如图主传动轴上固定有制动轮，制动轮通过制动摩擦片与棘轮由弹簧施力紧压在一起（棘轮与主传动轴不固定），使棘轮随同制动轮与主传动轴一起转动，当自动扶梯运行速度接近额定速度的140%时，通过传感装置使电磁铁动作。电磁铁推动拉杆从而带动棘爪卡在棘轮里面，使棘轮停止转动，通过摩擦力作用使制动轮和主传动轴紧急制动，达到停梯的目的。同时，每次停梯时通过电磁开关使棘爪动作起到辅助制动器的保险作用。

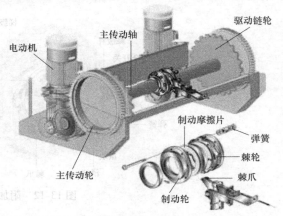

图 13-14 附加制动器四

3. 辅助制动器 辅助制动器的作用在于自动扶梯停梯时起保险作用，尤其是在满载下降时，其作用更为明显。图 13-15a 所示为传统自动扶梯中的双带式制动器结构形式，黑色的是辅助制动器（制动带），白色的是工作制动器（制动带）。它们的结构一样，功能相同。工作制动器是必备的，而辅助制动器则是根据用户的要求增加的。在自动扶梯正常工作时，辅助制动器的电磁铁上的卡头将拉杆卡住，使制动器处于释放状态，不起作用。当需要辅助制动器动作时，监控装置发出信号，电磁铁作用，将卡头收回，拉杆在弹簧的作用下动作，制动带拉杆上的弯件驱动开关，使自动扶梯停止运行。辅助制动器不能自动复位，复位需要人工操作。图 13-15b 所示为双外抱鼓式制动器。

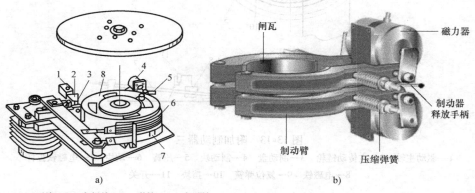

1—开关 2—弯板件 3—弹簧 4—电磁铁
5—拉杆 6—辅助制动器制动带
7—工作制动器制动带 8—制动轮

图 13-15 辅助制动器
a) 传统双带式 b) 双外抱鼓式

图 13-16 所示为在用自动扶梯中的一种结构形式，其既起到停梯时的保险作用，又起到超速和逆转时的保护作用。

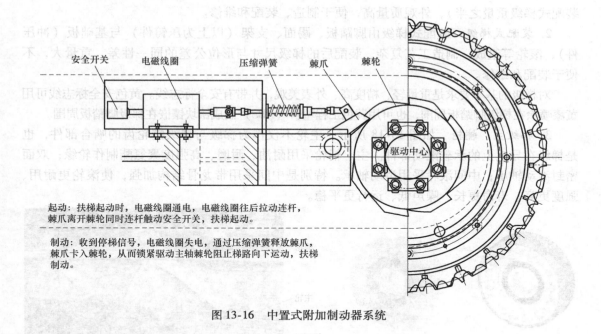

起动：扶梯起动时，电磁线圈通电，电磁线圈往后拉动连杆，棘爪离开棘轮同时连杆触动安全开关，扶梯起动。

制动：收到停梯信号，电磁线圈失电，通过压缩弹簧释放棘爪，棘爪卡入棘轮，从而锁紧驱动主轴棘轮阻止梯路向下运动，扶梯制动。

图 13-16　中置式附加制动器系统

第四节　梯路系统

多个梯级用特定的方法组装在一起，沿着一定的轨迹运行，即形成梯路系统。梯路在自动扶梯内周而复始地地运转，完成对人员的连续运送。

梯路运动系统由梯级、梯级传动链条、梯路导轨、驱动装置和张紧装置组成。

一、梯级

梯级是自动扶梯的载人部件，在自动扶梯的载客区域，梯级踏面应是水平的，允许在运行方向上有 ±1° 的偏差。梯级表面防滑性能和强度应满足国标要求，其结构包括踏面、踢板、支架和梯级轮（主辅轮）等几部分，如图 13-17 所示。从制造上分为整体式梯级与装配式梯级两类。

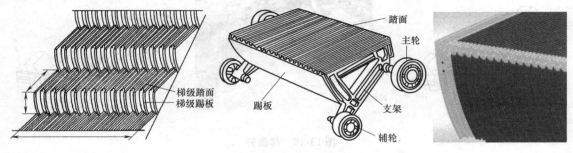

图 13-17　梯级结构

1. 整体式梯级　整体式梯级由铝合金压铸而成，踏面、踢板和支架为一整体结构。脚踏面和踢板铸有筋条，起防滑作用和相邻梯级导向作用。这种梯级的特点是重量轻（约为装配式梯级重量之半），外观质量高，便于制造、装配和维修。

2. 装配式梯级　装配式梯级由脚踏板、踢面、支架（以上为压铸件）与基础板（冲压件）、滚轮等组成，制造工艺复杂，装配后的梯级尺寸与形位公差的同一性差，重量大，不便于装配和维修。

对梯级的基本要求是重量轻、精度高、外表美观，并带有安全标志线。黄色安全标志线可用黄漆喷涂在梯级脚踏板周围，也可用黄色工程塑料（ABS）制成镶块镶嵌在梯级脚踏板周围。

3. 梯级主、辅轮　如图 13-18 所示，主轮不仅作为梯级与梯级链轮齿的啮合部件，也是梯级在导轨上的承载滚动部件。主、辅轮采用耐油、耐磨、高强度聚氨酯制作轮缘；双面密封滚动轴承；中间滚轮采用滑动轴承。特别是中间采用带龙骨结构加强，使滚轮更耐用、强度更高、寿命更长、噪声低、运行更平稳。

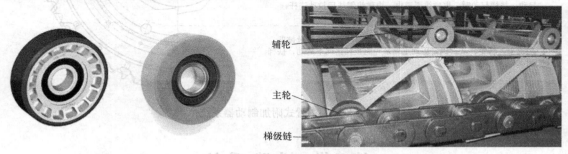

图 13-18　梯级主、辅轮

二、梯级传动链条

梯级传动链条简称梯级链。梯级链是自动扶梯传递动力的主要部件，其质量的优劣对运行的平稳和噪声有很大影响。随使用场合的不同，梯级链的构造、材料和加工方法也不同。GB 16899—2011 规定，梯级链应按照名义无限疲劳寿命设计。每根链条的安全系数不应小于 5，其材料应满足 GB/T 699—1999、GB/T 700—2006、GB/T 1591—2008、GB/T 3077—1999 或 GB/T 4171—2008。梯级链应进行拉伸试验。

梯级链如图 13-19 所示，梯级主轮可置于牵引链条内侧，也可置于牵引链条两链片之间。前者可以用较大的主轮，能承受较大的轮压，一般公共交通型采用此种。

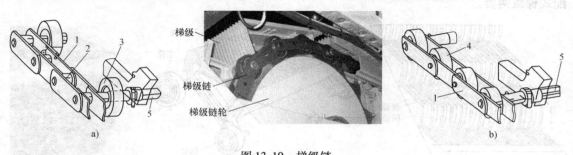

图 13-19　梯级链

a）主轮置于牵引链条内侧　b）主轮置于牵引链条两链片之间

1—链片　2—套筒　3、4—主轮　5—梯级主轮轴

梯级链上每隔二个链销轴就有一个固定梯级轴的销轴，此销轴通过弹簧夹与梯级轴固

定。梯级链由具有永久性润滑的支撑轮支撑，梯级链上的梯级轮就可在导轨系统、驱动装置及张紧装置的链轮上平稳运行；还使负荷分布均匀，防止导轨系统的过早磨损，特别是在转向区，两根梯级链由梯级轴连接，保证了梯级链整体运行的稳定性。

梯级链的选择应与扶梯提升高度相对应。链销的承载压力是梯级链延长使用寿命的重要因素，必须合理选择链销直径，才能保证扶梯安全可靠运行。

图 13-20 所示为自动人行道的踏板链，其链销轴的结构均相同，在链片上开有专用的凹槽用以安装踏板。节距是牵引链条的主要参数，节距越小，工作越平稳，但会增加链条的总节数而导致自重增大。

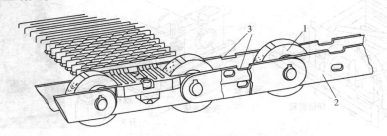

图 13-20 踏板链
1—链轮 2—链片 3—凹槽

三、梯路导轨

自动扶梯的梯级沿着金属结构内按一定要求设置的多根导轨运行，以形成阶梯、平面和进行转向，从而形成梯路。

梯路导轨系统包括主轮和辅轮的全部导轨、反轨、反板、导轨支架及转向壁等。导轨系统的作用在于支撑由梯级主轮、辅轮传递过来的梯路载荷，保证梯级按一定的规律运动以及防止梯级跑偏等。因此，要求导轨既要满足梯路设计要求，还应具有光滑平整、耐磨的工作表面，并保证一定的尺寸精度。

梯路是个封闭的循环系统，在自动扶梯的桁架结构中分成上分支和下分支。上分支用于运输乘客，是工作部分分支；下分支是循环返程分支，是非工作部分分支。

为了使乘客正常乘梯，梯路导轨必须保证梯级在上分支满足下列条件：

1）梯级踏面在上分支各个区段应始终保持水平，且不绕自身轴转动；

2）梯级在直线区段内各梯级应形成阶梯状；

3）梯级在上下曲线段，各梯级应有从水平到阶梯状态逐步过渡的过程；

4）相邻两梯级间的间隙，在梯级运行过程中应保持恒值，它是保证乘客安全的必备条件；

5）梯路的下分支，由于不载客，上述条件不作要求。

四、驱动和张紧装置

（一）驱动装置

见"第三节 驱动系统"所述。

（二）张紧装置

张紧装置设在自动扶梯下端转向站内，作用一是在梯级链上预加必要的张紧力；二是可作为梯级链伸长的补偿装置；三是梯级链过分伸长或发生断裂时触发电气保护装置，使其停止运行。

图 13-21 是一种张紧装置结构图。梯级牵引链条的张紧装置由梯级链轮、张紧轴、张紧滑轨及张紧弹簧等组成。张紧弹簧可由螺母调节张力，使梯级链在扶梯运行时处于良好工作状态。张紧滑块不得卡死，正在运行中的自动扶梯，在运行前后方向必须具有移动的间隙。两根牵引链条的安全开关如图 13-21 所示，当牵引链条断裂或伸长时，两个开关中有一个作用即可切断电源，扶梯立即停止运行。

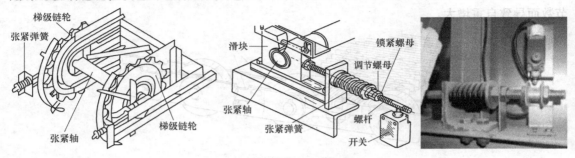

图 13-21　张紧装置

第五节　扶手系统

扶手装置是装在自动扶梯或自动人行道两侧的特殊结构型式的带式输送机，如图 13-22 所示。扶手装置是供乘客乘自动扶梯时用手扶握的，同时也构成扶梯载客部分的护臂，是重要的安全设备，尤其在乘客出入自动扶梯或自动人行道的瞬间，扶手的作用显得更为重要。扶手装置系统由驱动装置、扶手带、护壁板、围裙板、内外盖板、斜角盖板等组成。

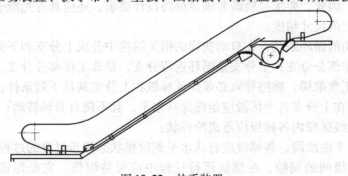

图 13-22　扶手装置

一、扶手带驱动装置

扶手带与梯级为同一驱动装置驱动，扶手带驱动方式常见有两种，一种是曲线压带式，另一种是直线压带式。国标规定在正常运行条件下，扶手带的运行速度相对于梯级、踏板的实际速度允差为 0～2%。即扶手带的运行速度应与梯级（或踏板）同步或略微超前于梯级（或踏板）。如果相差过大，扶手带就失去意义，尤其是比梯级（或踏板）速度慢时，会使乘客手臂后拉，易造成事故。为防止偏差过大，要求有扶手带速度监控装置予以监控。

（1）曲线压带式扶手带驱动工作原理如图13-23所示，通过驱动主轴上的扶手带牵引链轮和传动链将动力传递给扶手带驱动轴，扶手带驱动轴上的驱动轮（摩擦轮）驱动扶手带与梯级同步运动。由于扶手带与驱动轮是靠摩擦力来传递运动的，因此，要求扶手带驱动轮缘有耐油橡胶摩擦层，以其高摩擦力保证扶手带与梯级同步运行。为使扶手带获得足够摩擦力，在驱动轮扶手带下面，另设有压带轮组，扶手带的张紧度由压带轮组中一个带弹簧与螺杆的张紧装置进行调整，以确保扶手带同步工作。

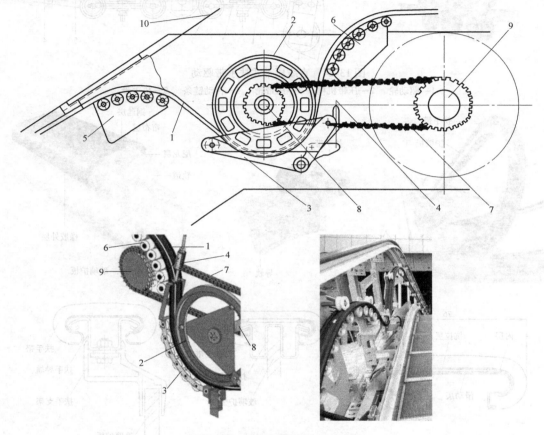

图13-23　曲线压带式扶手带驱动

1—扶手带　2—摩擦轮　3—压带轮组件　4—压带张紧装置　5—张紧滚轮组件　6—换向滚轮组件
7—扶手带驱动链　8—扶手带驱动轴　9—驱动主轴　10—扶手带张紧装置

扶手带整条圆周长度，根据自动扶梯提升高度的不同，少则十几米，多则上百米，所需的驱动力也相当大。为了减少摩擦阻力，在直线段设有扶手带导向部件给予支撑和减少摩擦；在扶手带转向处设有导向滚动轮组；在扶手带回转区域内全部增加导向条，以减少由于扶手带抖动和弯曲而增加的运动阻力。

（2）直线压带式扶手带驱动也是利用摩擦力来驱动的，与曲线压带式驱动相比，直线压带式驱动具有弯曲点数少、运行阻力小、传动效率高的特点，如图13-24所示。

二、扶手带

扶手带是边缘向内弯曲的封闭型橡胶带制品，扶手带结构外层是天然（或合成）橡胶层，内层是帘布和多股钢丝或薄钢带作为抗拉层，里层是帆布或锦纶丝制品作为滑动层，如图13-25所示。这种扶手带既有一定的抗拉强度，又能承受上万次的弯曲。

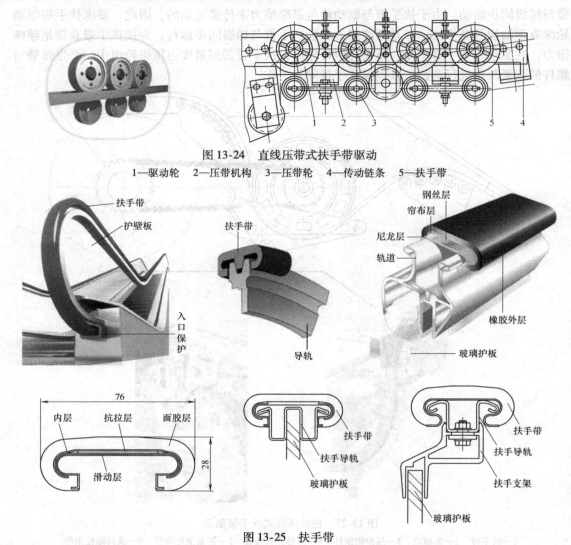

图13-24　直线压带式扶手带驱动
1—驱动轮　2—压带机构　3—压带轮　4—传动链条　5—扶手带

图13-25　扶手带

扶手带的标准颜色为黑色，可根据客户要求，按照扶手带色卡提供多种颜色的扶手带（多为合成橡胶）。扶手带的质量，诸如物理性能、外观质量、包装运输等，国标都有明确规定。扶手带开口处与导轨或扶手架的间隙，在任何情况下不得超过8mm，在运动中应不能挤压手指和手。

三、护壁板

护壁板分为透明和不透明两种，透明的护壁板美观且装饰性强，如果采用玻璃做成护壁板，则该种玻璃应是钢化玻璃。单层玻璃的厚度不应小于6mm。当采用多层玻璃时，应为夹层钢化玻璃，并且至少有一层的厚度不应小于6mm，如图13-26所示；不透明的护壁板一般用厚度为1~2mm的不锈钢材料制成，适用于中、大高度的自动扶梯。

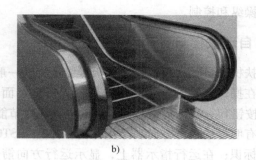

a)　　　　　　　　　　　b)

图 13-26　护壁板
a) 透明护壁板　b) 不透明护壁板

四、围裙板、内外盖板、斜角盖板

围裙板、内外盖板、斜角盖板如图 13-27 所示，它们是扶梯或人行道运行的梯级与固定部分的隔离板，用来保护乘客的安全。围裙板应当垂直、平滑，板与板之间的接缝应是对接缝。对于长距离的自动人行道，在其跨越建筑伸缩缝部位的围裙板的接缝可采取其他特殊连接方法来替代对接缝。国标要求垂直施加 1500N 的力于 $25cm^2$ 的方形或圆形面积，其凹陷不应大于 4mm，且不应导致永久变形。

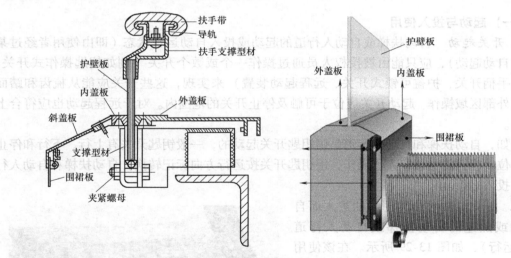

图 13-27　围裙板、内外盖板、斜角盖板

围裙板的刚度要求是最高的。围裙板一般用 δ 为 1~2mm 的不锈钢材料制成，它与梯级的单边间隙应小于 4mm，两边间隙之和应小于 7mm。内、外盖板、斜角盖板一般与围裙板材料相同或采用铝合金制成。在上下水平段与直线段的拐角处，有的采用圆弧过渡，有的采用折角过渡。

第六节　控制与安全系统

自动扶梯控制部分主要由控制柜、面板操纵盒、安全装置等组成。其作用是实现对自动扶梯进行操纵和控制。

一、自动扶梯与自动人行道控制

自动扶梯和自动人行道设有面板操纵盒，其一般装在上下端站出入口处。面板操纵盒的位置应能在操作前看到整个自动扶梯或人行道。面板操纵盒上有一个钥匙开关、一个停止（STOP）按钮和一块运行指示器，有的电梯还有节能与正常转换开关，如图13-28所示。钥匙开关应有明显的运行方向和停止标记；停止（STOP）按钮应是红色双稳态的，应有清晰且永久的标识；在运行指示器上，显示运行方向箭头和禁止进入标识，使扶梯运行一目了然，另外，安全装置如果动作，则位置代码将显示在运行指示器上，帮助管理者快速对应。

图13-28　面板操纵盒

（一）起动与投入使用

1. 开关起动　自动扶梯或自动人行道的起动或投入自动运行状态（即由使用者经过某一点的自动起动），应只能由被授权人员通过操作一个或数个开关（例如钥匙操作式开关、拆卸式手柄开关、护盖可锁式开关、远程起动装置）来实现，这些开关应能从梳齿和踏面相交线外部区域操作。起动开关应位于可触及停止开关的范围内。对于远程起动也应符合上述规定。

例如，自动扶梯和自动人行道是用钥匙开关起动的，一般钥匙开关有上行、下行和停止三个档位。应只能由授权人员操作，用钥匙开关按运行方向标记转换，自动扶梯和自动人行道即可投入运行。

2. 自动起动　由使用者的进入而自动起动或加速的自动扶梯或自动人行道（待机运行），如图13-29所示。在该使用者到达梳齿与踏面相交线时应以不小于0.2倍的名义速度运行，然后以小于0.5m/s^2加速。

注：考虑行人平均行走速度为1m/s。

自动起动的运行方向应预先确定，并有明显、清晰可见的标记。

图13-29　自动起动

（二）停止运行

1. 正常停止运行

（1）所有停止运行装置应通过直接切断主电流，使自动扶梯和人行道停止运行。

（2）开关操作。正常停止运行开关应与起动钥匙开关是同一开关，在操作前应保证扶梯与人行道上无乘客。

（3）自动操作。对有自动停止控制的自动扶梯和人行道，必须保证在最后一位乘客已离开自动扶梯或人行道才能自动停止运行，一般为预期乘客输送时间再加上 10s。

2. 紧急停止运行

（1）人工操作紧急停止运行。在扶梯和人行道的出入口附近明显而且易于接近的位置应设置红色的紧急停止装置。紧急停止装置应符合安全触点的要求，并能防止误动作释放。

紧急停止开关之间的距离应符合以下规定：自动扶梯不应大于 30m。为保证上述距离要求，必要时应设置附加紧急停止开关。对于用于输送购物车和行李车的自动人行道，应满足国标的相应规定。

（2）自动（故障）紧急停止运行。下列情况自动扶梯或人行道应自动停止运行：电气故障；无控制电压；电路接地；过载。

不安全运行状态：超速和非操作的运行方向逆转；直接驱动梯级、踏板的元件断裂或过分伸长；驱动装置与转向装置间距缩短；梳齿板处有异物卡住；无中间出口的多台连续自动扶梯或人行道中有一台停止运行；扶手带入口有异物卡入；梯级或踏板下陷不能保证在出入口与梳齿板啮合；公共交通型的自动扶梯或人行道扶手带断裂等。

电气故障时，通过电器如接触器、空气断路器、热继电器等的保护功能使自动扶梯或人行道停止运行。发生不安全运行状态时，由安全触点或安全电路来切断主电流使自动扶梯或人行道停止运行。

3. 自动扶梯或人行道停止运行后必须重新起动　紧急停止运行后应先检查并消除故障，再对非自动复位的安全装置进行复位，才能再行起动。能自动起动的自动扶梯与人行道在人工操作急停装置后，若有监控装置能确认在运行区域内已无人和物时，则在有使用者进入控制区时，仍可自动起动。

（三）转换运行方向

转换运行方向与投入运行开关是同一开关。不能在运行中转换方向，只有当自动扶梯或人行道处于停车状态，并符合起动条件时，才能进行转换运行方向的操作。

（四）检修装置的控制

自动扶梯或自动人行道应设置便携式手动操作的检修控制装置，如图 13-30 所示，其电缆长度至少应为 3m。有的产品检修控制装置设置有两套，驱动站和转向站各有一套，供授权人员使用。有的产品设置一套便携式检修控制装置，但是在驱动站和转向站内至少应装设一个供便携式检修控制装置使用的检修插座。所有检修插座应这样设置：当使用检修控制装置时，其他所有起动装置都应不起作用；当连接一个以上的检修控制装置时，所有检修控制装置都不起作用。检修控制装置的操作装置应能防止误操作，并包括一个停止开关。检修操作时应用手持续按压操作装置才能保持自动扶梯或人行道的运转，开关上应有明显的运行方向标识。

二、安全保护系统

针对自动扶梯或自动人行道发生可能造成事故的不安全状态，设置了相应的安全保护措

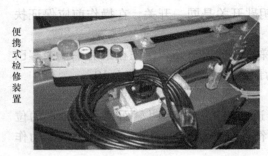

图 13-30　检修控制装置

施, 即安全保护系统。一旦出现不安全状态, 就要靠安全装置或触点使自动扶梯或自动人行道停止运行。按标准应设置安全装置如下。

1. **扶手带入口保护装置**　扶手带入口的毛刷挡圈不应与扶手带相摩擦, 其间隙应不大于 3mm, 如图 13-31 所示。每个扶手带入口处内部都有一个安全开关, 一台自动扶梯一共有 4 个出入口, 一旦有异物从扶手带入口进入时, 则入口保护向里微动滑移进而触及安全开关, 使其动作, 达到断电停运的目的。

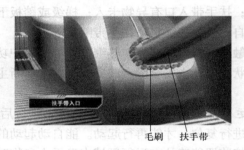

图 13-31　扶手带入口保护装置

2. **梳齿异物保护装置**　在扶梯出入口处装设梳齿板, 以确保乘客安全过渡。梳齿板上的梳齿应与梯级踏面齿槽啮合, 啮合深度应至少为 4 mm。梳齿板的梳齿应具有在使用者离开自动扶梯或自动人行道时不会绊倒的形状和斜度, 设计角 β 不应超过 35°, 如图 13-32 所示。所有梯级应顺利通过梳齿, 一旦有异物卡阻梳齿时, 梳齿板向后或向上移动, 利用一套机构, 使拉杆向后移动, 从而使安全开关动作, 达到断电停运的目的。梳齿板既有铝合金也有分金属制作的, 梳齿较梯级齿脆, 易断裂, 如有损坏应及时更换。

3. **裙板保护装置**

(1) 自动扶梯围裙板设置在梯级或踏板两侧, 自动扶梯或自动人行道工作时, 所有梯级与裙板不得发生摩擦, 运动的梯级与静止的裙板之间应具有一定间隙, 为了能够正常工作并避免间隙过大, 任何一侧的水平间隙不应大于 4mm, 在两侧对称位置处测得的间隙总和不应大于 7mm。为保证乘客乘梯安全, 在裙板背面安装有安全开关, 当异物卡入梯级与裙板之间的缝隙后, 裙板发生弹性变形, 当超过一定变形量后, 使安全开关动作, 自动扶梯或自动人行道立即停车。一台自动扶梯有 4 个裙板开关。图 13-33 所示为一种裙板保护装置结构型式。安全开关有微动开关, 也有脉冲开关等, 依据制造厂设计而各有特点。

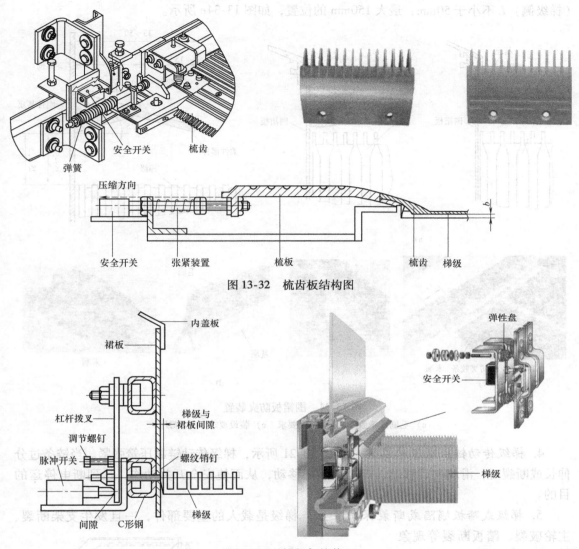

图 13-32　梳齿板结构图

图 13-33　裙板保护装置

（2）自动扶梯与自动人行道应装设围裙板防夹装置，它由刚性（铝合金基座）和柔性（毛刷或橡胶条）部件组成，如图 13-34a 所示。

围裙板防夹装置应符合：在刚性部件突出区域施加 900N 的力，该力垂直于刚性部件连接线并均匀作用在一块 6 cm^2 的矩形面积上，不应产生脱离和永久变形；从围裙板垂直表面起的突出量应最小为 33mm，最大为 50mm，刚性部件应有 18～25mm 的水平突出；柔性部件的水平突出应为最小 15mm，最大 30mm，如图 13-34b 所示。

围裙板防夹装置装设要求：如图 13-34b 所示，在倾斜区段，围裙板防夹装置的刚性部件最下缘与梯级前缘连线的垂直距离应在 25～30mm；在过渡区段和水平区段，围裙板防夹装置的刚性部件最下缘与梯级表面最高位置的距离应在 25～55mm 之间；刚性部件的下表面应与围裙板形成向上不小于 25°的倾斜角，其上表面应与围裙板形成向下不小于 25°倾斜角。防夹装置的末端部分应当逐渐缩减并与围裙板平滑连接，端点应位于梳齿与踏面相交线前

（梯级侧）L 不小于 50mm，最大 150mm 的位置，如图 13-34c 所示。

图 13-34 围裙板防夹装置
a) 毛刷或橡胶条　b) 装设要求　c) 装设要求　d) 图片

4. 梯级传动链松断保护装置　如图 13-21 所示，梯级传动链靠压簧张紧。当链条过分伸长或断裂时，滑块向后移动，螺杆也随之移动，从而使安全开关动作，达到断电停运的目的。

5. 梯级或踏板塌陷或断裂保护装置　梯级是载人的重要部件，一旦发生支架断裂、主轮破裂、踏板断裂等现象时，会造成梯级下沉故障，将发生意外事故。当发生故障时，下沉部位撞击碰杆，使碰杆摆动并带动转轴旋转一定角度，轴上的凹块也随之旋转一定角度，伸入凹块的安全开关的触头动作，从而达到断电停机的目的，如图 13-35 所示。

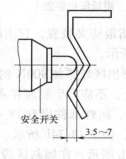
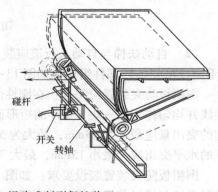

图 13-35 塌陷或断裂保护装置

6. 梯级或踏板缺失监测装置　自动扶梯和自动人行道应能通过装设在驱动站和转向站的装置检测梯级或踏板的缺失，并应在缺口（由梯级或踏板缺失而导致的）从梳齿板位置出现之前停止。缺失监测装置如图 13-36 所示。

图 13-36　缺失监测装置

7. 扶手带断带与速度监测装置　图 13-37a 所示为一种传统自动扶梯或自动人行道的扶手带断带保护装置，一旦扶手带断裂，安全开关动作，则其使自动扶梯或自动人行道停止运行。

国标规定所有自动扶梯或自动人行道应配置"扶手带速度监测装置"，如图 13-37b、c 所示，在自动扶梯和自动人行道运行时，当扶手带速度偏离梯级、踏板或胶带实际速度大于 −15% 且持续时间大于 15s 时，该装置应使自动扶梯或自动人行道停止运行，既起到了断带保护也起到了扶手带速度的监测和控制作用。

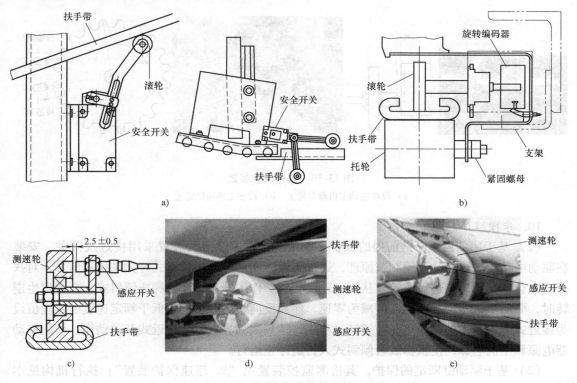

图 13-37　断带与速度监测装置

a）扶手带断带保护　b）旋转编码器测速　c）感应开关测速
d）测速轮在扶手带外侧　e）测速轮在扶手带内侧

8. 链条断裂或过分伸长的监控　链条是指主驱动链和扶手带驱动链，一种监控装置如

图 13-38 所示。链条应能连续地张紧,在张紧装置的移动超过 ±20 mm 之前,自动扶梯和自动人行道应自动停止运行。不允许采用拉伸弹簧作为张紧装置,如果采用重块张紧时,一旦悬挂装置断裂,则重块应能安全地被截住。

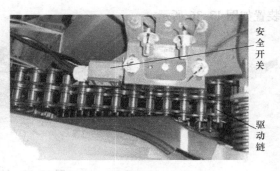

图 13-38　链条断裂或伸长监控

主驱动链松断保护装置见"第三节驱动系统"中"附加制动器"。

9. 超速保护装置　检规规定"自动扶梯和自动人行道应配备速度限制装置,使其在速度超过额定速度 1.2 倍之前自动停车"。为此,所用的速度限制装置在速度超过额定速度 1.2 倍时,能切断自动扶梯或自动人行道的电源。超速保护装置既可以用磁开关也可以用光电开关等,它可以设在驱动主机上,也可以设在驱动轮上等。如图 13-39 所示,2 个感应探头通过检测盘车轮上的孔来监控电动机转速或通过检测主驱动链轮上的齿来监控链轮转速,一个感应探头用于扶梯正常工作时的速度和逆转的监控;另一个感应探头用来运行超速的检测。

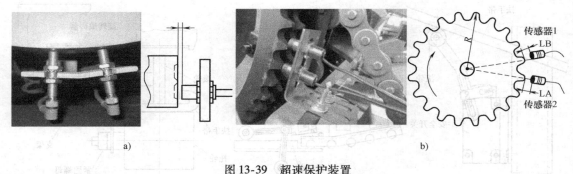

图 13-39　超速保护装置
a) 设在驱动主机盘车轮上　b) 设在主驱动链轮上

10. 非操纵逆转保护

(1) 基于驱动链不断链前提的保护。图 13-40 中速度监测装置采用接近式开关,安装在驱动电动机飞轮下,利用测速原理,通过飞轮能周期性通过接近式开关来接收信号,对扶梯或人行道运行速度进行监控,从而实现逆转保护作用。当自动扶梯或倾斜式人行道发生逆转时,驱动主机将会从额定速度减为零速,然后反向运转。将一个低于额定速度的速度值设为接近式开关动作的临界点,在逆转过程中,达到该临界点时,接近式开关动作,切断制动器电源和主机电源,使扶梯或者倾斜式人行道停止运行。

(2) 基于驱动链断链的保护。其检测监控装置见"9. 超速保护装置";执行机构见本章"附加制动器"内容。

11. 供电电源错相断相保护装置　将总电源输入线断去一相或交换相序,自动扶梯或自动人行道应不能工作。

12. 盖板联锁装置　任何设计成可被打开的外装饰板(例如为清扫目的)应设置一

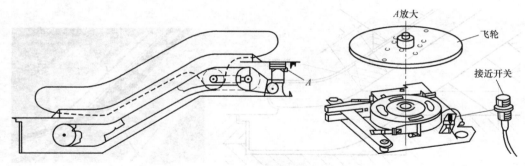

图 13-40 非操纵逆转保护

个符合要求的电气安全装置。因此，机房盖板和楼层板应设置一个电气安全开关，当打开时应使自动扶梯或自动人行道不能运行。盖板联锁开关共有 4 个，上下机房各 2 个，如图 13-41 所示。

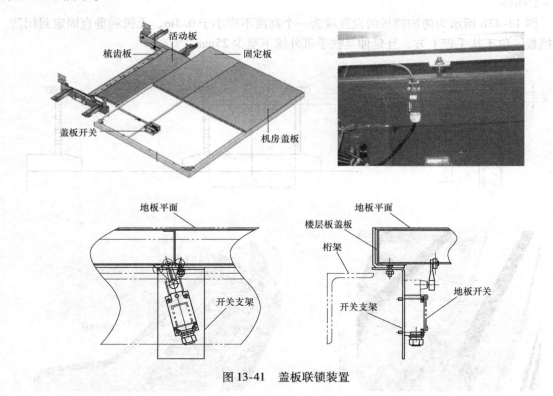

图 13-41 盖板联锁装置

13. 扶手装置上的安全装置

（1）防爬装置（图 13-42）。国标规定，扶手装置应没有任何部位可供人员正常站立。设置条件：如果存在人员跌落的风险，则应采取适当措施阻止人员爬上扶手装置外侧。设置位置：自动扶梯和自动人行道的外盖板上应装设防爬装置。技术要求：防爬装置位于地平面上方（1000±50）mm，下部与外盖板相交，平行于外盖板方向上的延伸长度不应小于 1000mm，并应确保在此长度范围内无落脚处，该装置的高度应至少与扶手带表面齐平。

（2）阻挡装置。设置阻挡装置的目的是防止人员进入外盖板区域，阻挡装置的尺寸如图

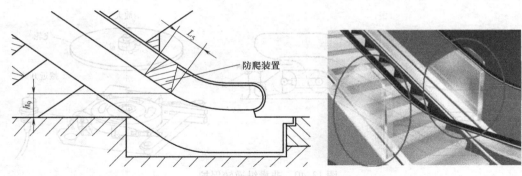

图 13-42 防爬装置

13-43a 所示。设置条件：外盖板的宽度 b_{13}（与墙相邻）或 b_{14}（平行布置）大于 125mm。设置位置：在自动扶梯和自动人行道的上、下端部。技术要求：装置高度应延伸 至 h_{10} 为 25 ~ 150mm。

图 13-43b 所示为防护挡板的设置应为一个高度不应小于 0.3m，无锐利垂直固定封闭防护挡板，位于扶手带上方，且延伸至扶手带外缘下至少 25mm。

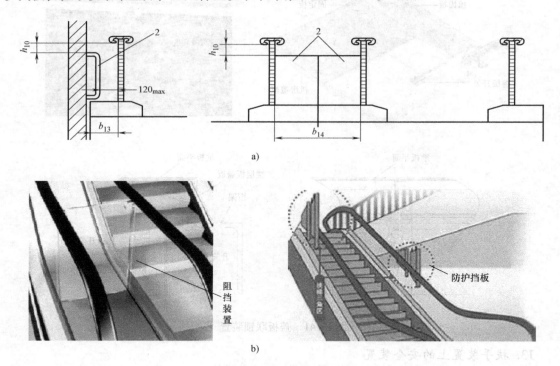

图 13-43 阻挡装置
a) 阻挡装置的尺寸 b) 防护挡板的设置

（3）防滑行装置。设置条件：如图 13-44 所示，当自动扶梯和倾斜式自动人行道装有接近扶手带高度的扶手盖板时，b_{15}（与墙相邻）大于 300mm 或 b_{16}（平行布置）大于 400mm。设置位置：固定在扶手盖板上。技术要求：与扶手带距离不应小于 100mm（见 b_{17}），并且防滑行装置 3 之间的间隔距离 L 不应大于 1800mm，高度 h_{11} 不应小于 20mm。该装置应无锐角或锐边。

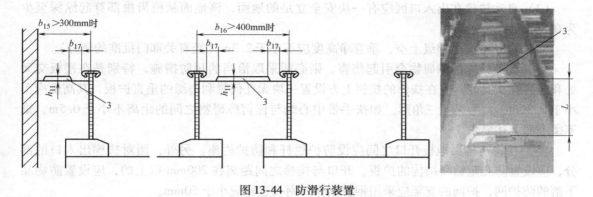

图 13-44　防滑行装置

14. **手动盘车检测装置**　对于可拆卸的手动盘车装置，一个符合规定的电气安全开关应在手动盘车装置装上驱动主机之前或装上时动作，使自动扶梯不能起动运行（与垂直电梯盘车装置的要求相同）。

15. **制动器动作监测装置**　自动扶梯和自动人行道起动后，应有一个装置监测制动系统的释放（见本章第三节）。

16. **制停距离监测装置**　制停距离异常是重大的安全隐患，因此应予以监控，检测到制停距离超过最大值的 20% 时电气安全装置动作，且动作后只能手动复位。

17. **静电防护**　应采取适当措施来释放静电（例如静电刷）。以前部分扶梯该项功能只作为选配，GB 16899—2011 标准强制要求，但没有规定具体哪些部件及如何防护。

18. **可编程电子安全相关系统**　GB 16899—2011《自动扶梯和自动人行道的制造与安装安全规范》第 3.1.22 条首次给出了一个新概念——PESSRAE，其为 Programmable Electronic System in Safety Related Applications for Escalators and moving walks 的英文简写，中文意思为"用于自动扶梯和自动人行道的可编程电子安全相关系统"。它允许通过软件程序进行安全保护，不仅用于自动扶梯和自动人行道上，在垂直电梯上同样适用。

PESSRAE 为一些监控电路的设计提供了方便，特别是一些功能比较复杂的监控电路，如果不采用 PESSRAE 是很难实现的，例如扶手带速度监测装置，要求当扶手带速度偏离梯级实际速度超过 15% 且持续时间超过 15s 时动作保护，如果不采用 PESSRAE，而是采用含电子元件的安全电路，通过电子元件的逻辑控制实现该功能，则难度很大。

PESSRAE 主要由输入传感器及开关、电源、控制器、输出继电器等组成。

第七节　其　他　部　分

一、使用环境

（1）自动扶梯与自动人行道的出入口处应有足够容纳乘客的区域，宽度应与扶手带中心线之间的距离相等，深度应从扶手带转折处算起至少为 2.5m。如容纳乘客区域宽度增至扶手带中心线之间距离的 2 倍，则该区域深度允许减至 2.0m。连贯而无中间出口的扶梯，应具有相同的理论输送能力。

（2）自动扶梯在出入口区应有一块安全立足的地面，该地面从梳齿根部算起纵深至少为 0.85m。

（3）自动扶梯的梯级上空，垂直净高度应不小于 2.3m（经有关部门批准的例外）。

（4）如建筑物的障碍物会引起伤害，则必须采取恰当的预防措施，特别是在楼板交叉处和各扶梯交叉处，应在扶梯的扶栏上方设置一块无任何锐利边缘的垂直护板，其高度应不小于 0.30m，且为无孔三角形。如扶手带中心线与任何障碍物之间的距离不小于 0.5m，则不须遵照上述要求。

（5）扶梯与楼层地板开口之间应设防护栏杆和防护栏座。另外，面对扶梯出入口的部分，应设置防儿童钻爬结构的护板。开口与扶梯之间距离在 200mm 以上的，应设置防物品下落的防护网，护网的支架应采用钢材制作，网孔直径应小于 50mm。

（6）照明。扶梯及其周围，特别是梳齿附近，应有足够的、适当的照明。允许将照明装置设在扶梯本身或其周围。在扶梯出入口，包括梳齿处的照明，应与该区域所要求照度一致。室内使用的扶梯，出入口处的照度不应低于 50lx，室外使用的扶梯，出入口处的照度不应低于 15lx。如果国家没有其他规定，则按上述要求。

二、润滑系统

良好润滑是设备可靠运行的关键之一。自动扶梯与自动人行道的润滑型式有手动式和自动式两种。手动式由维保人员定期进行人工润滑，自动式由油泵集中式供油，油量 4L 左右，2~3 个月需补充润滑油一次。电脑控制，每隔 48 小时加油一次，一次加油 1min 左右。

三、前沿板

前沿板由发纹不锈钢制作，面板表面冲压防滑花纹，包括活动板、固定板和机房盖板。活动板前端安装有梳齿板，当梳齿板有异物卡阻时，活动板能向后和向上移动；固定板由螺栓固定在框架上；机房盖板可以打开供专业人员检修调试用，前沿板框架上装有安全开关，一旦打开盖板，其将作用断开安全回路，使自动扶梯和人行道不能运行。

第十四章

电梯安全法规标准体系

电梯属于特种设备，特种设备安全法规标准体系是保证特种设备安全运行的法律保障。几十年来，特别是自改革开放以来，我国制定了一系列特种设备安全监察方面的法规、规章和规范性文件，基本形成了"法律—行政法规—部门规章—规范性文件—相关标准及技术规定"五个层次的特种设备安全法规体系结构。

第一节　法律法规的有关知识

一、法律法规的分类

根据全国人民代表大会通过的《中华人民共和国立法法》，我国立法分为以下几类：

（一）宪法

由全国人民代表大会制定和修改的，是国家的根本大法，任何法律都必须遵守它。

（二）法律

由全国人民代表大会制定和修改的刑事、民事、国家机构和其他的基本法律。例如《中华人民共和国特种设备安全法》。

2013年6月29日，第十二届全国人民代表大会常务委员会第三次会议审议并表决通过了《中华人民共和国特种设备安全法》，于2014年1月1日起实施。该法是新中国历史上第一部对各类特种设备安全的管理作出统一、全面规范的法律。它的出台标志着我国特种设备安全工作向科学化、法制化方向迈出了一大步。它的贯彻实施，对切实加强特种设备安全工作具有十分重要意义。

特种设备安全法首次从立法上确立了企业承担安全主体负责、政府履行安全监管职责、专业机构担负技术监督职能和社会力量发挥监督作用四位一体的特种设备安全工作模式。其中，强调特种设备生产、经营、使用单位的安全责任是第一位的。其宗旨就是为了加强特种设备安全工作，预防特种设备事故，保障人身和财产安全，促进经济社会发展。

（三）法规

分为行政法规和地方法规。

1. **行政法规** 由国务院制定，且由国务院总理签署以国务院令颁发，例如《特种设备安全监察条例》。

《特种设备安全监察条例》的首次出台是 2003 年颁布实施的，2009 年修订后以第 549 号国务院令公布，自 2009 年 5 月 1 日起实施一直至今。

《条例》是一部全面规范电梯等设施等特种设备的生产（含设计、制造、安装、改造、维修，下同）、使用、检验检测及其安全监察的专门法规，是各类特种设备生产、使用单位及其作业人员、各级特种设备安全监督管理部门及其安全监察人员必须遵循的行为准则，是各级设备安全监督管理部门进行安全监察和行政执法的依据，是制裁各种特种设备生产、使用中违法行为的有力武器。《条例》的出台，是特种设备安全监察工作的一个新的里程碑。

2. **地方法规** 由省、自治区、直辖市的人民代表大会或人民代表大会的常务委员会制定。

（四）规章

由国务院的各部、委、银行、审计署和省、自治区、直辖市和较大的市人民政府制定，由部长、省长、市长等签署命令颁发。

1. **行政规章** 目前我国以"令"的形式颁布的与电梯设备相关的部门行政规章（带有处罚条款）有：①《特种设备事故处理规定》（2 号令）2001 年 9 月颁布，2001 年 11 月 15 日实施；②《特种设备安全监察行政处罚规定》（14 号令）2001 年 12 月颁布，2002 年 3 月 1 日实施。

2. **地方性规章** 除了部门规章之外，部分省市通过当地政府，制定了一些地方性规章。如北京市于 2008 年 3 月 21 日市人民政府第一次常务会议审议通过并公布了《北京市电梯安全监督管理办法》，自 2008 年 6 月 1 日起实施。就是经北京市市长批准签发的一个地方性规章。

（五）规范性文件

对于规范性文件，其法律地位在"立法法"中没有。是人们对"规章"之外的各种"红头文件"的通俗称呼。通常是各有关管理部门在上述法律、法规、规章范围内做出的一些具有可操作性的具体规定。

虽然这些"规范性文件"不具有法律效力，但是在我国社会发展的现阶段，仍有一定的作用，只要不与法律、法规、规章抵触，我们仍应当遵守。但是从长远看，由于这种规范性文件并未列入国家"立法法"中，且过多的"红头文件"由于"政出多门"，容易引起管理职能的交叉和降低法规、规章的严肃性，所以它只是一种过渡性措施，随着我国法制的健全，将来会逐步减少。

二、法律、法规、规章和规范性文件的相互关系

总的来说是下一级立法必须遵守上一级立法；下一级立法只能在上一级立法的范围内作出规定；或者，当一级立法没有规定时，下一级立法可以做出某些补充规定。

三、特种设备安全技术规范

特种设备安全技术规范属于特种设备安全法规体系结构第五层次的内容。

（一）定义与作用

特种设备安全技术规范是指国家质检总局依据《中华人民共和国特种设备安全法》对特种设备的安全性能和节能要求以及相应的设计、制造、安装、修理、改造、使用管理和检验、检测等活动制定颁布的强制性规定。特种设备安全技术规范是特种设备法律法规体系的重要组成部分，其作用是把与特种设备有关的法律、法规和规章的原则规定具体化。违反其规定要承担相应的法律责任。

安全技术规范是对特种设备安全技术管理的基本要求和准则。安全技术规范及相关标准，应当保证其在特种设备的生产、经营、使用的全过程中强制实施。《中华人民共和国特种设备安全法》确立了安全技术规范的法律地位，要求电梯的生产、经营、使用、检验、检测应当遵守安全技术规范及相关标准。安全技术规范与技术标准相辅相成、相互联系、相互协调。

安全技术规范的制定与技术标准有着密切的关系，有时很难划清两者的界线。技术标准是由一些技术团体或相关企业提出来的，它是各方利益协调的产物，有时受一些设备制造企业的影响，往往不能完全代表设备使用者的利益。而政府制定技术规范的目的是保证设备的安全运行，这是两者的不同点。

（二）特种设备安全技术规范的名称可以是规程、规则、导则、细则、技术要求等，但是不得称规章、通知、通告或公告。

（三）特种设备安全技术规范由封面、扉页、目录、前言、正文、附件等组成，其中前言和附件根据实际情况可以省略。

（四）国家质检总局负责安全技术规范立项、审查、征求意见、批准和颁布，国家质检总局特种设备安全监察机构负责具体实施。

（五）技术规范编号

1. 特种设备安全技术规范标志号——TSG　特种设备安全技术规范的字母简称用特种设备的"特"（Te）和"设"（She）及"规范"（Gui fan）的拼音首字母组成。

2. 特种设备安全技术规范编号

$$\underline{TSG}\quad\underline{\times\times}\quad\underline{\times\times\times}-\underline{\times\times\times\times}$$
$$①\qquad②\qquad③\qquad④$$

①——特种设备安全技术规范拼音标志

②——规范种类号

③——规范顺序号

④——颁布年份

3. 规范种类号　由拼音字母和阿拉伯数字两位表示。第一位用拼音字母表示设备种类，第二位用数字表示工作项目。

第一位		第二位	
设备种类	规范种类号（第1位）	工作项目	编号（第2位）
综合	Z	综合	0
锅炉	G	设计	1
压力容器	R	制造	2

（续）

第一位		第二位	
设备种类	规范种类号（第1位）	工作项目	编号（第2位）
压力管道	D	安装改造维修	3
电梯	T	气体充装	4
起重机械	Q	使用	5
客运索道	S	作业人员	6
大型游乐设施	Y	检验检测	7
场（厂）内机动车辆	N	检验检测人员	8
		材料	C
		安全附件	F
		部件	B

4. 规范顺序号　用三位阿拉伯数字表示，表示具体的规范顺序号。

5. 举例

设备种类	工作项目	规范名称	编号举例
综合 Z	综合（规范管理）0	特种设备安全技术规范制定程序导则	TSG Z0001
综合 Z	综合（事故管理）0	特种设备事故调查分析导则	TSG Z0003
电梯 T	检验检测 7	电梯监督检验和定期检验规则——曳引与强制驱动电梯	TSG T7001
电梯 T	检验检测 7	电梯监督检验和定期检验规则—液压电梯	TSG T7004
锅炉 G	制造 2	锅炉制造许可条件	TSG G2001
压力容器 R	设计 1	压力容器设计单位条件	TSG R1001

6. 根据技术规范的内容，可以将其分为以下四类

（1）安全监察规程类。其主要内容为技术方面的基本要求。

（2）技术检验规程类。其主要内容为具体的检验内容、检验要求、检验方法、检验程序、检验结论。

（3）资格认可规则类。其主要内容为单位和人员资格认可条件、审批程序。

（4）监督管理办法类。其主要内容为监督管理的要求和做法。

（六）技术检验规程

技术检验规程属于安全技术规范。我国电梯检验规程的编制，遵循了在满足国家有关法律、法规要求的前提下，兼顾我国电梯相关工作现状和国际惯例的原则。

检验规程中规定了电梯安装、改造、重大维修监督检验和定期检验的目的、性质、依据、适用范围、检验条件、检验周期、程序与要求、内容和方法，以及检验结论的合格判定条件，规定了电梯设计、制造、安装、改造、维修、日常维护保养和使用的单位以及从事电梯监督检验和定期检验的特种设备检验检测机构的职责要求，以指导和规范电梯安装、改造、重大维修监督检验和定期检验行为，提高检验工作质量，促进电梯运行安全保障工作的

有效落实。

目前由国家质检总局颁布的电梯检验规程有：

（1）TSG T7001—2009《电梯监督检验和定期检验规则——曳引与强制驱动电梯》2010年4月1日起实施。

（2）TSG T7002—2011《电梯监督检验和定期检验规则——消防员电梯》2012年2月1日起实施。

（3）TSG T7003—2011《电梯监督检验和定期检验规则——防爆电梯》2012年2月1日起实施。

（4）TSG T7004—2012《电梯监督检验和定期检验规则——液压电梯》2012年7月1日起实施。

（5）TSG T7005—2012《电梯监督检验和定期检验规则——自动扶梯与自动人行道》2012年7月1日起实施。

（6）TSG T7006—2012《电梯监督检验和定期检验规则——杂物电梯》2012年7月1日起实施。

第二节　电梯标准知识

一、概述

"标准"是对重复性事物和概念所做的统一规定。它以科学、技术和实践经验的综合成果为基础，经有关方面协商一致，由主管机构批准，以特定形式发布，作为共同遵守的准则和依据。

标准是构成国家核心竞争力的基本要素，是规范经济和社会发展的重要技术制度；标准对国民经济和社会发展的技术支撑和基础起保障作用。标准应以科学、技术和经验的综合成果为基础，以促进最佳社会效益为目的。

长期以来，标准作为国际交往的技术语言和国际贸易的技术依据，在保障产品质量、提高市场信任度、促进商品流通、维护公平竞争等方面发挥了重要作用。随着经济全球化进程的不断深入，标准在国际竞争中的作用更加凸显，继产品竞争、品牌竞争之后，标准竞争成为一种层次更深、水平更高、影响更大的竞争形式。因此，世界各国越来越重视标准化工作，纷纷将标准化工作提到国家发展战略的高度。

改革开放以来，中国的标准化工作取得了令人瞩目的成绩，对于推动技术进步、规范市场秩序、提高产品竞争力和促进国际贸易发挥了重要作用。研究表明，标准化对中国科技的贡献率为2.98%，对经济的贡献率为1.16%，对中国综合国力的贡献率为1.5%。但是，目前，中国标准总体水平低，制定速度慢，高技术标准缺乏，安全标准体系不健全，资源节约标准滞后等，已经无法适应中国经济社会协调发展的要求。面对严峻的国际国内形势，加快中国标准化事业的发展已经成为一项十分紧迫的任务。应坚持国际化原则，提升中国的综合竞争力。积极采用国际标准，加快与国际接轨的步伐。加大实质性参与国际标准化活动的力度，努力实现从"国际标准本地化"到"国家标准国际化"的转变，全面提升中国的综合竞争力。

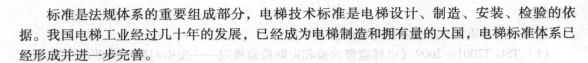
标准是法规体系的重要组成部分，电梯技术标准是电梯设计、制造、安装、检验的依据。我国电梯工业经过几十年的发展，已经成为电梯制造和拥有量的大国，电梯标准体系已经形成并进一步完善。

二、标准基础知识

为了更好地理解和贯彻国家的规范标准，需要了解有关标准的基础知识，特别是：

（一）一份国家标准通常由封面、前言、正文三部分组成。

标准号：标准号至少由标准的代号、编号、发布年代三部分组成。

标准状态：自标准实施之日起，至标准复审重新确认、修订或废止的时间，称为标准的有效期；又称标龄。

归口单位：实际上就是指按国家赋予该部门的权利和承担的责任、各司其职，按特定的管理渠道对标准实施管理。

替代情况：替代情况在标准文献里就是新的标准替代原来的旧标准。即在新标准发布之日起，原替代的旧标准作废。另外有种情况是某项标准废止了，而没有新的标准替代的。

实施日期：标准实施日期是有关行政部门对标准批准发布后生效的时间。

提出单位：指提出建议实行某条标准的部门。

起草单位：负责编写某项标准的部门。

（二）标准分类

1. 按对象分类　按照标准化对象，通常把标准分为技术标准、管理标准和工作标准三大类。

技术标准——对标准化领域中需要协调统一的技术事项所制定的标准。包括基础标准、产品标准、工艺标准、检测试验方法标准，及安全、卫生、环保标准等。

管理标准——对标准化领域中需要协调统一的管理事项所制定的标准。

工作标准——对工作的责任、权利、范围、质量要求、程序、效果、检查方法、考核办法所制定的标准。

2. 按级别分类　按照标准的适用范围，《中华人民共和国标准化法》将我国标准分为国家标准、行业标准、地方标准（DB）、企业标准（QB）四级（国际上多数国家只有二级即国家标准和企业标准）。

我国的国家标准由国务院标准化有关行政主管部门制定；行业标准由国务院有关行政主管部门制定；地方标准由省、自治区和直辖市标准化行政主管部门制定；企业标准由企业自己制定。

（1）国家标准是在全国范围内统一的技术要求。国家标准是指由国家标准化主管机构批准发布，对全国经济、技术发展有重大意义，且在全国范围内统一的标准。国家标准是在全国范围内统一的技术要求，由国务院标准化行政主管部门编制计划，协调项目分工，组织制定（含修订），统一审批、编号、发布。法律对国家标准的制定另有规定的，依照法律的规定执行。国家标准的年限一般为5年，过了年限后，国家标准就要被修订或重新制定。此外，随着社会的发展，国家需要制定新的标准来满足人们生产、生活的需要。因此，标准是种动态信息。

国家标准的编号由国家标准的代号、国家标准发布的顺序号和国家标准发布的年号

（发布年份）构成。

国家标准是中国企业和地方制定标准的基础和参考。

（2）行业标准是指没有国家标准而又需要在全国某个行业范围内统一的技术要求，行业标准由国务院有关行政主管部门制定。行标应用范围广、数量多，收集较为不易。

（3）地方标准是由一个国家的地方行政机构（省、州或加盟共和国）制定的标准它一般由地方所属的各企业与单位执行。

（4）企业标准是由企业根据自己的实际情况制定的企业范围内统一的技术要求，作为组织生产的依据，并报有关部门备案。

（5）国际标准是指国际标准化组织（ISO）、国际电工委员会（IEC）和国际电信联盟（ITU）制定的标准，以及国际标准化组织确认并公布的其他国际组织制定的标准。国际标准在世界范围内统一使用。

（6）国外先进标准是指未经国际标准化组织（ISO）确认并公布的其他国际组织的标准，发达国家的国家标准，区域性组织的标准和国际上有权威的团体标准与企业（公司）标准中的先进标准。国家鼓励积极采用国际标准。

3. 按属性分　标准按其属性分为强制性标准（GB）和推荐性标准（GB/T）。

强制性标准是保障人体健康，人身、财产安全的标准，是国家通过法律的形式明确要求对于一些标准所规定的技术内容和要求必须执行的，不允许以任何理由或方式加以违反、变更，这样的标准称之为强制性标准。强制性标准具有法律属性。违反强制性标准造成恶劣后果和重大损失的单位和个人，要受到经济制裁或承担法律责任。

推荐性标准又称非强制性标准或自愿性标准，强制性标准之外的标准是推荐性标准。其是指生产、检验、使用等方面，通过经济手段或市场调节而自愿采用的一类标准。这类标准不具有强制性，任何单位均有权决定是否采用，违犯这类标准，不构成经济或法律方面的责任。

推荐性标准由采用者自愿选择，既可以采用也可以不采用，国家鼓励企业自愿采用，可是一旦接受并采用，或各方商定同意纳入经济合同中，就成为各方必须共同遵守的技术依据，就变成了强制性的了，具有法律上的约束性，必须遵守。推荐性标准的这种"强制性"是根据合同法产生的，也符合国际惯例。

注：但在强制性标准中，亦存在推荐性内容，如条款中用"宜"、"或"、"可"等要求的即为"T"条款，而用"应"、"必须"或"须"等要求的为"Q"条款。

4. 标准代号与标准号

（1）国家标准代号。

强制性国家标准——GB

推荐性国家标准——GB/T（"T"是推荐的意思）

国家标准指导性技术文件——GB/Z

工程建设国家标准——GBJ（现为 GB 50XXX 系列标准）

国家职业卫生技术标准——GBZ

国家军用标准——GJB

（2）标准号　由标准的代号、标准发布顺序号和标准发布年代号（四位数）三部分组成。

GB/T ×××× — ××××

① ② ③

①——标准代号

②——标准顺序号

③——批准年号

（三）四级标准的相互关系

通常下一级标准必须遵守上一级标准，只能在上一级标准允许的范围内作出规定。下级标准的规定不得宽于上级标准，但可以严于上级标准。标准的这一特点与行政法规不同。

（四）企业标准是最严格的标准

国际惯例是二级标准，我国是四级标准。企业标准应高于行业标准，更应高于国家标准，在国外以执行企业标准为荣，我们也应如此。

三、电梯标准简介

随着电梯技术的发展，电梯已不再仅涉及某一学科的知识，它已覆盖了多学科的知识。电梯标准同样也会不断地加以改进，以顺应社会经济发展的需要。目前，我国电梯标准体系已经形成，并逐步完善。解决了过去国家标准标龄长、技术相对滞后、标准之间不协调、缺项等问题。另外，由于我国大部分电梯的国家标准等同采用了或修改采用了国际标准（ISO）或欧洲标准（CEN），因此可以做到技术标准与国际接轨，消除贸易壁垒。

截止到 2014 年 12 月 31 日，批准发布的国家标准 48 项，电梯标准委员会归口 42 项，其他标委会归口 6 项（带＊号）；其中，强制性标准 15 项，推荐性标准 31 项，国家标准化指导性技术文件 2 项（见表 14-1）。

表 14-1　电梯国家标准

序号	标准号	标准名称
1	GB/T 7024—2008	电梯、自动扶梯、自动人行道术语
2	GB/T 7025.1—2008	电梯主参数及轿厢、井道、机房的型式与尺寸　第 1 部分：Ⅰ、Ⅱ、Ⅲ、Ⅵ类电梯
3	GB/T 7025.2—2008	电梯主参数及轿厢、井道、机房的型式与尺寸　第 2 部分：Ⅳ类电梯
4	GB/T 7025.3—1997	电梯主参数及轿厢、井道、机房的型式与尺寸　第 3 部分：Ⅴ类电梯
5＊	GB/T 5013.5—2008	额定电压 450/750V 及以下橡皮绝缘电缆　第 5 部分：电梯电缆
6＊	GB/T 5023.6—2006	额定电压 450/750V 及以下聚氯乙烯绝缘电缆　第 6 部分：电梯电缆和挠性连接用电缆
7＊	GB 8903—2005	电梯用钢丝绳
8＊	GB 50310—2002	电梯工程施工质量验收规范（附条文说明）
9	GB 7588—2003	电梯制造与安装安全规范
10	GB/T 10058—2009	电梯技术条件
11	GB/T 10059—2009	电梯试验方法
12	GB/T 10060—2011	电梯安装验收规范
13	GB 16899—2011	自动扶梯和自动人行道的制造与安装安全规范

（续）

序号	标准号	标准名称
14	GB/T 18775—2009	电梯、自动扶梯和自动人行道维修规范
15	GB/T 20900—2007	电梯、自动扶梯和自动人行道风险评价和降低的方法
16	GB 21240—2007	液压电梯制造与安装安全规范
17	GB/T 21739—2008	家用电梯制造与安装规范
18	GB/T 22562—2008	电梯 T 型导轨
19	GB/T 24474—2009	电梯乘运质量测量
20	GB/T 24475—2009	电梯远程报警系统
21	GB/T 24476—2009	电梯、自动扶梯和自动人行道数据监视和记录规范
22	GB/T 24477—2009	适用于残障人员的电梯附加要求
23	GB/T 24478—2009	电梯曳引机
24	GB/T 24479—2009	火灾情况下的电梯特性
25	GB/T 24480—2009	电梯层门耐火试验 泄漏量、隔热、辐射测定法
26	GB 24803.1—2009	电梯安全要求 第 1 部分:电梯基本安全要求
27	GB/T 24803.2—2013	电梯安全要求 第 2 部分:满足电梯基本安全要求的安全参数
28	GB/T 24803.3—2013	电梯安全要求 第 3 部分:电梯、电梯部件和电梯功能符合性评价的前提条件
29	GB/T 24803.4—2013	电梯安全要求 第 4 部分:评价要求
30	GB 24804—2009	提高在用电梯安全性的规范
31	GB 24805—2009	行动不便人员使用的垂直升降平台
32	GB 24806—2009	行动不便人员使用的楼道升降机
33	GB/T 24807—2009	电磁兼容 电梯、自动扶梯和自动人行道的产品系列标准 发射
34	GB/T 24808—2009	电磁兼容 电梯、自动扶梯和自动人行道的产品系列标准 抗扰度
35	GB 25194—2010	杂物电梯制造与安装安全规范
36	GB 25856—2010	仅载货电梯制造与安装安全规范
37	GB 26465—2011	消防电梯制造与安装安全规范
38 ★	GB/T 27903—2011	电梯层门耐火试验 完整性、隔热性和热通量测定法
39	GB 28621—2012	安装于现有建筑物中的新电梯制造与安装安全规范
40	GB/Z 28597—2012	地震情况下的电梯和自动扶梯要求 汇编报告
41	GB/Z 28598—2012	电梯用于紧急疏散的研究
42 ★	GB/T 12974—2012	交流电梯电动机通用技术条件
43	GB/T 30559.1—2014	电梯、自动扶梯和自动人行道的能量性能 第 1 部分:能量测量与验证
44	GB/T 30560—2014	电梯操作装置、信号及附件
45	GB/T 30977—2014	电梯对重和平衡重用空心导轨
46	GB/T 31200—2014	电梯、自动扶梯和自动人行道乘用图形标志及其使用导则
47	GB 31094—2014	防爆电梯制造与安装安全规范
48	GB 31095—2014	地震情况下的电梯要求

四、标准与规范、规程

在工程建设领域，标准、规范、规程是出现频率最高的，也是人们感到最难理解的三个基本术语。标准、规范、规程都是标准的一种表现形式，习惯上统称为标准，只有针对具体对象才加以区别。依据 GB/T 20000.1—2014《标准化工作指南　第 1 部分：标准化和相关活动的通用术语》的规定解读如下。

1. 规范性文件　为各种活动或其结果提供规则、导则或规定特性的文件。规范性文件是诸如标准、技术规范、规程和法规等这类文件的通称。

2. 标准（Standar）

（1）定义。标准是为了在一定的范围内获得最佳秩序，经协商一致制定并由公认机构批准，共同使用的和重复使用的一种规范性文件。

（2）含义。标准必须具备"共同使用和重复使用"的特点。制定标准的目的是在一定范围内获得最佳秩序。制定标准的原则是协商一致。制定标准需要有一定的规范化的程序，最终要由公认机构批准发布。标准产生的基础是科学、技术和经验的综合成果。

（3）当针对产品、方法、符号、概念等基础标准时，一般采用"标准"，如《电磁兼容电梯、自动扶梯和自动人行道的产品系列标准 发射》GB/T 24807—2009、《电梯、自动扶梯、自动人行道术语》GB/T 7024—2008、《质量管理体系要求》GB/T 19001—2008 等。这也是企业生产产品所依据的技术指导性文件。

3. 技术规范（Technical specification）　技术规范是规定产品、过程或服务应满足的技术要求的规范性文件。技术规范是标准文件的一种形式，它可以是一项标准（即技术标准）、一项标准的一部分、一项标准的独立部分或与标准无关的文件。其强制性弱于标准。

当针对产品设计、研发、生产制造、检测等通用的技术事项做出规定时，一般采用"规范"，如 GB 7588—2003《电梯制造与安装安全规范》、GB/T 10060—2011《电梯安装验收规范》、GB 28621—2012《安装于现有建筑物中的新电梯制造与安装安全规范》等。

当技术规范在法律上被确认后，就成为技术法规。

4. 规程（Code of practice）　规程是为设备、构件或产品的设计、制造、安装、维护或使用等技术要求和实施程序所做的统一规定。规程可以是标准、标准的一个部分或与标准无关的文件。

当针对操作、工艺、管理等专用技术要求时，一般采用"规程"，如《电梯监督检验和定期检验规则——曳引与强制驱动电梯》、《产品检验规程》、《工艺及操作规程》、《设备使用安全操作规程》等。

第三节　有关电梯标准规范

电梯安全技术规范和标准是电梯设计、制造、安装、改造、维修、维护保养和管理的技术依据，对电梯产品质量的控制和使用安全发挥着十分重要的作用。

（一）《电梯制造与安装安全规范》——GB 7588—2003

《电梯制造与安装安全规范》等效采用了 EN 81—1 欧盟电梯标准，EN 81—1 电梯标准也是目前全世界采用国家最多的电梯安全标准。GB 7588—2003《电梯制造与安装安全规范》属于强制性标准，也是我国电梯行业最重要的基础安全标准。其目的是从保护人员和货物的观点制定客梯和货梯的安全规范，防止发生与电梯的使用者、电梯维护和紧急操作相关事故的危险。

（二）《自动扶梯和自动人行道的制造与安装安全规范》——GB 16899—2011

《自动扶梯和自动人行道的制造与安装安全规范》是在 GB 16899—1997 版基础上修订的，属于强制性标准，与欧盟电梯标准 EN 115—1：2008 + A1 等效，只是有技术上的差异，符合我国国情，提高了标准的可操作性。考虑了按照预期目的使用及可预见误用情况下的危险。

（三）《电梯日常维护保养规则》——DB 11/418—2007，《电梯安装维修作业安全规范》——DB 11/419—2007 和《电梯安装、改造、重大维修和维护保养自检规则》——DB 11/420—2007 三个标准是根据北京市电梯行业和管理的现状，由北京市质量技术监督局组织制定的北京市地方标准，于 2007 年 1 月 1 日发布，2007 年 3 月 1 日实施。

（1）DB 11/418—2007《电梯日常维护保养规则》引用 GB 7588—2003《电梯制造与安装安全规范》和 GB 16899—2011《自动扶梯和自动人行道的制造与安装安全规范》相关条款，以确保乘客电梯、载货电梯、自动扶梯和自动人行道在安装验收投入使用后的日常维护保养也应符合上述标准。乘客电梯、载货电梯、自动扶梯和自动人行道在验收合格交付使用后，因在一定运行时间内由于振动、磨损、老化使其产生变化，这些变化会使乘客电梯、载货电梯、自动扶梯和自动人行道处于非正常状态下运行，为此应由持有相应项目的《中华人民共和国特种设备作业人员证》的人员进行定期的日常维护保养，根据相关尺寸的变化及零部件磨损情况在日常维护保养时进行调整和更换。本标准的目的是使乘客电梯、载货电梯、自动扶梯和自动人行道安全可靠运行。

（2）DB 11/419—2007《电梯安装维修作业安全规范》所涉及的乘客电梯、载货电梯、自动扶梯和自动人行道在安装和维修过程中会产生对安装和维修作业人员可能的危害事件，由于电梯施工单位的安全作业无技术依据可循，近年来，电梯安装和维修作业过程中的人身伤害事故屡见不鲜，甚至由于维修作业不规范伤及乘客。为此，应对安装和维修过程中人的行为加以限制。标准对乘客电梯、载货电梯、自动扶梯和自动人行道在安装和维修作业过程中作业人员应遵循的安全要求作了规定，要求各施工单位遵照执行，目的是为了保护安装和维修作业活动中有关人员的安全。作为约束施工单位作业行为，减少施工中伤亡事故的措施。

（3）DB 11/420—2007《电梯安装、改造、重大维修和维护保养自检规则》是为了规范北京市电梯安装、改造、重大维修工程和电梯维护保养工程的自检，根据国家有关标准和检验规程，制定了《电梯安装、改造、重大维修和维护保养自检规则》。本标准是电梯安装维修作业最低的安全要求。鼓励各电梯安装和维修单位制定不低于本标准的、更全面、更细致的安全操作规程，以预防和减少施工中的伤亡事故。

由于目前北京市各电梯施工单位电梯安装、改造、重大维修及维护保养的自检内容、记录格式不统一，而国家和北京市电梯的各个标准中也没有相应的规定，致使电梯施工单位的自检质量参差不齐，直接影响到电梯的安装、改造、重大维修的工程质量和电梯的运行质量。因此，为了尽快解决这个问题，制订电梯安装、改造、重大维修和维护保养自检方面的地方标准具有极大的必要性和可操作性。

　　通过制定本标准，能够统一目前北京市各电梯施工单位在电梯安装、改造、重大维修及维护保养工程中的自检规则、自检要求、自检项目、自检记录内容及格式。通过本标准的实施，能提高电梯施工单位的自检质量，同时为特种设备检验检测机构进行监督检验和定期检验提供了可靠的技术依据。

（四）《重型自动扶梯、自动人行道技术要求》——DB 11/T705—2010

　　《重型自动扶梯、自动人行道技术要求》规定了重型自动扶梯、自动人行道的基本要求、要求、试验和检验、标志牌和警示牌。是针对北京国际化大都市特点，机场、地铁、超市、购物中心等公共场所电梯数量巨大和安全管理的需要由北京市质量技术监督局组织制定的北京市地方标准，于 2010 年 03 月 09 日发布，2010 年 07 月 01 日实施。以后，进入北京的自动扶梯和自动人行道，除了符合国家有关标准外，还应符合北京市地方标准的要求。

　　（五） 即将颁布的北京市地方标准《电梯主要部件判废技术要求》对电梯及主要部件的判废提出了基本的技术要求和依据，是存在重大安全风险和高能耗电梯报废的准则。本标准的制订主要从电梯的安全运行和满足低能耗的角度出发，同时兼顾使用单位的使用和管理成本。主要依据是与电梯主要部件相关的安全技术规范、产品设计要求以及各制造和维保企业的经验积累。

　　本标准的制定不仅将改变电梯部件报废无据可依的现状，而且将大大推动本市老旧电梯的更新改造进程，有利于促进电梯的技术进步和市场的发展，造福于广大人民群众。对世界城市建设和城市发展具有重要的现实意义和深远的历史意义，也具有重要的社会价值和重大的经济价值。

第十五章

电梯安全管理

电梯属于特种设备，依据《中华人民共和国特种设备安全法》，为了加强电梯安全工作，预防电梯事故，保障乘客和设备安全，促进经济社会发展，必须加强电梯安全管理。

第一节 一般规定

（一）电梯生产（含设计、制造、安装、改造、修理）、经营和使用单位的主要负责人对电梯设备安全负责。

（二）电梯生产、经营和使用单位应按国家规定配备安全管理人员、检测人员和作业人员，并对其进行必要的安全教育和技能培训。

（三）电梯安全管理人员、检测人员和作业人员应当按照国家有关规定经特种设备安全监督管理部门考核合格，取得国家统一格式的特种作业人员证书，方可从事相应的作业或者管理工作。电梯安全管理人员、检测人员和作业人员应当严格执行安全技术规范和管理制度，保证电梯安全。

（四）电梯生产、经营、使用单位对其生产、经营、使用的电梯应当做好自行检测和维护保养工作，对国家规定实行检验的电梯应当及时申报并接受规定的检验。

（五）电梯等特种设备采用新材料、新技术、新工艺，与安全技术规范的要求不一致，或者安全技术规范未作要求、可能对安全性能有重大影响的，应当向政府有关部门申报，由政府有关部门及时委托安全技术咨询机构或者相关专业机构进行技术评审，评审结果经国务院负责特种设备安全监督管理的部门批准，方可投入生产、使用。

第二节 电梯生产环节

一、电梯制造与安装、改造、维修许可规则

我国实行的特种设备安全监察制度，一个重要的内容是对涉及安全的特种设备实施行政许可，即对特种设备实施市场准入制度和设备准用制度。市场准入制度主要是对从事特种设

备的设计、制造、安装、改造、修理单位实施资格许可，并对部分产品出厂实施安全性能监督检验。对在用的特种设备通过实施定期检验，注册登记，实行准用制度。

为提高行政效率，提高安全监督管理工作的有效性，同时在保障安全的前提下，尽可能降低社会安全成本，国务院负责特种设备安全监督管理的部门根据不同类别特种设备的特点、危险性、复杂程度，及特种设备设计、制造、安装、改造、修理单位生产活动的不同特点等，按照分类监督管理的原则设计、建立、实施特种设备生产许可条件。

因此，电梯的制造与安装、改造、修理单位，应当经质量技术监督部门许可，方可从事相应的活动。

生产单位应具备条件的原则规定：

（1）有与生产相适应的专业技术人员；

（2）有与生产相适应的设备、设施和工作场所；

（3）有健全的质量保证、安全管理和岗位责任等。

二、电梯监督检验

《中华人民共和国特种设备安全法》第二十五条规定，"……电梯、起重机械、客运索道、大型游乐设施的安装、改造、重大修理过程，应当经特种设备检验机构按照安全技术规范的要求进行监督检验；未经监督检验或者监督检验不合格的，不得出厂或者交付使用。"

监督检验是指在特种设备制造和安装过程中，在企业自检合格的基础上，由检验机构代表国家对制造或安装、改造、重大修理单位进行的验证性检验，属于强制性法定检验。其检验的项目、合格标准、报告格式等在安全技术规范中给予了明确规定。

三、电梯定期检验

定期检验是指定期检查验证电梯的安全性能是否符合安全技术规范要求的一些强制性技术措施。做好在用电梯的定期检验工作，是电梯安全监督管理的一项重要制度，是确保安全使用的必要手段。

电梯在运行中，因腐蚀、疲劳、磨损等环境、工况因素的影响，会随着使用的时间产生一些新的问题，或原来允许存在的问题逐步扩大，如裂纹、腐蚀等缺陷，安全附件和安全保护装置失效等问题，产生事故隐患，会直接导致发生事故或增加发生事故的概率。在使用单位自行检查、检测和维护保养的基础上，通过定期检验及时发现这些缺陷和存在的问题，有针对性地采取相应措施消除事故隐患，使电梯在具备规定安全性能的状态下，能够在规定周期内，将发生事故的几率控制在可以接受的程度内，保障电梯能够运行到下一个周期。

电梯的检验周期为 1 次/年，限速器校验周期为 1 次/2 年。

四、开工告知

《特设安全法》第二十三条规定，电梯等"特种设备安装、改造、修理的施工单位应当在施工前将拟进行的特种设备安装、改造、修理情况书面告知直辖市或者设区的市级人民政府负责特种设备安全监督管理的部门。"

施工告知的目的是便于负责特种设备安全监督管理部门审查从事活动的有关企业的资格是否符合所从事活动的要求，同时也能够及时获取现场施工的信息，方便开展现场安全监督检查，督促施工单位申报监督检验。施工单位办理告知须填写《特种设备安装、改造、修理告知书》，提交给负责特种设备安全监督管理的部门。书面告知可以采取以下告知方式，包括派人送达、挂号邮件或特快专递、传真、电子邮件等。安全监督管理部门受到告知后，应及时审查，对于告知书内容失实、错误或关键项目填写不完整的，应通知施工单位对告知书内容进行修改，施工单位修改告知书的行为视为重新办理施工告知；告知过程中，如确认施工单位存在违反规定的行为，应责令停止施工，必须在有关问题纠正后，才可继续施工。

五、竣工资料

　　《特设安全法》第二十四条规定，电梯等"特种设备的安装、改造、修理竣工后，安装、改造、修理的施工单位应当在验收后30日内将相关技术资料和文件移交特种设备使用单位。特种设备使用单位应当将其存入该特种设备的安全技术档案。"

　　特种设备的安装、改造、修理活动的相关技术资料和文件是说明其活动是否符合国家有关规定的证明材料，也涉及许多设备的安全性能参数，这些资料与设计、制造文件同等重要，必须及时移交给使用单位，这是施工单位必须履行的义务。相关技术资料和文件的具体内容按照安全技术规范等的规定执行。

第三节　电梯使用环节

　　电梯的使用单位应当严格执行《特种设备安全法》和有关安全生产的法律、行政法规的规定，使用取得许可生产并经检验合格的电梯，保证电梯的安全使用。

一、电梯使用登记、变更和报废

（一）使用登记

　　电梯在投入使用前或者投入使用后30日内，电梯使用单位应当向当地质量技术监督部门办理使用登记，取得使用登记证书。登记标志应当置于该电梯的显著位置。

　　实行电梯使用登记制度，是安全监督管理制度的一项重要措施，这有利于对电梯的管理和监督。通过登记，可以防止非法设计、非法制造、非法安装的电梯投入使用，并且可以建立电梯信息数据库，使安全监督管理部门了解电梯使用单位的使用环境，建立联系，掌握情况，便于履行职责。

　　办理使用登记时需提供的资料：

1）组织机构代码证书（含电子证书）原件及复印件一份；

2）《北京市特种设备登记卡》一份；

3）安装监督检验报告；

4）电梯维修保养单位与使用单位签订的维修保养合同。

（二）变更登记

　　电梯进行改造、修理，按照规定需要变更使用登记的，应当办理变更登记，方可继续使用。

电梯的改造，是指改变或更换原设备的结构、机构、控制系统等，使电梯的性能参数、技术指标发生变化的活动。改造实际是一种特殊形态的制造，需要对电梯设备进行重新或部分设计，对原部件进行更换或修改，还需对设备进行重新安装，改造活动甚至比普通制造活动具有更高的技术含量。

电梯的修理，是指为恢复原设备的安全使用状态，通过对主要受压部件、受力结构件损坏部分的修复、主要零部件更换等，但不改变原设备的性能参数、技术指标等。修理中要存在校验、调试等，也有部分的安装项目。

电梯在使用过程中，如进行了改造，则其性能参数、技术指标等发生变化，进行改造的单位也可能不是原设备制造单位，导致其在使用登记中的信息发生变化，所以使用单位应及时提供相关材料，到原使用登记的负责特种设备安全监督管理的部门办理变更登记手续；电梯进行修理的，如施工单位等与原使用登记中的信息发生变化的，则使用单位也应及时提供相关材料向原设备登记部门提出变更申请，变更后设备方可继续使用。

（三）报废

报废是指设备、器物等因不能继续使用或不合格而作废。报废的原因有两种，一是由于使用年限过长或严重损坏，设备的功能丧失，二是产品不合格。以上两种情况都会危及安全使用，可能引发事故，所以要停止使用，予以报废。报废的条件：

（1）因存在严重事故隐患，无改造、修理价值，应当予以报废；二是达到安全技术规范规定的其他报废条件的，应当予以报废。

设备存在严重事故隐患可包括：非法生产的电梯等特种设备；超过电梯规定的参数范围使用的；缺少安全装置或者安全装置失灵而继续使用的；经检验结论为不允许使用而继续使用的电梯；使用有明显故障、异常情况或者责令改正而未予以改正的电梯等。

无改造、修理价值主要指的是：改造、修理无法达到安全使用要求，或虽能修复，但累计修理费用已接近或超过市场价值，没有必要再进行修复。

（2）电梯使用单位是保障电梯使用安全的责任主体，其最了解电梯设备的使用状况，也是电梯产权所有者或受委托的管理者，对达到报废条件的电梯等特种设备应当依法履行报废义务，采取必要措施消除该电梯的使用功能，并向原登记的负责特种设备安全监督管理部门办理使用登记证书注销手续。

二、安全技术档案

电梯使用单位应当建立电梯安全技术档案。

（一）建立电梯安全技术档案的目的

电梯使用单位建立安全技术档案，是电梯管理的一项重要内容。由于电梯在使用过程中，会因各种因素产生缺陷，需要不断地维护保养、修理，定期进行检验，部分电梯还需要进行能效评估，有的可能还会进行改造。这些都要依据电梯的设计、制造、安装等原始文件资料和使用过程中的历次改造、修理、检验、自行检测等过程文件资料。电梯安全技术档案也是建立一种设备"身份证"指定的主要内容，完整详细的技术档案，不仅可以让使用单位准确掌握电梯的性能、运行特点、应注意的情况，而且一旦在哪个环节出现故障或发生事故，也可以比较准确地查清原因，有针对性地改进工作。

（二）电梯安全技术档案的内容

电梯安全技术档案包括设备本身技术文件和使用过程中的管理、检查等的记录文件。

1）电梯的设计文件、产品质量合格证明、安装及使用维护保养说明、监督检验证明等相关技术资料和文件；

2）电梯定期检验和定期自行检查的记录；

3）电梯的日常使用状况记录；

4）电梯及其附属仪器仪表的维护保养记录；

5）电梯的运行故障和事故记录。

具体内容见 TSG T7001—2009《电梯监督检验和定期检验规则——曳引与强制驱动电梯》规定。

（三）建立完善的设备档案并保持完整，也反映了电梯使用单位的管理水平。应明确、完善电梯安全技术档案保存制度，按照国家规定的年限，明确保存期限，充分发挥电梯安全技术档案的作用。

三、安全管理制度

电梯使用单位应当根据有关的法律、法规、规章和安全技术规范的规定，结合本单位具体情况制定岗位责任、隐患治理、应急救援等安全管理制度，制定操作规程，保证电梯安全运行。

（一）电梯使用单位应当建立健全电梯安全管理制度

电梯安全管理制度是指从事电梯各项活动的单位根据有关的法律、法规、规章和安全技术规范的规定，结合本单位具体情况制定的电梯安全管理规章、制度。电梯安全管理制度包括岗位责任、隐患治理、应急救援等内容，目的是为了保证电梯安全运行。

1. 岗位责任制　岗位责任制是指电梯使用单位根据各个工作岗位的性质和所承担活动的特点，明确规定有关单位及其工作人员的职责、权限，并按照规定的标准进行考核及奖惩而建立起来的制度。岗位责任制一般包括岗位职责制度、交接班制度、巡回检查制度等。实施岗位责任制一般应遵循能力与岗位相统一的原则、职责与权力相统一的原则、考核与奖惩相一致的原则，定岗到人，明确各种岗位的工作内容、数量和质量，明确各种岗位的工作内容、数量和质量，应承担的责任等，以保证各项工作能有秩序地进行。

2. 建立隐患治理制度　电梯使用单位应加强对事故隐患的预防和管理，以防止、减少事故的发生，保证员工生命财产安全为目的，建立隐患排查治理长效机制的安全管理制度。本条所称隐患，是指违反安全生产法律、法规、规章、安全技术规范及相关标准、安全生产管理制度的规定，或者因其他因素在生产经营活动中存在可能导致事故发生的物的危险状态、人的不安全行为和管理上的缺陷，称为事故隐患。

事故隐患可以分为一般事故隐患和重大事故隐患。一般事故隐患是指危害和整改难度较小，发现后能够立即整改排除的隐患；重大事故隐患是指危害和整改难度较大，应当全部或者局部停产停业，并经过一定时间整改治理方能排除的隐患，或者因外部因素影响致使生产经营单位自身难以排除的隐患。

电梯使用单位开展隐患排查，一般按照"谁主管，谁负责"的原则，针对各岗位可能发生的隐患建立安全检查制度，在规定时间、内容和频次对该岗位进行检查，及时收集、查找并上报发现的事故隐患，并积极采取措施进行整改。

3. 建立应急救援制度　特种设备使用单位应结合本单位所使用的特种设备的主要失效模式及其失效后果，建立应急救援制度，即针对特种设备引起的突发、具有破坏力的紧急事件而有计划、有针对性和可操作性地建立预防、预报、应急处置、应急救援和恢复活动的安全管理制度。

特种设备应急救援制度的内容，一般应当包括应急指挥机构、职责分工、设备危险性评估、应急响应方案、应急队伍及装备、应急演练及救援措施等。

（二）制定操作规程

特种设备操作规程是指特种设备使用单位为保证设备正常运行制定的具体作业指导文件和程序，内容和要求应当结合本单位的具体情况和设备的具体特性，符合特种设备使用维护保养说明书要求。特种设备使用安全管理人员和操作人员在操作这些特种设备时必须遵循这些文件或程序。建立特种设备操作规程，严格按照规程实施工作，是保证特种设备安全使用的一种具体实施措施。

四、安全管理机构或安全管理人员

电梯使用单位是保障安全使用的责任主体，并承担安全责任。应设置安全管理机构或配备专职、兼职的电梯安全管理人员，具体负责电梯的安全管理工作。无论是专职或兼职的安全管理人员，其职能和责任都是一样的，必须具备特种设备安全管理的专业知识和管理水平，按照规定取得相应资格，取得使用安全管理人员资格证书。

安全管理机构、安全管理人员应当履行以下职责：

1）负责建立制订电梯操作规程和有关安全管理制度并检查各项制度的落实情况等；

2）负责制定并落实电梯维护保养及安全检查计划等；

3）负责电梯使用状况日常检查，纠正违规行为，排查事故隐患，发现问题应当停止电梯使用，并及时报告本单位有关负责人等；

4）负责组织电梯自检，申报使用登记和定期检验等；

5）负责组织应急救援演习，协助事故调查处理等；

6）负责组织本单位电梯作业人员的安全教育和培训等；

7）确保持证上岗和按章操作；

8）提供必要的安全作业条件；

9）负责技术档案的管理等；

10）遵守其他法律法规、安全技术规范及相关标准对使用管理的要求和义务。

五、电梯委托

电梯等特种设备属于共有的，共有人可以委托有许可证书的物业服务单位或者其他管理人管理电梯，受托人履行电梯使用单位的义务，并承担相应责任。共有人未委托的，由共有人或者实际管理人履行管理义务，承担相应责任。

六、电梯维护保养和定期检验

（一）电梯使用单位应当做好电梯的维护保养和定期自行检查工作

电梯的维护保养，是指对电梯进行清洁、润滑、调整、更换易损件和检查等日常维护和保养工作。

电梯等特种设备的使用过程中，由于内在原因和外界的因素，会出现各种各样的问题，需要经常性地维护保养，才能保持正常的运行状态，做好电梯的日常维护保养工作对保障电梯安全使用十分重要。

定期做好检查工作，可使一些问题及时发现，及时处理，保证设备的安全运行。做好维护保养和定期自行检查工作，是电梯使用单位的一项义务，也是提高设备使用年限的一项重要手段。使用单位应当根据设备具体情况，按照安全技术规范的规定、出厂技术资料和文件中的安装使用维护保养说明，制订具体的维护保养、定期检查制度，并制定相关的记录表格及检查的项目。

维护保养和检查情况应当做好记录。在维护保养和自行检查中，发现的异常情况也必须做好记录。记录是相关工作开展的见证，是重要的追溯资料，也是相关单位履行义务的见证。安全技术规范对做好记录工作有明确要求。如现行《电梯使用管理与维护保养规则》规定，维护保养单位进行电梯维护保养，应当进行记录。记录至少包括：电梯的基本情况和基本参数，包括整机制造、安装、改造、重大维修单位的名称、电梯品种、产品编号、设备代码、电梯原型号或者改造后的型号、电梯基本技术参数；使用单位、使用地点、使用单位的编号；维护保养单位、维护保养项目、维护保养人员（签字）；电梯维护保养的项目（内容），进行的维护保养工作，达到要求，发生调整、更换易损件等工作时的详细记载。

（二）电梯的安全保护装置应当定期校验、检修，并做好记录

安全保护装置是指为防止电梯可能发生不安全状态而装设的防护和保护装置。见"第十章　安全保护与防护"内容。定期校验是指定期对安全保护装置的性能、精度是否符合有关安全技术规范及相关标准要求，能否安全使用的一种检查、检定、校准。检修是指对安全保护装置的检测和修理。定期校验、检修情况应当做好记录。

（三）电梯的维护保养应当有由电梯制造单位或者依法取得许可的安装、改造、修理单位进行，并对其维护保养电梯的安全性能负责。接到故障通知后，应立即赶赴现场，并采取必要的应急救援措施。

（四）电梯的使用单位应当按照安全技术规范的要求，在安全检验合格有效期届满前1个月向特种设备检验检测机构提出定期检验要求。

定期检验是指定期检查验证电梯的安全性能是否符合安全技术规范要求的一些强制性技术措施。做好在用电梯的定期检验工作，是电梯安全监督管理部门的一项重要制度，是确保安全使用的必要手段。

电梯等特种设备在使用过程中，受环境、工况等因素的影响，因腐蚀、疲劳、磨损，会随着使用的时间产生一些新的问题，或原来允许存在的问题逐步扩大，安全保护装置失效等问题，产生事故隐患，会直接导致发生事故或增加发生事故的概率。在使用单位自行检查、检测和维护保养的基础上，通过定期检验及时发现电梯等特种设备存在的问题，有针对性地采取相应措施，消除事故隐患，使电梯等特种设备在具备规定安全性能的状态下，能够在规定周期内，将发生事故的几率控制在可以接受的程度内，保障电梯等特种设备能够运行至下一个周期。电梯的检验周期为一年。

经过检验，其下次检验日期，都在检验报告或电梯使用标志中注明。并规定电梯使用单位在检验合格有效期届满前 1 个月向特种设备检验检测机构提出定期检验要求，是非常必要的。

（五）电梯使用单位应当将定期检验标志置于该电梯的显著位置。未经定期检验或者检验不合格的电梯，不得继续使用。

（六）电梯使用标志和检验报告是证明该设备合法使用的证明，置于显著位置，提示使用者（乘客），在有效期内可以安全使用。同时对安全监督管理部门是一种了解情况的告示，告知该设备是否合法。为了确保电梯的安全运行，规定未经定期检验或者检验不合格的电梯，不得继续使用，强化了电梯使用单位的责任，促使定期检验工作顺利开展。

七、电梯安全使用说明

电梯使用单位应当将电梯的安全使用说明、安全注意事项和警示标志置于易于为乘客注意的显著位置。公众应当遵守并服从有关工作人员的管理和指挥，乘客有遵守相关安全事项的责任和义务。

八、电梯制造单位在投入使用后的义务

电梯的维护保养应当由电梯制造单位或者取得许可的安装、改造、修理单位进行，并对其安全性能负责。

电梯投入使用后，电梯制造单位应当对其制造的电梯的安全运行进行跟踪调查和了解，对电梯的维护保养单位或者使用单位在维护保养和安全运行方面存在的问题，提出改进建议，并提供必要的技术帮助；发现电梯存在严重事故隐患时，应当及时告知电梯使用单位，并向负责电梯安全监督的部门报告。电梯制造单位对调查和了解的情况，应当做出记录。

第四节　电梯检验检测

特种设备的监督检验制度和定期检验制度是《中华人民共和国特种设备安全法》规定的。

监督检验制度，是经负责电梯安全监督管理的部门核准的具备特种设备检验资格的机构派出相应的检验人员，按照有关安全技术规范的要求，对电梯等特种设备安装、改造、重大修理过程，在其自检合格的基础上，通过有关资料审查、现场检查、现场监督、现场确认，以评价特种设备的生产过程控制及其产品是否符合有关安全技术规范要求的符合性验证。

定期检验制度是经负责电梯安全监督管理的部门核准的具备特种设备检验资格的机构，按照有关安全技术规范的检验周期和项目，对使用中的电梯等特种设备进行的定期检验，以验证其是否符合继续安全使用的条件。

监督检验、定期检验，包括型式试验、设计文件鉴定，是一种技术性的监督，是一种法定的、验证性的工作。检验机构作为法定检验机构，是作为非营利性的公益性质的机构开展工作的，其设立应当与其承担的检验工作相适应，达到合理布局。

检测机构作为第三方的服务机构，受生产、经营、使用单位的委托，为生产、经营、使用单位的自行检测、检查服务，并且对生产、经营、使用单位负责，其检测、检查工作也应符合安全技术规范的要求。检验机构在从事检验工作中，需要进行检测时，也可以委托检测机构实施。检验机构经过相应核准，也可以从事检测工作。

一、检验、检测机构条件

从事法定的监督检验、定期检验的特种设备检验机构，以及为特种设备生产、经营、使用提供检测服务的特种设备检测机构，应当具备下列条件，并经电梯安全监督管理的部门核准，方可从事检验、检测工作：

（1）有与检验、检测工作相适应的检验、检测人员；

（2）有与检验、检测工作相适应的检验、检测仪器和设备；

（3）有健全的检验、检测管理制度和责任制度。

二、检验、检测人员资格要求和执业行为规定

检验、检测人员应当经过考核，取得检验、检测人员资格，方可从事检验、检测工作。检验、检测人员不得同时在两个以上检验、检测机构中执业；变更执业机构的，应当依法办理变更手续。

三、检验、检测工作要求

（一）电梯检验、检测工作应当遵守法律、行政法规的规定，并按照安全技术规范的要求进行。

检验、检测机构和人员：

1）要提供安全、可靠、便捷、诚信的检验、检测服务，应当客观、公正、及时地出具检验、检测报告，并对检验、检测结果和鉴定结论负责。

2）在检验、检测中发现电梯存在严重事故隐患时，应当及时告知相关单位，并立即向负责电梯安全监督管理的部门报告。

3）对检验、检测过程中知悉的商业秘密，负有保密义务。

4）不得从事有关特种设备的生产、经营活动，不得推荐或者监制、监销特种设备。

5）不得故意刁难生产、经营、使用单位。

（二）负责电梯安全监督管理的部门应当组织对电梯检验、检测机构的检验、检测结果和鉴定结论进行监督抽查。抽查结果应当向社会公布。

第五节　监督管理

保证电梯安全，从根本上说是生产、经营、使用单位的责任，但负责电梯安全监督管理的部门的监管也是必不可少的。

一、监督检查对象

根据《特种设备安全法》，监督检查对象主要有以下4个：

1）电梯生产单位，包括设计单位、制造单位、安装单位、改造单位、修理单位；

2）电梯经营单位，包括销售单位、出租单位、进口单位；

3）电梯使用单位，主要是产权单位，也包括具有实际管理权的管理者；

4）电梯检验、检测机构。

二、监督检查内容

按照《特种设备安全法》规定的职责、权限对电梯等特种设备的生产活动、经营活动、日常使用管理情况，以及检验、检测机构的检验、检测活动进行监督检查，依法督促电梯等特种设备的生产活动、经营、使用、检验、检测单位认真落实法定的各项义务。

三、监督检查的重点对象

监督检查的重点对象主要是使用电梯的公众密集场所。由于电梯的危险性大，发生事故易影响公众安全，一旦在公众密集场所发生事故，必将造成严重的后果，如群死群伤等。因此必须将公众密集场所的特种设备作为监督检查的重点场所。这些重点场所主要包括学校、幼儿园、医院、客运码头、商场、体育场馆、展览馆、公园。这些场所中不仅公众密集度高，电梯等特种设备的数量往往也较其他场所更多，如商场中的各种扶梯、直梯等，都是电梯事故高发的隐患，监管不到位极易酿成事故。因此，重点场所电梯的安全监管，在生产、经营、使用各个环节都应严格把关，才能避免事故的发生。

第六节 事故应急救援与调查处理

作为具有潜在危险性的设备、设施，电梯等特种设备不可避免地会发生人身伤亡或者财产损害事故。另外，当供电系统或电梯等特种设备出现故障等突发意外时，若处置不当，也很容易酿成事故等次生灾害。历史的经验和血的教训告诫我们，制定电梯等特种设备事故应急预案，电梯等特种设备一旦出现故障、突发安全事件或发生事故的应对、救援、报告和调查处理，必须作为电梯等特种设备安全工作的重要内容。

一、特种设备事故等级划分

依据国务院有关规定，特种设备事故等级分为特别重大事故、重大事故、较大事故和一般事故4个等级。具体与电梯有关如下：

（一）特别重大事故

特种设备事故造成30人以上死亡，或者100人以上重伤（包括急性工业中毒，下同），或者一亿元以上直接损失的。

（二）重大事故

特种设备事故造成10人以上30人以下死亡，或者50人以上100人以下重伤，或者5000万元以上直接损失的。

（三）较大事故

特种设备事故造成3人以上10人以下死亡，或者10人以上50人以下重伤，或者1000万元以上5000万元以下直接损失的。

（四）一般事故

特种设备事故造成 3 人以下死亡，或者 10 人以下重伤（包括急性工业中毒，下同），或者 1 万元以上 1000 万元以下直接损失的；电梯轿厢滞留人员 2 小时以上的。

二、关于事故应急救援

（一）特种设备的应急预案制定

1. 定义与分类　特种设备的应急预案是针对具体设备、设施甚至相关的场所和环境，在安全评价的基础上，为降低事故造成的人身、财产与环境损害，就事故发生后的应急救援机构和人员，应急救援设备、设施、条件和环境，行动的步骤和纲领，控制事故发展的方法和程序等，预先做出的科学而有效的计划和安排。

应急预案从层次上可以分为政府、部门、专项三层应急预案。从灾害类别上分为自然灾害类、生产安全类、公共卫生类及社会安全类四类。特种设备应急预案既有生产安全类的属性，也有社会安全类的属性。

2. 制订与应急预案体系　特种设备具有潜在的危险性，其监管部门和使用单位都应高度重视应急管理工作，制订并组织实施应急预案是特种设备应急管理工作的重要内容，这是《特设法》明确的法定义务。再有负责特种设备监督管理的部门和特种设备使用单位制定的特种设备应急预案，两者定位是不一样的。

包括国家、地方和使用单位：

1）国务院特种设备监督管理部门组织制定重特大事故应急预案，报国务院批准后纳入国家突发事件应急预案体系；

2）县级以上地方各级人民政府和其监督管理部门组织制定本行政区域内事故应急预案，并纳入相应的应急处置与救援体系；

3）使用单位制定本单位电梯等特种设备应急专项预案，并定期进行应急演练。

3. 应急预案基本内容

（1）总则。说明编制预案的目的、工作原则、编制依据、适用范围等。

（2）组织指挥体系及职责。明确各组织机构的职责、权利和义务，以突发事故应急响应全过程为主线，明确事故发生、报警、响应、结束、善后处理处置等环节的主管部门与协作部门；以应急准备和保障机构为支线，明确各参与部门的职责。

（3）预警和预防机制。包括信息监测与报告、预警预防行动、预警支持系统、预警级别及发布（建议分为四级预警）。

（4）应急响应。包括分级响应程序（原则按一般、较大、重大、特别重大四级启动响应预案），信息共享和处理，通信，指挥和协调，紧急处置，应急人员的安全防护，群众的安全防护，社会力量动员与参与，事故调查分析、检测与后果评估，新闻报道，应急结束等 11 个要素。

（5）后期处置。包括善后处置、社会援助、保险、事故调查报告和经验教训总结及改进建议。

（6）保障措施。包括通信与信息保障，应急支援与装备保障，技术储备与保障，宣传、培训和演习，监督检查等。

（7）附则。包括有关术语、定义，预案管理与更新，国际沟通与协作，奖励与责任，制定与解释部门，预案实施或生效时间等。

（8）附录。包括相关的预案、预案总体目录、分预案目录、各种规范化格式文本，相关机构和人员通信录等。

（二）应急演练

《特设法》强调了特种设备使用单位应当"定期进行应急演练"，因为预案只是为实战提供了一个方案，保障突发事件或事故发生时能够及时、协调、有序地开展应急救援应急处置工作，必须通过经常性的演练提高实战能力和水平。一般情况下，特种设备使用单位应当每年至少开展一次应急演练。

（三）预案实施和报告

（1）电梯等特种设备发生事故后，事故发生单位必须按照应急预案采取四项应急处置措施，开展先期应急工作：第一，组织抢救；第二，防止事故扩大，减少人员伤亡和财产损失；第三，保护事故现场和有关证据；第四，及时向事故发生地县级以上人民政府负责特种设备安全监督管理的部门和有关部门报告事故信息。采取这四项措施的目的，既是为了避免次生或衍生灾害，尽可能地减少人员伤亡和财产损失，也是为了保证其后开展的事故调查处理能够科学、严谨、顺利地进行。

（2）当地政府和监管部门接到事故报告应尽快核实情况，按规定逐级上报，必要时可以越级上报事故情况。

（3）发生事故后与事故相关的单位和人员不得迟报、谎报、瞒报和隐蔽、毁灭证据和故意破坏事故现场。

（4）事故发生地人民政府接到事故报告，应当依法启动应急预案，采取应急处置措施，组织应急救援。

三、组织事故调查

（1）电梯等特种设备发生特别重大事故，由国务院或者国务院授权有关部门组织事故调查组进行调查。

（2）发生重大事故，由国务院负责特种设备安全监督管理的部门会同有关部门组织事故调查组进行调查。

（3）发生较大事故，由省、自治区、直辖市人民政府负责特种设备安全监督管理的部门会同有关部门组织事故调查组进行调查。

（4）发生一般事故，由设区的市级人民政府负责特种设备安全监督管理的部门会同有关部门组织事故调查组进行调查。

事故调查组应当依法、独立、公正开展调查，提出事故调查报告。

四、事故处理

组织事故调查的部门应当将事故调查报告报本级人民政府，并报上一级人民政府负责特种设备安全监督管理的部门备案。有关部门和单位应当依照法律、行政法规的规定，追究事故责任单位和责任人员。

事故责任单位应当依法落实整改措施，预防同类事故发生。事故造成损害的，事故责任单位应当依法承担赔偿责任。

五、事故报告应包括的内容

1）事故发生单位概况；

2）事故发生的时间、地点以及事故现场情况；

3）事故的简要经过；

4）事故已经造成或者可能造成的伤亡人数（包括下落不明的人数）和初步估计的直接经济损失；

5）已经采取的措施；

6）其他应当报告的情况。